T0216211

Echtzeitfähige 3D Posenbestimmung des Menschen in der Robotik

Kristian Ehlers

Echtzeitfähige 3D Posenbestimmung des Menschen in der Robotik

Methoden und Anwendungen

Kristian Ehlers
Lübeck, Deutschland

Dissertation Universität zu Lübeck, 2018

ISBN 978-3-658-24821-5   ISBN 978-3-658-24822-2   (eBook)
https://doi.org/10.1007/978-3-658-24822-2

Die Deutsche Nationalbibliothek verzeichnet diese Publikation in der Deutschen National-
bibliografie; detaillierte bibliografische Daten sind im Internet über http://dnb.d-nb.de abrufbar.

Springer Vieweg
© Springer Fachmedien Wiesbaden GmbH, ein Teil von Springer Nature 2019

Springer Vieweg ist ein Imprint der eingetragenen Gesellschaft Springer Fachmedien Wiesbaden
GmbH und ist ein Teil von Springer Nature
Die Anschrift der Gesellschaft ist: Abraham-Lincoln-Str. 46, 65189 Wiesbaden, Germany

Danksagung

Ich möchte mich bei jedem Einzelnen bedanken, der mir bei diesem Mammutprojekt auf seine Art und Weise zur Seite gestanden hat.

Mein Dank gilt natürlich meinem Doktorvater Prof. Dr.-Ing. Erik Maehle, der mir durch die Arbeit an seinem Institut die Möglichkeit gegeben hat, mich neben der Lehrtätigkeit wissenschaftlich zu finden und mir die forscherische Freiheit gelassen hat, mich im Gebiet der Posenbestimmung des Menschen in der Robotik zu entfalten. Auch bei Prof. Dr.-Ing. Erhardt Barth möchte ich mich nicht nur für das Fungieren als Zweitgutachter bedanken, sondern viel mehr dafür, dass ich aufgrund seiner Vorlesung zu meinem Kernthema für die Masterarbeit bei ihm und letztlich für diese Dissertation gefunden habe. Auch Prof. Dr. rer. nat. Thomas Martinetz gilt an dieser Stelle mein Dank, da er an der Entwicklung der Generalisierten Selbstorganisierten Karte grundlegend beteiligt war. Bei Prof. Dr.-Ing. Mladen Berekovic möchte ich dafür bedanken, dass er mir nach der Übernahme des Instituts für Technische Informatik ausreichend Freiraum zum Beenden dieser Arbeit gelassen hat.

Einen großen Dank möchte ich an meine Kollegen und ehemaligen Kollegen des Instituts für Technische Informatik der Universität zu Lübeck richten, die stets für ein wohlfühlendes Arbeitsklima sorgten. Besonders hervorheben möchte ich Benjamin, Helge, Alex, Uli, Christopher und Cedric, die mir auch mit Rat und Tat zur Seite standen. Dankeschön.

Im Rahmen meiner bisherigen Tätigkeit am Institut für Technische Informatik hatte ich besonders viel Freude an der Lehre und der Arbeit mit den Studierenden. Ich möchte mich bei all denjenigen bedanken, die im Rahmen ihrer Bachelor- oder Masterarbeiten sowie Robotik-Praktika mit mir das Forschungsgebiet der Mensch-Roboter-Interaktion und insbesondere die Fragestellung der effizienten Posenbestimmung des Menschen und auf ihr basierenden Anwendungen untersucht haben. Besonders hervorheben möchte ich Buddy, Lasse und Thomas, die zusätzlich als Hiwis die ein oder andere fixe Idee meinerseits umsetzen mussten. Danke.

Nicht zu vergessen sind hier all meine Korrekturleser: Tanja, Cedric, Helga & Gerald und meine Mama. Besonders bedanken möchte ich mich bei Kathi & Helge und meiner Frau Christina, die dieses Werk mehrfach lesen durften.

Natürlich möchte ich meinen Eltern, Großeltern und meinem Bruder danken, die mich schon immer unterstützt haben und mir durch erholsame Wochenenden immer neue Energie gaben.

Mein größter Dank gilt jedoch meiner Frau Christina, die mir schon seit meiner Schulzeit jeden Tag zur Seite steht und es mit mir gerade in der Zeit der Doktorarbeit ausgehalten hat. Zusammen mit unseren Kindern Till und Nils hat sie mir immer aufs Neue Kraft gegeben und mich immer wieder neu motiviert. Ihr seid für mich das Wichtigste. Ich liebe Euch!

Inhaltsverzeichnis

Abbildungsverzeichnis

Tabellenverzeichnis

Pseudocodeverzeichnis

Abstract

Gestures, as a natural way of communication, have been part of research areas such as human-computer interaction recently. Caused by the dissemination of depth cameras, they have also become increasingly popular in the field of robotics. Depth cameras belong to the standard sensors of humanoid robots such as "Pepper" and they are used for 3D human pose estimation to realize arbitrary applications. The interpretation of human poses should give the robots a kind of understanding of their environment and the behavior of human beings to achieve human-robot interactions.

Real-time human pose estimation provides the basis for the development of corresponding applications and, furthermore, for building robots to collaborate with humans. The algorithms as part of human-robot interaction interfaces need to be so efficient that they can run in parallel to the robot's control system without any kind of negative influence.

Part of this work is the development of three efficient, real-time capable approaches for hand pose estimation as well as human pose estimation based on the 3D point clouds corresponding to the hand or the human body. They are combined to one method uniting all advantages and allow for estimating the pose on standard hardware without GPU or even on low-power hardware such as the Raspberry Pi or an FPGA with frame rates of up to 30 fps. Furthermore, approaches for filtering the required hand respectively body point clouds out of the whole scene are presented.

The first pose estimation approach uses an unsupervised learning neuronal network given by a Self-Organizing Map (SOM). Therefore, specific topologies are designed and used for the estimation of the 3D positions of hand or body features. Furthermore, some kind of control and correction mechanism is developed to improve the results. The topology of the SOM is interpreted as a node-edge model and the distance between SOM and a data sample is given by the smallest Euclidean distance between the data point and the weights of all neurons, seen as the 3D position of the corresponding node.
Generalizing this SOM-data distance by allowing to include the edges given by the connections of the topology leads to a new type of SOM, i.e. the generalized SOM (gSOM). Hand-skeleton-like and human-body-skeleton-like topologies are designed and control and correction mechanisms are developed to allow the pose estimation to use the gSOM. The third approach uses a self-scaling kinematic model fitted in the 3D point cloud of the hand or the human body by formulating a non-linear optimization problem solved by a Levenberg-Marquardt algorithm. The kinematic model allows for determining the angles

of the hand or body joints.
All three methods are combined making each other's estimated poses available as previous knowledge.

All methods are evaluated using public and private datasets which allows a comparison with the state of the art. Furthermore, the advantages of the approaches in terms of the human-robot interaction are presented.

Several applications are developed on the basis of the pose estimation approaches. There is an application which allows for controlling an industrial robot using arm movements. Furthermore, a human-robot interaction interface for not necessarily mobile robots is presented and provides the interaction with an autonomous moving mobile robot "PeopleBot" based on gesture detection. It is also possible to control a self-built robotic hand by hand and finger movements. A second human-robot interaction interface is designed for the humanoid robot "Pepper" and enables the imitation of arm movements as well as gesture control.

Since the developed approaches are not limited to hand or body pose estimation, they are used for the pose estimation of an industrial robot to enable first tests in terms of a purely visual collision detection.

Kurzfassung

Gesten als intuitive natürliche Form der Kommunikation sind seit längerem Forschungs-gegenstand der Mensch-Computer-Interaktion und gewinnen durch die Verbreitung von Tiefenbildkameras im Bereich der Robotik an Bedeutung. Neueste humanoide Roboter zählen diese zu ihren Standardsensoren, die im Bereich der Mensch-Roboter-Interaktion unter anderem für die auf 3D-Daten basierte Posenbestimmung Verwendung finden, um den Robotern nicht nur ein Verständnis ihrer Umgebung, sondern auch für das Verhalten der sich darin befindlichen Menschen zu geben und ihnen die Interaktion miteinander zu ermöglichen. Die Grundvoraussetzung für die Entwicklung entsprechender Anwendungen mitunter im Rahmen der Mensch-Roboter-Kollaboration, in der Roboter unterstützend mit Menschen zusammenarbeiten, bilden effiziente, echtzeitfähige Posenbestimmungs-verfahren, die in Form von Mensch-Roboter-Interaktionsschnittstellen parallel zu der Steuerungssoftware der Roboter einsetzbar sein müssen.

Im Rahmen dieser Arbeit erfolgt die Entwicklung von drei effizienten, echtzeitfähigen Methoden für die Posenbestimmung, die zu einem die Vorteile der einzelnen Ansätze vereinenden Gesamtverfahren kombiniert werden, welches die Ermittlung der Posen auf Standardhardware ohne Einsatz einer GPU sowie auf Hardware mit begrenzter Rechenleis-tung wie einem Raspberry Pi oder FPGA die Pose mit 30 fps ermöglicht. Die Grundlage der Bestimmung der Pose der Hand oder des Körpers bilden die korrespondierenden Punktwolken, für deren Filterung aus der mit Hilfe einer beliebigen Tiefenbildkamera aufgenommenen Gesamtszene verschiedene Ansätze präsentiert werden.

Bei der ersten Methode für die Posenbestimmung handelt es sich um ein unüberwacht lernendes künstliches Neuronales Netz, welches in Form einer Selbstorganisierenden Karte (englisch Self-Organizing Map (SOM)) mit einer entsprechenden hand- respek-tive körperähnlichen Topologie zusammen mit anwendungsspezifischen Kontroll- und Korrekturmechanismen die Positionsbestimmung definierter Hand- beziehungsweise Körpermerkmale ermöglicht.
Eine Generalisierung dieser Standard-SOM in Form der Erweiterung der Abstandsdefiniti-on eines Datenpunktes zur der als dreidimensionales Knoten-Kanten-Modell interpretier-ten Topologie auf Basis des minimalen euklidischen Abstandes zwischen dem Datenpunkt und allen Knoten und Kanten führt zu der neuartigen Generalisierten SOM. Diese bildet in Verbindung mit anwendungsspezifischen Topologien und speziellen Kontroll- und Korrekturmechanismen einen weiteren Ansatz für die Posenbestimmung.

Die dritte Vorgehensweise beruht auf einem selbst-skalierenden kinematischen Modell der Hand respektive des Körpers, welches für die Formulierung der Posenbestimmung auf Basis der 3D-Positionen der Merkmale als nicht lineares Optimierungsproblem verwendet wird, dessen Lösung mit Hilfe des Levenberg-Marquardt-Algorithmus in den Winkeln und Positionen der Gelenke resultiert.

Die Kombination dieser drei Basisansätze erfolgt durch die gegenseitige Bereitstellung der ermittelten Merkmalspositionen, die als zusätzliche Informationen in den jeweiligen Posenbestimmungsprozess einfließen.

Die verschiedenen Methoden werden ausführlich unter Verwendung öffentlicher Datensätze evaluiert, mit dem Stand der Technik verglichen und die Vorteile gegenüber anderen Verfahren gerade im Hinblick auf die Anwendung im Bereich der Mensch-Roboter-Interaktion herausgestellt.

Auf Basis der entwickelten Ansätze werden verschiedenste Anwendungen im Bereich der Mensch-Roboter-Interaktion implementiert. Es erfolgen die Steuerungen eines Industrieroboterarms sowie einer selbst konstruierten und gefertigten roboterisierten Hand auf Basis von Arm- respektive Hand- und Fingerbewegungen. Es wird eine Mensch-Roboter-Interaktionsschnittstelle entwickelt, die die Interaktion mit dem sich in seiner Umgebung autonom bewegenden mobilen Roboter „PeopleBot" über Gesten ermöglicht und auch für stationäre Roboter genutzt werden kann. Eine weitere Mensch-Roboter-Interaktionsschnittstelle wird direkt für den humanoiden Roboter „Pepper" konzipiert und ermöglicht diesem das Nachahmen von Armbewegungen und die Interaktion über Gesten. Im Rahmen der Entwicklung eines ersten Ansatzes für die Posenbestimmung eines Industrieroboters für erste Untersuchungen im Bereich der rein visuellen Kollisionsvermeidung wird zudem gezeigt, dass die entwickelten Verfahren nicht auf den Einsatz für die Posenbestimmung des Menschen beschränkt sind.

1 Einleitung

> Er spricht mit Händen und Füßen.
>
> —Redensart — Volksmund

Diese Redensart mag der eine oder andere bereits über jemanden gesagt oder gar über sich selbst gehört haben. Gemeint ist das sich Ausdrücken unter Verwendung von Gesten, welches auf verschiedenste Weisen zu beobachten ist. Es gibt Menschen, die während des Sprechens beinahe automatisiert und unbewusst durchgehend ihre Arme bewegen, um dadurch ihren Aussagen mehr Nachdruck zu verleihen oder diese zu veranschaulichen. Entsprechende beabsichtigte Gestikulationen können beispielsweise häufig beobachtet werden, wenn man sich als Fremdsprachler in einer unbekannten Umgebung zurechtfinden muss. So wird gegebenenfalls auf Dinge gezeigt, deren Bezeichnungen gerade entfallen sind oder bei einer Wegbeschreibung in eine bestimmte Richtung gedeutet, statt diese rein verbal zu umschreiben.

Unabhängig davon, ob eine Absicht vorliegt oder nicht, behilft man sich bei der Gestikulation einer natürlichen und intuitiven Kommunikationsform, die in unserem alltäglichen Leben allgegenwärtig ist. Beispielsweise grüßen sich Menschen über große Entfernung indem sie winken, Polizisten regeln den Verkehr mit Hilfe von Armbewegungen, Taucher verständigen sich unter Wasser auf Basis von Handzeichen und sogar kleine Kinder deuten auf Dinge, die sie gern haben oder ihren Eltern zeigen möchten. Die Gebärdensprache ist eine komplette rein auf Arm- und Handbewegungen in Kombination mit Handzeichen basierende Sprache für Gehörlose und verdeutlicht, was für eine mächtige und vielseitige Kommunikationsform die Gesten sind.

Aus diesem Grund ist es nicht verwunderlich, dass diese Art der Kommunikation im Bereich der Mensch-Computer-Interaktion (MCI) bereits seit längerem Gegenstand der Forschung ist und mit der Markteinführung der Microsoft Kinect im Jahre 2010 in Verbindung mit der Xbox 360 Spielekonsole in Form einer kommerziell verfügbaren berührungslosen Navigation durch Menüs sowie der Steuerung von Spielen durch Bewegungen des gesamten Körpers der Allgemeinheit verfügbar gemacht wurde. Bei der Kinect handelt es sich um ein Multisensor-Gerät, welches neben Mikrophonen und einer herkömmlichen RGB-Kamera über eine Tiefenbildkamera verfügt. Sie stellt unter Aussendung eines Lichtmusters im infraroten Farbspektrum die Distanzen zu den sich im Sichtfeld befindlichen Objekten in Form eines Tiefenbildes zur Verfügung. Diese Informationen bilden die Grundlage für die Bestimmung der Posen der sich vor der Kamera befindlichen Personen und folglich auch für die MCI mit Hilfe von Gesten.

Im Rahmen der MCI wird die Pose einer Person nicht nur als Position und Orientierung eines ihr zugeordneten Koordinatensystems bezüglich des Kamerakoordinatensystems aufgefasst sondern enthält zudem meist die Positions- sowie gegebenenfalls Orientierungsinformationen einzelner Körpermerkmale wie Hände oder Füße und eventuell sogar die Stellungen beziehungsweise Winkelwerte der einzelnen Körpergelenke.

Es stellte sich schnell heraus, dass der Einsatz der Kinect keineswegs auf den Bereich der Spielekonsolen beschränkt ist und sich dieser Sensor letztlich als kostengünstiger Ersatz für teurere Stereokameras oder Time-of-Flight Kameras im Bereich der Bildverarbeitung weit verbreitet einsetzen lässt [1]. Sie findet unter anderem im Bereich der Objekt-Detektion und -Verfolgung sowie der Objekt-Erkennung und Szenen-Erkennung Verwendung, um bestimmte Objekte im dreidimensionalen Raum zu finden und zu verfolgen oder lediglich zu entscheiden, ob definierte Objekte sich im Raum befinden. Das Problem der Trennung von Objekten und Hintergrund lässt sich in diesem Kontext beispielsweise auf 3D-Informationen zurückführen, statt bisher auf reinen RGB-Bildern zu basieren.

Weitere Anwendungsbereiche für Tiefenbildinformationen im Allgemeinen sind die Analyse von menschlichen Aktivitäten im Bereich der Industrie im Rahmen der Überwachung von Arbeitsräumen von größeren Industrierobotern oder in der Medizin für die Überwachung von Patienten auf Intensivstationen. Die Gestenerkennung basierend auf Tiefenbildern findet für berührungslose Interaktionen mit Geräten zum Beispiel in sterilen Umgebungen wie Operationssälen oder für Industrieanlagen Verwendung. Verlässt man den Menschen als zentralen Gegenstand der Bildverarbeitung, werden 3D-Informationen unter anderem für das Erstellen digitaler Abbilder realer Objekte oder Umgebungen eingesetzt.

Weiterhin sind RGB-D Sensoren wie die Kinect heutzutage in Forschungsgebieten der Robotik als Ersatz teurer Laserscanner verbreitet und bilden zudem die Grundlage für neue Ansätze im Bereich der Simultanen Selbstlokalisation und Kartenerstellung (englisch Simultaneous Localization and Mapping (SLAM)) sowie der Navigation für die mobile Robotik wie beispielsweise graphenbasierte visuelle SLAM Algorithmen [2]. Auch neueste humanoide Roboter, wie der „Pepper"[1] der Firma SoftBank Robotics, zählen Tiefenbildkameras zu ihren standardmäßigen Sensoren. Diese Roboter dringen immer mehr in unser tägliches Leben vor, werden unter anderem als Führer in Museen oder auf Messen eingesetzt und bieten die Möglichkeit einfacher Dialoge und Interaktionen mit dem Menschen. Es existieren sogar vollständig von „Pepper"-Robotern geführte Geschäfte für Mobiltelefone[2]. Während diese Verhalten mehr oder weniger starr einprogrammiert

---

[1]   https://www.ald.softbankrobotics.com/en/robots/pepper, Januar 2018

[2]   https://blogs.wsj.com/japanrealtime/2016/01/28/softbank-to-staff-mobile-phone-storewith-pepper-robots, Januar 2018

sind und nur teilweise autonome Reaktionen zulassen, gibt es Anwendungen, in denen autonome Roboter sich nicht nur in ihrer Umgebung lokalisieren und navigieren, sondern komplexere Aufgaben übernehmen müssen und somit ein Verständnis für die Umgebung erforderlich machen. Beispielsweise könnten humanoide Roboter im Bereich der Altenpflege unterstützend eingesetzt werden. Das Forschungsgebiet der Mensch-Roboter Kollaboration beschäftigt sich mit der den Menschen unterstützenden Koexistenz von Mensch und mobilen Roboterplattformen im industriellen Arbeitsumfeld, in dem diese Plattformen beispielsweise den Transport und das Halten schwerer Baukomponenten vornehmen. Zum Bewerkstelligen entsprechender Aufgaben gehört nicht nur Navigation in einer eventuell bekannten Umgebung und die Vermeidung von Kollisionen mit statischen Hindernissen, sondern vielmehr das Beachten von sicherheitskritischen Aspekten. So dürfen die sich in der Umgebung befindenden Personen nicht verletzt werden oder es soll sogar die Möglichkeit der Interaktion mit dem Roboter gegeben sein. Grundlegend zu lösende Probleme für die Realisierung entsprechender Verhalten sind die Detektion von Personen und die Analyse derer Handlungen auf Basis ihrer Posen bis hin zur Deutung ihrer Absichten.

Als ein konkretisiertes Beispiel für die Posenbestimmung und deren Einsatz im Rahmen der MRI sei das in Abbildung 1.1 visualisierte Szenario definiert. Ein autonom in seiner Umgebung agierender Gabelstapler erhält von der sich vor ihm befindlichen Person den Befehl, die Palette aufzunehmen, auf die durch beide Arme gedeutet wird. Die Realisierung dieser Anwendung basiert auf der Posenbestimmung der Person anhand der mit der Tiefenbildkamera aufgezeichneten Bilder. Es erfolgt die Berechnung einer 3D-Punktwolke der Szenerie und die Filterung bezüglich der zur Person korrespondierenden Daten. Diese dient als Grundlage für die Bestimmung der Pose, die im Beispiel als Knoten-Kanten-Modell innerhalb der Daten dargestellt ist und sowohl die Positions- und Orientierungsinformationen der Person und der einzelnen Merkmale als auch die Winkelstellungen der Gelenke repräsentiert. Diese Pose wird bezüglich der definierten Körperhaltung beider Arme analysiert und löst gegebenenfalls das entsprechende Verhalten des Gabelstaplers aus. Zudem erfolgt auf Basis des Schnittpunktes der Ausrichtung der Arme die Bestimmung der aufzunehmenden Palette.

Ein anderer Einsatzbereich der Posenbestimmung ist die Virtuelle Realität, bei der Kameras im Kopfbereich montiert und für die Bestimmung der Handpose meist in Kombination mit einer VR-Brille wie der Oculus Rift[3] verwendet werden[4].

Der Großteil der genannten Anwendungsszenarien für stationäre Tiefenbildkameras oder in Kombination mit mobilen Robotern sind aktueller Forschungsbestandteil und erfordern möglichst effiziente, echtzeitfähige Verfahren für die Bestimmung und Analyse der Pose des Menschen als Ganzes oder je nach Anwendung der Pose der Hand. Entsprechende Methoden müssen parallel zu bestehender, für den Betrieb des jeweiligen Systems notwen-

---

[3]   https://www.oculus.com/rift/#oui-csl-rift-games=mages-tale, Januar 2018
[4]   https://developer.leapmotion.com/orion,http://nimblevr.com, Januar 2018

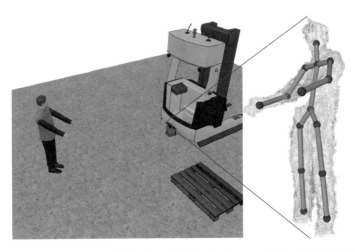

Abbildung 1.1: Beispielszenario für den Einsatz der Posenbestimmung im Bereich der MRI für die Steuerung eines sich autonom in seiner Umgebung bewegenden Gabelstaplers. Das auf die Palette Deuten der Person mit beiden Armen wird vom Roboter als Befehl für die Aufnahme dieser Palette interpretiert.

diger Software wie zum Beispiel der Navigation und Steuerung eines mobilen Roboters verwendbar sein, ohne diese negativ zu beeinflussen oder gar die kompletten Ressourcen des Systems aufzubrauchen.

Diese Arbeit ist in den entsprechenden aktuellen Forschungsgebieten der 3D-Bildverarbeitung, MCI und vor allem der MRI anzusiedeln, denn als Hauptgegenstand sind die Entwicklung von Verfahren für die Bestimmung der dreidimensionalen Pose des Menschen im Raum auf Basis von Tiefenbildern für die hauptsächliche Verwendung im Bereich der mobilen Robotik sowie die Implementierung entsprechender MRI Anwendungen zu definieren. Es werden je drei entwickelte Vorgehensweisen für die Bestimmung der Pose der Hand und die des gesamten menschlichen Körpers präsentiert und zu einem Gesamtverfahren kombiniert. In einem ersten, aus dem Gebiet der künstlichen neuronalen Netze stammenden Ansatz erfolgt die Verwendung einer Standard-Selbstorganisierenden Karte (englisch Standard Self-Organizing Map (sSOM)) mit einer hand- beziehungsweise körperähnlichen Topologie für die Bestimmung von Posen in Form der Positionen definierter Hand- beziehungsweise Körpermerkmale. In einem zweiten Vorgehen findet die hergeleitete Generalisierte Selbstorganisierende Karte (englisch Generalized Self-Organizing Map (gSOM)) als neuartige Selbstorganisierende Karte (englisch Self-Organizing Map (SOM)) Verwendung, bei der die Abstandsdefinition zwischen der Topologie in Form der Interpretation der Gewichtungsfaktoren der Neurone und deren Verbindungen als Positionen und Strukturen im dreidimensionalen Raum generalisiert wird. Auch dieser Ansatz ermöglicht die Positionsbestimmung spezifischer Merkmale. Das dritte Vorgehen basiert auf einem selbst-skalierenden kinematischen Modell und ermöglicht die Bestimmung der Hand- und Körperposen in Form der Positionen der Merkmale im Raum sowie als vollständige kinematische Beschreibung, welche als die zu den Gelenken des kinematischen Modells korrespondierenden Gelenkstellungen gegeben ist. Diese drei Ansätze werden je Anwendungsbereich zu einem effizienten Gesamtverfahren kombiniert, welches die Posenbestimmung in Echtzeit ermöglicht, die im Rahmen dieser Arbeit in Anlehnung an die Nutzbarkeit für reale Anwendungen und nach Oikonomidis et al. [3] als mindestens 15 fps respektive einer verzögerungs- und verlustfreien Verarbeitung der Tiefenbilder und folglich der Bereitstellung der Posen mit der Bildwiederholfrequenz der Kamera von meist 30 fps definiert ist. Als Grundlage dienen stets die mit einer Tiefenbildkamera aufgenommen Informationen einer Szene. Lösungsansätze für grundlegende Probleme wie die Detektion der Hand oder die Bestimmung der zu dem betrachteten Objekt korrespondierende Punktwolke werden ebenfalls dargelegt. Des weiteren erfolgt die Implementierung verschiedenster Anwendungen im Bereich der MRI wie der Gestenerkennung als Standardanwendung, einer Schnittstelle zur Steuerung eines Industrieroboters auf Basis von Armbewegungen sowie zweier Mensch-Roboter-Interaktionsschnittstellen (MRIS) für die Interaktion mit nicht notwendigerweise mobilen sich autonom in einer Umgebung bewegenden Robotern wie dem „PeopleBot" oder dem humanoiden Roboter „Pepper". Ferner wird eine Möglichkeit zur Schätzung der Pose eines Industrieroboters auf Basis der entwickelten Posenbestimmungsverfahren präsentiert, die unter anderem für eine rein visuelle Kollisionserkennung genutzt werden kann. Die korrekte Funktionsweise der einzelnen Verfahren und Anwendungen wird mit Hilfe entsprechender Evaluationen untermauert.

Nachfolgend wird der Stand der Technik bezüglich der Posenbestimmung präsentiert und der wissenschaftliche Beitrag der entwickelten Ansätze unter dessen Berücksichtigung dargestellt. Im Anschluss erfolgt die Darlegung der Struktur der Arbeit unter Kennzeichnung der eigenen Beiträge des Autors.

1.1 Stand der Technik

Dieser Abschnitt präsentiert den aktuellen Stand der Technik im Bereich der Verfahren für die Posenbestimmung des menschlichen Körpers und der Hand sowie der Gestenerkennung als zentrale Bestandteile der Bildverarbeitung, der MCI und spezieller der MRI als sehr aktuelle Forschungsgebiete. Da das Themengebiet der Posenbestimmung sehr weitreichend ist, erfolgt die Darstellung wichtiger Ansätze in Form eines Überblicks, der in die Posenbestimmung des Körpers und der Hand unterteilt wird.

Wang und Popović [4] nutzen für die Bestimmung der Handpose einen Handschuh mit einem speziellen Farbmuster und einem zuvor aufgenommenen Datensatz von gerasterten Bildern mit dem Farbhandschuh in verschiedenen natürlichen Handposen. Das Problem der Posenbestimmung entspricht folglich der Suche nach dem passendsten Bild bezüglich einer Metrik. Schröder et al. [5] erweitern dieses Verfahren für die Steuerung einer Roboterhand, indem sie ein kinematisches Handmodell zum Erstellen eines synthetischen Datensatzes von Handschuhbildern verschiedenster Posen nutzen. Weitere Ansätze basieren auf an die Hand angebrachten Markern [6, 7]. Entsprechende Ansätze sind als klassisch zu bezeichnen, da diese zusätzliche Materialien wie Handschuhe und Marker benötigen, die von den Personen korrekt getragen und angebracht werden müssen. Diese Notwendigkeiten sind für reale Anwendungen nicht praktikabel und bilden meist eine Hürde für viele Nutzer. Aus diesem Grund orientiert sich die Forschung mehr auf rein visuelle Verfahren.

Gemäß Taylor et al. [8] lassen sich die Methoden für die Bestimmung der Pose der Hand in drei Klassen unterteilen, die den folgenden Definitionen genügen. Es gibt „discriminative" Ansätze, deren Grundgedanke die direkte Ermittlung der Handpose auf Basis von Merkmalsextraktion unter Verwendung von Klassifikations- oder Regressionsverfahren ist [9, 10] und die nachfolgend als merkmalbasierte Absätze bezeichnet werden. Diese sind somit vom zeitlichen Ablauf der Handbewegungen unabhängig und bestimmen die Pose der Hand für jedes Bild separat. Sie basieren häufig auf zuvor berechneten Datenmengen und sind somit nicht präzise auf jede Handproportion abgestimmt. Im Gegensatz dazu existieren die generativen oder auch modellbasierten Verfahren, deren Posenbestimmung auf dem sequentiellen zeitlichen Verlauf von Handbewegungen und der direkten Verwendung und Anpassung eines Handmodells basiert [3, 11]. Die Genauigkeit dieser Methoden hängt meist von der korrekten Initialisierung des Modells beziehungsweise der korrekt bestimmten Pose im vorherigen Bild ab. Hybride Verfahren nutzen häufig einen merkmalbasierten Ansatz für eine eventuelle Initialisierung und modell-basierte Ansätze für die Einbeziehung zeitlicher Abläufe [12–15].

Nachfolgend werden einige merkmalbasierte Ansätze präsentiert. Ren et al. bestimmen die Pose der Hand in Form von Fingergesten mit Hilfe der Definition einer Finger-Earth-Mover-Distanz als Metrik für den Unterschied von Handposen [16, 17]. Die Finger werden auf Basis der durch das Tiefenbild einer Kinect gegebenen Handform bestimmt und die Gestenerkennung mit Hilfe von Template-Matching auf einem zuvor aufgezeichneten Datensatz realisiert. Athitsos und Sclaroff [18] formulieren ein Indexing-Problem auf einer Bilddatenbank, um plausible 3D-Handkonfigurationen zu ermitteln. Zu diesem Zweck berechnen sie einen großen Datensatz synthetischer Handbilder mit Hilfe eines gelenkigen Handmodells für verschiedenste Posen. Auch in diesem Fall beruht die Posenbestimmung auf dem Finden des ähnlichsten Bildes unter Verwendung von Kanteninformationen und des Chamfer-Abstandes. Der Ansatz von Keskin et al. [19] erweitert das ursprünglich für die Posenbestimmung des Körpers genutzte Verfahren von Shotton et al. [20] und verwendet zuvor auf Handdaten trainierte randomisierte Entscheidungswälder (englisch random decision forests (RDFs)) für die Bestimmung von Handposen. In [9] erweitern sie ihr Verfahren zu mehrschichtigen RDFs.

Die generativen Ansätze sind ebenfalls weit verbreitet. Horaud et al. [21] bestimmen die Pose der Hand, indem sie ein gelenkiges Handmodell mit Hilfe von Punktregistrierung basierend auf Expectation-Conditional-Maximization-Ansätzen an korrespondierende 3D-Daten anpassen. Gorce et al. [22] rekonstruieren die 3D-Handpose auf Basis der Optimierung einer Zielfunktion mit Hilfe eines quasi Newton Ansatzes und eines parametrisierbaren Handmodells. Die Zielfunktion vereint Texturen und Schattierungen, um das Problem von Selbstverdeckungen zu behandeln und im Rahmen der Posenbestimmung wird ein der Realität möglichst entsprechendes synthetisches Handbild mit Hilfe eines gelenkigen Handmodells und RGB-Informationen erzeugt. Die Ansätze von Oikonomidis et al. bestimmen das Skelett der Hand mit Hilfe eines speziellen Handmodells und Partikelschwarmoptimierung (PSO) durch Minimierung einer Fehlerfunktion basierend auf Merkmalen der Haut und Kanten (Feature Maps) sowie hypothetischer Posen [3, 23]. In [24] wird ein dreistufiger Iterative Closest Point (ICP) Ansatz für die Handposenbestimmung mit Hilfe eines gelenkigen 3D-Handnetzmodells präsentiert. Für die Bestimmung der globalen Pose der Hand werden die Modelldaten mit den aktuellen Handdaten mit einer ICP auf diesen und den sichtbaren Bereichen der Modelloberfläche übereinandergelegt. Eine Detektion der Fingerspitzen gefolgt von einer inversen kinematischen Approximation resultiert in einer ersten Schätzung des Modells. Auf Basis einer finalen ICP wird die Modelloberfläche mit den realen Daten möglichst in Einklang gebracht. Schröder et al. [25] nutzen die inverse Kinematik für das Einpassen eines virtuellen Handmodells in die von der Kamera aufgezeichneten 3D-Daten. Das Modell besteht aus einem triangulierten Netz mit einem darunterliegenden kinematischen Handskelett. Die Anpassung des Modells beruht auf einer kleinste-Quadrate Optimierung basierend auf dem Datenpunkt-Dreieck-Abstand. Dieser Ansatz ähnelt stark dem in dieser Arbeit für die Posenbestimmung genutztem kinematischen Modell. Die wichtigsten und entscheidenden Unterschiede sind der Daten-Modell Abstand, der in dieser Arbeit auf einen gemittelten Daten-Knoten Abstand reduziert wird, sowie die Fähigkeit der automatisierten Größenskalierung des Modells.

Die folgenden Methoden bilden Vertreter der hybriden Verfahren. Die Methode aus Sridhar et al. [14] verwendet eine Detection-guided Optimierungsstrategie und kombiniert diese mit einer generativen Optimierung eines Handmodells auf Basis von einer Repräsentation der Tiefendaten unter Verwendung von gemischten Gauß-Modellen und eines auf RDFs fußenden Detektionsschrittes. Ballan et al. [12] gehen einen Schritt weiter und passen ein gelenkiges Handoberflächenmodell an die realen Daten der Hände an während diese interagieren und zum Beispiel einen kleinen Ball halten oder miteinander verschränkt werden. Um den Informationsverlust durch gegenseitige Verdeckungen zu reduzieren, verwenden sie mehrere Kameras. Es existieren weitere Ansätze, die Pro-

blematiken der Mensch-Objekt Interaktion wie das Greifen von Gegenständen, andere
Manipulationen oder die Handposenbestimmung für spezielle computergestützte Ent-
wurfsaufgaben adressieren [26–28] oder auf die Daten mehrerer Kameras zurückgreifen
[13]. Eines der bekanntesten hybriden Verfahren ist das von Sharp et al. [15], da es beein-
druckende Resultate für die Handposenbestimmung in Echtzeit auf Standard Hardware
liefert. Als Nachteil ist allerdings die Verwendung einer GPU anzusehen. Um dem Verlust
der Hand während der Bewegungsverfolgung entgegenzuwirken, kombiniert das System
einen Neuinitialisierungsschritt für jedes Bild mit einem Anpassungsschritt eines Modells
an die Daten basierend auf den zeitlichen Informationen. Zu diesem Zweck erfolgt die
Formulierung einer „goldenen" Zielfunktion, die mit einem stochastischen Optimierungs-
ansatz den Fehler zwischen der rekonstruierten Handpose in Form eines Handmodells
und den realen Daten minimiert. Taylor et al. [8] kombinieren verschiedene Energiefunktionen zu einer Zielfunktion, die nach einem Neuinitialisierungsschritt mit Hilfe einer
Gauss-Newton Optimierung für die Bestimmung der Handpose in Echtzeit auf einer
Standard-CPU ohne Grafikkarte genutzt wird. Die Zielfunktion vereint verschiedenste
Ansätze und betrachtet beispielsweise die Bedingungen, dass jeder Datenpunkt möglichst
nahe an der Oberfläche des Handmodells liegen soll und seine Normale der des dichtesten
Punktes ähnlich ist [29]. Andere Energieterme sorgen dafür, dass die Pose einer möglichst
realen menschlichen Handpose gleicht und Gelenkbeschränkungen nicht missachtet werden [11, 30, 31]. Auch der zeitliche Verlauf wird berücksichtigt, indem eine Energiefunktion
dafür Sorge trägt, dass sich aufeinanderfolgende Posen ähneln [11]. Weiterhin soll sich das
Modell nicht selbst schneiden [12] und jede Fingerspitze in den Daten sollte möglichst
in der Nähe einer Fingerspitze des Modells liegen [11, 13]. Dieser Ansatz ist ein Beispiel
dafür, dass die hybriden Verfahren weit verbreitet sind und beinahe einen Standardansatz
bilden. Sie ergänzen sich gegenseitig und sind miteinander kombinierbar.

Weitere aktuelle Forschungen gehen in die Richtung der Echtzeitfähigkeit ohne unterstützende Verwendung von GPUs und der Personalisierung der verwendeten Modelle für die
Hand [32, 33], um die Genauigkeit und Robustheit zu erhöhen.

Es sind bereits kommerzielle Lösungen für die Handposenbestimmung und entsprechende
Anwendungen verfügbar. Das Intel* Perceptual Computing SDK 2013[5] bildet in Kombination mit dem Creative Senz3D Time-of-Flight Kamera System eine Schnittstelle für die
Bestimmung der Handpose bis zu einer Distanz von einem Meter. Dabei wird kein kom-
plettes 3D-Modell der Hand bestimmt, sondern lediglich die Positionen der Fingerspitzen
und verschiedener anatomischer Landmarken wie der Handfläche oder des Ellbogens
geliefert. Auch die neueste Variante in Form des Intel Perceptual Computing SDK[6] in
Kombination mit der RealSense Kamera bietet lediglich das Handtracking im Nahbereich.
Das Leap Motion[7] System liefert in seiner ersten Version eine Bestimmung der Finger-

---

[5]   https://software.intel.com/en-us/perceptual-computing-sdk, Januar 2018
[6]   https://software.intel.com/realsense, Januar 2018
[7]   https://www.leapmotion.com/product, Januar 2018

spitzen im sehr nahen Bereich des Sensors und wurde später um eine Art gelenkiges Modell erweitert. Der Sensor wurde komplett neu konstruiert und auf den Einsatz für die Befestigung am Kopf optimiert. Es ermöglicht die Bestimmung komplexer Posen auch während der Interaktion und findet als Orion[8] SDK im Bereich der virtuellen Realität Verwendung.

Obwohl die Bestimmung der Handpose bei der Entwicklung entsprechender Verfahren im Vordergrund steht, lässt die Vielseitigkeit der Ansätze mit nur wenigen Adaptionen die Bestimmung der Pose des menschlichen Körpers zu. Aus diesem Grund werden nachfolgend relevante Vertreter von Verfahren für die Körperposenbestimmung benannt. Taylor [34] bedient sich bekannter Gelenkpositionen in 2D Bildern, um die Konfigurationen eines zuvor definierten gelenkigen Skeletts des Menschen auf Basis der Korrespondenz von Punkten und Gelenken zu bestimmen. Bregler und Malik [35] führen das Produkt sogenannter Exponential Maps und Twist Motions ein, um die Pose des Körpers mit Hilfe von linearen Gleichungssystemen zu bestimmen und auf ein 3D-Modell zu übertragen. Andere Ansätze stammen aus dem Gebiet des maschinellen Lernens. Menschliche Posen werden als zweidimensionale Anordnungen von Gelenkpositionen definiert, die statistisch in Cluster mit ähnlichen Posen eingeteilt werden können. Anschließend finden Verfahren des maschinellen Lernens Verwendung, um Cluster spezifische Funktionen zu bestimmen, die das Mappen von Features zu jedem Cluster erlauben und eine Bestimmung der Pose ermöglichen [36]. Shakhnarovich et al. [37] benutzen visuelle Features für die Bestimmung der Pose auf Basis von zuvor trainierten Hashing-Funktionen. Alle bisherigen Ansätze basieren auf Daten von 2D Kameras, wohingegen [38] die Bildinformationen einer Time-of-flight Kamera und die lokale Suche innerhalb eines auf kinematischen Ketten basierenden Modells nutzen, um die 3D-Positionen von Gelenken des Körpers zu bestimmen. Shotton et al. [20] reduzieren das Problem der Positionsbestimmung einzelner Körpermerkmale auf ein pixelbasiertes Klassifizierungsproblem unter Verwendung der Daten einer Kinect Kamera. Haker et al. [39] behilft sich für die Posenbestimmung des Oberkörpers eines künstlichen neuronalen Netzes in Form einer SOM mit einer dem Oberkörper des Menschen ähnelnden Topologie. Im Rahmen dieser Arbeit bildet der Ansatz von Haker et al. [39] die Grundlage für die Entwicklung des Verfahrens für die Posenbestimmung mit Hilfe einer sSOM.

Gerade die Posenbestimmung des Körpers ist kommerziell weit verbreitet. So ist sie wesentlicher Bestandteil der Steuerung von Avataren oder Spielen auf Konsolen wie der Xbox360 und der Xbox One. Auch die zu der Kinect für Xbox 360 und Kinect für Xbox One veröffentlichen SDK[9] bieten die Möglichkeit der Posenbestimmung unter Windows auf Standard-PCs. Ein weiterer Vertreter für die Posenbestimmung am PC ist das SoftKinetic iisu SDK[10].

Das aus der Universität zu Lübeck ausgegründete Softwareunternehmen gestigon[11] bietet verschiedene Lösungen für die MCI sowie die Mensch-Maschine-Interaktion (MMI) speziell in den Bereichen der Automobilindustrie und der vermischten Realität an, die unter anderem auf Algorithmen für die Posenbestimmung des Menschen sowie der Hand basieren [40–42]. Einige dieser Basisalgorithmen sind patentrechtlich geschützt [MET+11].

Die Verwendung der Posenbestimmung im Bereich der MRI gerade auch für mobile Roboter erfordert die Beachtung einiger Besonderheiten und Einschränkungen im Vergleich zu den bestehenden Lösungen für die Posenbestimmung oder Gestenerkennung. Es steht beispielsweise kein Standard-PC mit einer GPU und beliebigen Ressourcen zur Verfügung. Vielmehr sind die Ressourcen auf den Robotern stark beschränkt, da diese zum Beispiel für eine anwendungsspezifische Lokalisierung und Navigation benötigt werden. Aus diesem Grund stehen die Effizienz und die geringen Hardwareanforderungen der Verfahren für die Posenbestimmung während der Entwicklung deutlich im Fokus, ohne sich jedoch nachteilig auf die Genauigkeit und Robustheit auszuwirken. Unter Berücksichtigung dieser und anderer Gesichtspunkte sind die wichtigsten Eckdaten des wissenschaftlichen Beitrages dieser Arbeit nachfolgend als Überblick zusammengefasst.

Die entwickelte Methodik ist sowohl für die Bestimmung der Pose der Hand als auch für die des gesamten menschlichen Körpers geeignet und bestimmt nicht nur die Positionen einzelner Merkmale wie Fingerspitzen oder Hand beziehungsweise Ellbogen oder Schulter, sondern gibt eine komplette kinematische Beschreibung mit 28 DOFs für die Hand und 24 DOFs für den Körper in Form von Gelenkwinkeln auf Basis eines kinematischen Modells an. Ferner ist sie nicht auf menschliche Skelette limitiert und kann durch einen simplen Tausch der Kinematik beziehungsweise der zu Grunde liegenden Topologien beispielsweise für die Schätzung der Pose eines Industrieroboters verwendet werden. Das Gesamtverfahren besteht aus drei verschiedenen, entwickelten, eigenständigen Teilverfahren und vereint deren Stärken. Der Einsatz von SOMs für die Bestimmung der Handpose ist neuartig, zumal eine Generalisierung der Abstandsdefinitionen vorgenommen wird und in einer neuen Art SOM der sogenannten gSOM als zweiten Ansatz resultiert. Der Grundgedanke der Posenbestimmung basierend auf einem kinematischen Modell korrespondiert zwar zu einigen oben genannten Ansätzen, jedoch ist das entwickelte Verfahren deutlich einfacher, verwendet lediglich eine Fehlerfunktion und wird wie auch bei den SOMs auf ein Knoten-Kanten-Modell zurückgeführt, welches im Gegensatz zu einem Volumenmodell eine neuartige Definition des Daten-Modell-Abstandes hervorbringt und den Kern der Effizienz und Einfachheit der Verfahren bildet. Die Pose wird auf Basis der Formulierung eines kleinste-Quadrate-Optimierungsproblems sowie dessen Lösung mit Hilfe der Levenberg-Marquardt-Methode ermittelt. Jedes der Verfahren passt sich automatisiert an die Größe des Menschen beziehungsweise der Hand an, ohne vorherige manuelle Einstellungen vornehmen zu müssen. Für die gesamte Posenbestimmung sind keine vorher aufzunehmenden Datensätze und kein vorheriges Training notwendig. Fer-

---

[11]   http://www.gestigon.com/products/, Februar 2018

ner wird ein Großteil unnatürlicher Posen durch simple Beschränkungen der zulässigen Gelenkwinkel des kinematischen Modells verhindert und die Verfahren sind in der Lage teilweise unvollständige Punktwolken oder gar Wolken mit einer geringen Punktdichte zu kompensieren. Es ist sehr effizient, arbeitet lediglich auf der CPU und benötigt keine GPU, was es für den Einsatz auf leistungsschwacher Hardware oder parallel zu rechenintensiver Software prädestiniert. Es gibt somit die wichtigen Ressourcen für die Entwicklung von Anwendungen gerade im Bereich der mobilen Robotik frei. Evaluationen haben gezeigt, dass eine robuste und genaue Posenbestimmung erfolgt und die Verfahren auf kostengünstiger Hardware mit beschränkten Ressourcen wie einem Raspberry Pi oder auf einem FPGA die Echtzeitfähigkeit mit Bildraten von bis zu 30 fps begrenzt durch die Geschwindigkeit der verwendeten Tiefenbildkamera deutlich erreichen. Diese untere Schranke wird von den im Rahmen dieser Arbeit realisierten Anwendungen, von denen die Posenbestimmung nur einen kleinen Teil ausmacht, deutlich überschritten. Das Verfahren ist komplett kamera- und plattformunabhängig, da es auf reinen Tiefendaten arbeitet und folglich auch in Dunkelheit oder Umgebungen mit eingeschränkten Sichtverhältnissen funktioniert. Es werden fehler- oder lückenhafte sowie zu den entsprechenden Objekten korrespondierende Punktwolken mit geringerer Auflösung toleriert und die Verfahren skalieren mit der Anzahl der verwendeten Datenpunkte bezüglich der Geschwindigkeit. Die Implementierung beruht letztlich auf C++ und ist dementsprechend unabhängig von Betriebssystemen.

Zusammenfassend vereint das entwickelte Verfahren für die Posenbestimmung viele Vorteile, wie die Größenskalierung, die Einfachheit und Effizienz sowie die darauf beruhende Echtzeitfähigkeit. Es kann Selbstverdeckungen zum großen Teil kompensieren und ist für den Einsatz im Bereich der mobilen Robotik konzipiert jedoch bei weitem nicht darauf beschränkt.

1.2 Struktur der Arbeit

Dieser Abschnitt stellt die inhaltliche Struktur dieser Arbeit in Form eines Überblicks dar. Ferner wird an gegebenen Stellen darauf hingewiesen, bei welchem Teil der Arbeit es sich inhaltlich um Grundlagen, Stand der Technik oder nicht im Rahmen der Entwicklungen der Verfahren für die Posenbestimmung der Hand sowie des gesamten Körpers und deren Anwendungen entstandenen Methoden handelt.

Nach der in diesem Abschnitt gegebenen Einführung in den Gegenstand dieser Arbeit erfolgt in Kapitel 2 die Präsentation wichtiger Grundlagen und Definitionen, die für das Verständnis dieser Arbeit notwendig sind. Dazu gehören die Definitionen und Darstellungsformen der Posen von Koordinatensystemen, sowie die für die Posenbestimmung erforderlichen anatomischen Grundlagen der Hand und des Körpers. Es werden eigens festgelegte Definitionen von einfachen und vollständigen Hand- und Körperposen präsentiert. Sämtliche entwickelte Ansätze basieren auf den 3D-Informationen einer Szene, die in Form von Punktwolken vorliegen und entsprechend definiert werden. Es wird ein kurzer Überblick über Tiefenbildkameras und deren bildgebende Verfahren präsentiert. Es werden eigens für die Posenbestimmung entwickelte Methoden für die Detektion und Filterung der Punktwolken der Hand und des Körpers aus den 3D-Daten der von der Kamera aufgenommenen Gesamtszene vorgestellt. Der letzte Teil dieses Kapitels befasst sich mit Methoden zur Analyse und Klassifizierung von Daten in Form der Hauptkomponentenanalyse und Support Vector Machines (SVMs), welche als Basis der Gestenerkennung anzusehen sind.

In Kapitel 3 werden zwei der entwickelten, auf SOMs basierenden Verfahren für die Posenbestimmung präsentiert. Zu Beginn des Kapitels ist eine generelle Einführung in die Thematik der SOMs ausgehend von der Definition Künstlicher Neuronaler Netze gegeben. Deren generelles Lernverhalten wird am Beispiel eines einfachen Perzeptrons erläutert, bevor die SOMs detailliert betrachtet werden. Es folgt die Definition der sSOMs und die eigens durchgeführten Untersuchungen deren Lernverhaltens im Bezug zur Anwendung der sSOM für die Posenbestimmung werden dargelegt. Sowohl für die Posenbestimmung der Hand als auch für die des Körpers werden spezielle Topologien als Herzstück der SOMs und verschieden Kontroll- und Korrekturmechanismen entworfen. Ferner erfolgt die Vorstellung des Vorgehens für die Gestenerkennung basierend auf den mit Hilfe dieser sSOMs ermittelten Posen von Hand und Körper. Im zweiten Teil des Kapitels wird die sogenannte gSOM als eine neuartige Version vom SOMs basierend auf einer Generalisierung der Abstandsdefinition zwischen Topologie und 3D-Daten vorgestellt, deren Lernverhalten im Bezug zur Anwendung untersucht und letztlich auf die Problematik der Posenbestimmung angewendet wird. Hierfür sind ebenfalls der Entwurf anwendungsspezifischer Topologien sowie der von Kontroll- und Korrekturmechanismen dargelegt. Ferner erfolgt eine Gestenerkennung von Hand- und Körpergesten auf Basis der mit Hilfe einer gSOM bestimmten Posen.

Kapitel 4 präsentiert das dritte für die Problematik der Posenbestimmung der Hand und des Körpers entwickelte, auf einem kinematischen Modell basierende Verfahren. Nach einer generellen Einführung in das Gebiet der kinematischen Modelle mit Ausrichtung auf den Bereich der Robotik und in die notwendigen Grundlagen der Vorwärts- und inversen Kinematik erfolgen die Beschreibungen der eigens entwickelten Vorgehen für die Posenbestimmung der Hand und des Körpers. Es werden die entworfenen kinematischen Modelle und deren Adaption an die 3D-Daten der Hand oder des Körpers vorgestellt. Diese basiert auf einer Levenberg-Marquardt-Optimierung unter Verwendung einer einfachen und folglich sehr effizient berechenbaren Abstandsdefinition zwischen Modell und 3D-Daten. Weiterhin wird das Vorgehen für die Erkennung von Hand- und Körpergesten anhand der mit dem kinematischen Modell bestimmten Posen erläutert.

In Kapitel 5 wird die Kombination der drei zuvor präsentierten Verfahren zu einem Gesamtansatz für die Posenbestimmung kombiniert, welches die Vorteile der einzelnen

Methoden vereint. Ferner erfolgt die Vorstellung eines hybriden Ansatzes für die Posenbestimmung der Hand, bei dem sogenannte SOM-Finger das kinematischen Modell erweitern.

Die Evaluation der einzelnen Verfahren und des Gesamtverfahrens für die Posenbestimmung wird in Kapitel 6 beschrieben. Es erfolgen qualitative und quantitative Untersuchungen auf öffentlichen und eigenen Datensätzen, die auf Basis von Genauigkeit und Robustheit die Nutzbarkeit der Methoden verdeutlichen. Ferner werden Untersuchungen bezüglich der Effizienz beziehungsweise Echtzeitfähigkeit durchgeführt, die gerade im parallelen Einsatz der Verfahren zu bestehenden Anwendungen von essentieller Bedeutung ist.

Kapitel 7 präsentiert verschiedenste im Rahmen dieser Arbeit realisierte Anwendungen im Bereich der MRI und speziell der mobilen Robotik, denen die Posenbestimmung mit Hilfe der vorgestellten Verfahren zu Grunde liegt. Als Standardanwendung ist die Gestenerkennung zu sehen, die sowohl für die Hand als auch den Körper beispielhaft implementiert und evaluiert wird. Weiterhin erläutert dieses Kapitel eine entwickelte MRIS für die Steuerung eines Industrieroboters anhand von Armbewegungen. Deren Nutzbarkeit wird im Rahmen einer Evaluation mit bestehenden Steuerungen wie einer 3D-Maus verglichen. Der dritte Abschnitt präsentiert eine MRIS für nicht notwendigerweise mobile Roboter. Weiterhin wird eine darauf aufbauende Anwendung im Rahmen der Interaktion mit dem sich autonom in seiner Umgebung navigierenden mobilen Roboter „PeopleBot" vorgestellt und evaluiert. Im Rahmen dieser Arbeit wurde eine weitere MRIS speziell für den humanoiden Roboter „Pepper" konzipiert. Sie bildet die Basis verschiedenster MRI-Anwendungen von denen beispielhaft das Imitieren von Armbewegungen und die Reaktion auf definierte Gesten vorgestellt werden. Der letzte Abschnitt zeigt die Vielfältigkeit der entwickelten Algorithmen für die Posenbestimmung, indem die Bestimmung der Pose eines Industrieroboters vorgestellt wird, die unter anderem für eine rein visuelle Kollisionsvermeidung im Bereich der Mensch-Roboter-Kollaboration (MRK) Verwendung finden könnte.

Kapitel 8 fasst diese Arbeit zusammen und gibt einen Ausblick über ein mögliches Vorgehen bei der Weiterentwicklung der vorgestellten Ansätze und Ideen für weitere Anwendungen im Bereich der MRI.

Im Anhang A sind zusätzliche Informationen und Materialien gegeben, die vorher präsentierte Sachverhalte und Methoden detaillierter beschreiben und auf die an gegebener Stelle referenziert wird.

2 Grundlagen

Dieses Kapitel präsentiert Informationen und Methoden, die für das Verständnis der Arbeit von grundlegender Bedeutung sind. Im ersten Teil erfolgt eine Einführung in den Bereich der Lagebeschreibung von Koordinatensystemen in Form von Rotationen und Translationen innerhalb eines Bezugskoordinatensystems sowie die Definition von Hand- und Körperposen auf Basis der menschlichen Anatomie. Im Anschluss wird ein kurzer Überblick über Punktwolken, ihre Bestimmung aus Tiefenbildern und Tiefenbildkameras sowie verschiedenen Messmethoden für die Tiefendaten gegeben. Diese bilden letztlich die Grundlage für die Berechnung der für die Posenbestimmung genutzten 3D-Informationen und ermöglichen es, die von der Kamera aufgenommene Szene in Form einer 3D-Punktwolke darzustellen. Die entwickelten Verfahren arbeiten allerdings nicht auf der gesamten Szene, sondern erwarten eine Punktwolke, die je nach Anwendung die Hand oder den Körper des Menschen repräsentiert. Demzufolge werden Ansätze vorgestellt, um gerade diese Informationen aus der Gesamtszene herauszufiltern.

Die Gestenerkennung ist eine der bekanntesten Anwendungen basierend auf den Resultaten der Posenbestimmung und wird im Falle statischer Gesten als Klassifikation von Posen aufgefasst, die in dieser Arbeit mit Hilfe von Stützvektormaschinen (englisch SVMs) vorgenommen wird. SVMs und die Methode der PCA zur Untersuchung von Daten werden im letzten Teil dieses Kapitels vorgestellt.

2.1 Posendarstellung

In diesem Abschnitt erfolgt die Definition der Begriffe Hand- und Körperpose, deren Bestimmung Hauptgegenstand dieser Arbeit ist. Zudem wird eine allgemeine Einführung in die Beschreibung von Posen eines Koordinatensystems (KS) und in die für diese Arbeit relevanten anatomischen Grundlagen der Hand und des Körpers gegeben.

2.1.1 Posen von Koordinatensystemen

Dieser Abschnitt definiert den für diese Arbeit grundlegenden Begriff der Pose eines KS bezüglich eines anderen und beschreibt die Repräsentation und Berechnung dieser als Transformation, die beispielsweise zur Umrechnung eines Vektors von einem in das andere KS genutzt werden kann. Die nachfolgenden Definitionen orientieren sich an den hiermit für eine gegebenenfalls ausführlicheren Recherche empfohlenen Quellen [43] und [44].

Diese Arbeit beschäftigt sich mit der Posenbestimmung im dreidimensionalen Raum auf Basis der Daten einer Tiefenbildkamera, deren Tiefeninformationen die Berechnung einer 3D-Punktwolke der aufgenommenen Szene ermöglichen. Die einzelnen Datenpunkte sind in einem dreidimensionalen, rechtshändigen kartesischen KS dem sogenannten Weltkoordinatensystem (WKS) positioniert, bezüglich dessen Ursprungs beispielsweise die Position und Orientierung eines durch einen Teil der Datenpunkte repräsentierten Objektes bestimmt werden soll. Zu diesem Zweck wird das Objektkoordinatensystem (OKS) als KS für das Objekt definiert, dessen Position und Orientierung in Bezug zum WKS die Pose des Objektes darstellen. Für die Positionierung eines KS innerhalb eines anderen stehen sechs Freiheitsgrade (englisch Degrees of freedom (DOFs)) zur Verfügung; drei Translationen entlang und drei Rotationen um die Achsen des WKS.
Die Position des Koordinatenursprungs des OKS kann mit Hilfe eines dreidimensionalen Vektors

$$
{}_{\text{WKS}}\mathbf{t}^{\text{OKS}} = \begin{pmatrix} x \\ y \\ z \end{pmatrix} \tag{2.1}
$$

repräsentiert werden. Dieser Vektor enthält als erste Komponente die Translation entlang der x-Achse des WKS, als zweite Komponente die Translation entlang der y-Achse des WKS und als dritte Komponente die Translation entlang der z-Achse des WKS.
Für die Beschreibung der Rotationen stehen die drei nachfolgenden elementaren Rotationsmatrizen zur Verfügung, die je nach Konvention aneinander multipliziert die Gesamtrotation beziehungsweise die Orientierung ${}_{\text{WKS}}\mathbf{R}^{\text{OKS}}$ des OKS in Bezug zum WKS ergeben.
Die Matrix

$$
\mathbf{R}_{\text{x}}(\theta) = \begin{pmatrix} 1 & 0 & 0 \\ 0 & \cos\theta & -\sin\theta \\ 0 & \sin\theta & \cos\theta \end{pmatrix} \tag{2.2}
$$

beschreibt die Rotation um die x-Achse eines KS. Die Rotation um die y-Achse eines KS wird mit Hilfe der Matrix

$$
\mathbf{R}_{\text{y}}(\theta) = \begin{pmatrix} \cos\theta & 0 & \sin\theta \\ 0 & 1 & 0 \\ -\sin\theta & 0 & \cos\theta \end{pmatrix} \tag{2.3}
$$

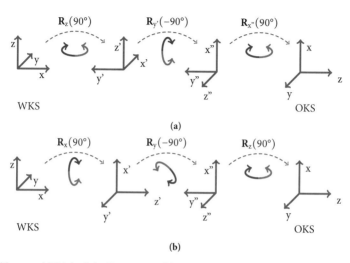

Abbildung 2.1: (a) Bei der Euler-Konvention erfolgen die drei sequentiellen Rotationen stets in Bezug zum aktuellen, sich ändernden KS. (b) Bei der Roll-Pitch-Yaw-Konvention oder Rotation um feste Achsen erfolgen die drei sequentiellen Rotationen stets in Bezug zum ursprünglichen KS.

definiert und die Rotation um die z-Achse eines KS ergibt sich aus der Matrix

$$\mathbf{R}_z(\theta) = \begin{pmatrix} \cos\theta & -\sin\theta & 0 \\ \sin\theta & \cos\theta & 0 \\ 0 & 0 & 1 \end{pmatrix} . \tag{2.4}$$

Es sei darauf hingewiesen, dass die definierten Rotationsmatrizen bei gegebenen positiven Rotationswinkeln jeweils eine Rotation in positiver Drehrichtung beziehungsweise entgegen des Uhrzeigersinns beschreiben; die x-Achse wird in Richtung der y-Achse gedreht.

Da für die Matrizenmultiplikation keine Kommutativität gilt, ist die Reihenfolge der einzelnen Rotationen beziehungsweise Rotationsmatrizen von essentieller Bedeutung, was zu zwei gängigen Konventionen für die Beschreibung der Orientierungsüberführung eines KS in ein anderes führt. Bei der ersten, der sogenannten Euler-Konvention, erfolgen drei sequentielle Rotationen in Bezug auf die sich ändernden Koordinatenachsen. Abbildung 2.1a zeigt beispielhaft die sich ergebenen Rotationen für die Euler-Konvention, bei der die erste Rotation um den Winkel α um die z-Achse des Ausgangskoordinatensystems erfolgt. Die zweite Rotation findet um den Winkel β um die y'-Achse statt, die der y-Achse des durch die vorherige Rotation entstandenen KS entspricht. Die abschließende Rotation

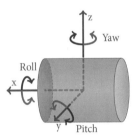

Abbildung 2.2: Definition der Rotationsbegriffe Roll, Pitch und Yaw. Das dargestellte KS entspricht dem WKS. OKS und WKS sind in der visualisierten Ausgangslage Deckungsgleich.

wird um den Winkel γ um die x''-Achse vollführt, die wiederum der x-Achse des durch die beiden vorangegangen Rotationen entstandenen KS entspricht. Das Tripel (α,β,γ) beziehungsweise die Winkel werden als Euler-Winkel oder entsprechend der Reihenfolge der Rotationsachsen als Z-Y'-X'' Euler-Winkel bezeichnet. Die sich ergebende Gesamtrotation oder Orientierung des OKS in Bezug zum WKS lässt sich als

$$_{\text{WKS}}\mathbf{R}^{\text{OKS}}_{\text{zy'x''}}(\alpha,\beta,\gamma) = \mathbf{R}_z(\alpha) \cdot \mathbf{R}_{y'}(\beta) \cdot \mathbf{R}_{x''}(\gamma) \tag{2.5}$$

darstellen und resultiert in der Rotationsmatrix

$$_{\text{WKS}}\mathbf{R}^{\text{OKS}}_{\text{zy'x''}}(\alpha,\beta,\gamma) = \begin{pmatrix} c_\alpha c_\beta & c_\alpha s_\beta s_\gamma - s_\alpha c_\gamma & c_\alpha s_\beta c_\gamma + s_\alpha s_\gamma \\ s_\alpha c_\beta & s_\alpha s_\beta s_\gamma + c_\alpha c_\gamma & s_\alpha s_\beta c_\gamma - c_\alpha s_\gamma \\ -s_\beta & c_\beta s_\gamma & c_\beta c_\gamma \end{pmatrix} \tag{2.6}$$

mit den abgekürzten trigonometrischen Funktionen $\sin(\text{Winkel})$ durch s_{Winkel} und $\cos(\text{Winkel})$ durch c_{Winkel}. Es sind durchaus weitere Kombinationen wie beispielsweise die Z-Y'-Z'' oder Z-X'-Z'' Euler-Winkel möglich, was je nach Anwendung zur Notwendigkeit der Angabe der genutzten Konvention und Winkelreihenfolge führt.

Die zweite Konvention ist die feste Winkel-Konvention (englisch fixed angles) oder auch Roll-Pitch-Yaw-Konvention, wobei sich die Benennung der Rotationswinkel an der ursprünglich für Luftfahrzeuge genutzten Beschreibung der Orientierung im dreidimensionalen Raum orientiert und sich die Rotationen auf die festen Achsen des Ausgangskoordinatensystems beziehen. In Abbildung 2.2 sind die Rotationsbezeichnungen illustriert. Der Roll-Winkel bezeichnet die Rotation um die Längsachse (Rollachse), der Pitch-Winkel die Rotation um die Querachse (Nickachse) und der Yaw-Winkel die Rotation um die Vertikalachse (Gierachse) des Objektes. Die Reihenfolge der Elementarrotationen hängt von der Definition der Ruhelage des Objekts und der Festlegung des Referenzkoordinatensystems ab. Für das gegebene Beispiel ergibt sich die Gesamtrotation oder Orientierung, wie in Abbildung 2.1b dargestellt, aus der Rotation um den Winkel φ um die x-Achse

(Rollen), gefolgt von der Rotation um den Winkel ω um die y-Achse (Nicken) und der abschließenden Rotation um den Winkel ψ um die z-Achse (Gieren) des WKS. Da sich die Rotationen stets auf das feste Ursprungskoordinatensystem beziehen, erfolgt die Multiplikation der entsprechenden Rotationsmatrizen in umgekehrter Reihenfolge, sodass sich die Gesamtrotation beziehungsweise Orientierung des OKS bezüglich des WKS als

$$_{\text{WKS}}\mathbf{R}_{xyz}^{\text{OKS}}(\varphi,\omega,\psi) = \mathbf{R}_z(\psi) \cdot \mathbf{R}_y(\omega) \cdot \mathbf{R}_x(\varphi) \tag{2.7}$$

darstellen lässt und in der Rotationsmatrix

$$_{\text{WKS}}\mathbf{R}_{xyz}^{\text{OKS}}(\varphi,\omega,\psi) = \begin{pmatrix} c_\psi c_\omega & c_\psi s_\omega s_\varphi - s_\psi c_\varphi & c_\psi s_\omega c_\varphi + s_\psi s_\varphi \\ s_\psi c_\omega & s_\psi s_\omega s_\varphi + c_\psi c_\varphi & s_\psi s_\omega c_\varphi - c_\psi s_\varphi \\ -s_\omega & c_\omega s_\varphi & c_\omega c_\varphi \end{pmatrix} \tag{2.8}$$

resultiert. Das Tripel (φ,ω,ψ) beziehungsweise die Winkel werden als feste Winkel oder Roll-Pitch-Yaw-Winkel bezeichnet. Es ist zu beachten, dass sich in diesem Beispiel dieselbe Rotationsmatrix wie in der Z-Y'-X" Euler-Konvention ergibt, jedoch die Winkel bezüglich des festen WKS angegeben werden. Ferner sind alle durch die Roll-Pitch-Yaw-Konvention entstehenden Rotationen eine echte Teilmenge der durch die feste Winkel-Konvention gegebenen Rotationen, da diese im Allgemeinen nicht auf die Anwendung aller drei unterschiedlichen Elementarrotationen begrenzt sind und auch Z-X-Z oder Y-Z-Y feste Winkel denkbar wären.

Sind sowohl Rotation $_{\text{WKS}}\mathbf{R}^{\text{OKS}}$ als auch Translation $_{\text{WKS}}\mathbf{t}^{\text{OKS}}$ des OKS bezüglich des WKS bekannt, kann die Umrechnung eines Vektors beziehungsweise Datenpunktes $_{\text{OKS}}\mathbf{p}$ innerhalb des OKS in einen Datenpunkt $_{\text{WKS}}\mathbf{p}$ innerhalb des WKS mit Hilfe der Gleichung

$$_{\text{WKS}}\mathbf{p} = {}_{\text{WKS}}\mathbf{R}^{\text{OKS}} \cdot {}_{\text{OKS}}\mathbf{p} + {}_{\text{WKS}}\mathbf{t}^{\text{OKS}} \tag{2.9}$$

erfolgen. Für die bessere Nutzbarkeit bei Berechnungen dieser Art erfolgt die Formulierung der Rotationen, Translation und Datenpunkte beziehungsweise Vektoren in Form von homogenen Koordinaten. Zu diesem Zweck wird Gleichung 2.9 umformuliert zu

$$\begin{pmatrix} _{\text{WKS}}\mathbf{p} \\ 1 \end{pmatrix} = \begin{pmatrix} _{\text{WKS}}\mathbf{R}^{\text{OKS}} & _{\text{WKS}}\mathbf{t}^{\text{OKS}} \\ 0 \quad 0 \quad 0 & 1 \end{pmatrix} \begin{pmatrix} _{\text{OKS}}\mathbf{p} \\ 1 \end{pmatrix} \tag{2.10}$$

mit der sich ergebenen 4×4 homogenen Transformationsmatrix vom OKS in das WKS

$$_{\text{WKS}}\mathbf{T}^{\text{OKS}} = \begin{pmatrix} _{\text{WKS}}\mathbf{R}^{\text{OKS}} & _{\text{WKS}}\mathbf{t}^{\text{OKS}} \\ \mathbf{0}^T & 1 \end{pmatrix} \tag{2.11}$$

und dem dreidimensionalen Nullvektor $\mathbf{0}$. Diese Transformationsmatrix vereint sowohl die Rotationen als auch die Translationen in einer Matrix. Die Berechnung einer homogenen

Transformationsmatrix erfolgt je nach angewandter Konvention analog zu Gleichung 2.5 beziehungsweise Gleichung 2.7 unter Verwendung von elementaren, homogenen 4×4 Rotationsmatizen **Rot** und der Multiplikation dieser von rechts mit einer 4×4 homogenen Translationsmatrix **Trans**. Die homogenen Rotationsmatrizen werden aus den bekannten elementaren 3×3 Rotationsmatrizen **R** aus den Gleichungen 2.2 bis 2.4 gemäß der Gleichung

$$\mathbf{Rot} = \begin{pmatrix} \mathbf{R} & \mathbf{0} \\ \mathbf{0}^T & 1 \end{pmatrix} \tag{2.12}$$

gebildet. Eine homogene Translationsmatrix **Trans** für die Translationen ist durch

$$\mathbf{Trans} = \begin{pmatrix} 1 & 0 & 0 & x \\ 0 & 1 & 0 & y \\ 0 & 0 & 1 & z \\ 0 & 0 & 0 & 1 \end{pmatrix} \tag{2.13}$$

definiert. Der Wert von x entspricht der Translation entlang der x-Achse, der von y der Translation entlang der y-Achse und z entspricht der Translation entlang der z-Achse des Ausgangskoordinatensystems.

Für die Transformationsmatrix $_{WKS}\mathbf{T}^{OKS}$ vom OKS in das WKS unter der Verwendung der Roll-Pitch-Yaw-Konvention ergibt sich

$$_{WKS}\mathbf{T}^{OKS}_{xyz}((\varphi,\omega,\psi),(x,y,z)) = \mathbf{Trans}(x,y,z) \cdot \mathbf{Rot}_z(\psi) \cdot \mathbf{Rot}_y(\omega) \cdot \mathbf{Rot}_x(\varphi) \tag{2.14}$$

$$= \begin{pmatrix} c_\psi c_\omega & c_\psi s_\omega s_\varphi - s_\psi c_\varphi & c_\psi s_\omega c_\varphi + s_\psi s_\varphi & x \\ s_\psi c_\omega & s_\psi s_\omega s_\varphi + c_\psi c_\varphi & s_\psi s_\omega c_\varphi - c_\psi s_\varphi & y \\ -s_\omega & c_\omega s_\varphi & c_\omega c_\varphi & z \\ 0 & 0 & 0 & 1 \end{pmatrix} . \tag{2.15}$$

Für die Inverse einer Transformationsmatrix $_B\mathbf{T}^A$ von einem KS A in ein KS B der Form

$$_B\mathbf{T}^A = \begin{pmatrix} _B\mathbf{Rot}^A & _B\mathbf{t}^A \\ \mathbf{0}^T & 1 \end{pmatrix} \tag{2.16}$$

gilt

$$_B\mathbf{T}^{A^{-1}} = {}_A\mathbf{T}^B = \begin{pmatrix} _A\mathbf{Rot}^{B^T} & -_A\mathbf{Rot}^{B^T} \cdot {}_B\mathbf{t}^A \\ \mathbf{0}^T & 1 \end{pmatrix} . \tag{2.17}$$

Sie entspricht damit der Transformation vom KS B in das KS A beziehungsweise beschreibt die Stellung von B in Bezug zu A.

Die Pose eines KS besteht aus der Position innerhalb eines Referenzkoordinatensystems sowie der Orientierung in Bezug zu selbigem. Sie ist durch die Angabe einer Translation und Rotation in einer der genannten Konventionen oder als Transformationsmatrix oder synonym Stellungsmatrix vollständig definiert.

Aus dem Rotationsteil $\mathbf{R}$ einer gegebenen Stellungsmatrix

$$_{\text{WKS}}\mathbf{R}_{\text{xyz}}^{\text{OKS}}(\varphi,\omega,\psi) = \begin{pmatrix} c_\psi c_\omega & c_\psi s_\omega s_\varphi - s_\psi c_\varphi & c_\psi s_\omega c_\varphi + s_\psi s_\varphi \\ s_\psi c_\omega & s_\psi s_\omega s_\varphi + c_\psi c_\varphi & s_\psi s_\omega c_\varphi - c_\psi s_\varphi \\ -s_\omega & c_\omega s_\varphi & c_\omega c_\varphi \end{pmatrix} = \begin{pmatrix} r_{11} & r_{12} & r_{13} \\ r_{21} & r_{22} & r_{23} \\ r_{31} & r_{32} & r_{33} \end{pmatrix} \quad (2.18)$$

lassen sich die einzelnen Winkel mit Hilfe der Gleichungen

$$\omega = \text{atan2}\left(-r_{31}, \sqrt{r_{11}^2 + r_{21}^2}\right) \ , \quad (2.19)$$

$$\psi = \text{atan2}\left(r_{21}/c_\omega, r_{11}/c_\omega\right) \ \text{und} \quad (2.20)$$

$$\varphi = \text{atan2}\left(r_{32}/c_\omega, r_{33}/c_\omega\right) \quad (2.21)$$

unter der Verwendung des atan2 und des trigonometrischen Pythagoras bestimmen. In den Fällen, in denen $\omega = \pm 90°$ gilt, sind die Gleichungen 2.19 bis 2.21 nicht anwendbar und es kann nur eine Differenz zwischen ψ und φ bestimmt werden, sodass beispielsweise der Wert von ψ fest auf Null gesetzt wird und folglich gilt:

$$\varphi = \text{sgn}(\omega)\,\text{atan2}(r_{12}, r_{22}) \ . \quad (2.22)$$

2.1.2 Anatomische Grundlagen und Pose der Hand

Dieser Abschnitt definiert den Begriff der Handpose und präsentiert die für das Verständnis der Posenbestimmung notwendigen anatomischen Kenntnisse der Hand. Der Fokus liegt auf die durch das Handskelett und dem Bandapparat möglichen Freiheitsgrade in den Bewegungen der Hand und ihrer Gelenke. Die Muskulatur mit Ansatz und Ursprung sowie die Nerven mit ihren Innervationen werden außen vor gelassen. Als Referenz für die anatomischen Bezeichnungen und Bewegungsmöglichkeiten dienen [45] und [46].

Handskelett

Das Skelett der Hand ist in Abbildung 2.3 dargestellt. Die knöcherne Struktur besteht proximal (körpernah) aus den acht Handwurzelknochen (Ossa carpi) die über die durch Bänder versteiften, in ihrer Bewegung stark eingeschränkten Karpometakarpalgelenke (Articulatio carpometacarpalis (CPCs)) mit den vier zu den Fingern korrespondierenden

Tabelle 2.1: Bewegungsmöglichkeiten und -bezeichnungen der einzelnen Gelenke der menschlichen Hand beziehungsweise Finger in Bezug auf die in Abbildung 2.3 eingezeichneten Koordinatensysteme. Die Bewegungen im Handgelenk werden in Abschnitt 2.1.3 definiert.

Gelenk				
Fingergrundgelenk	Flexion	Extension	Adduktion	Abduktion
Fingermittel- & -endgelenk	Flexion	Extension	-	-
Daumengrund- & -endgelenk	-	-	Extension	Flexion

Tabelle 2.2: Bewegungsmöglichkeiten und -bezeichnungen im Daumensattelgelenk in Bezug auf die in Abbildung 2.3 eingezeichneten Koordinatensysteme.

Abduktion	Adduktion		Opposition	Flexion	Extension

Mittelhandknochen (Os metacarpale I-V) verbunden sind und in Kombination miteinander die beinahe steife Grundstruktur der Handfläche bilden. Die Verbindung zum Unterarm bildet das Handgelenk (Articulatio carpi), welches aus zwei Gelenken besteht; die radial gelegene gelenkige Verbindung der Handwurzelknochen mit der Speiche (Radius) und das ulnar positionierte Gelenk zwischen den Handwurzelknochen und der Elle (Ulna). Die vier Finger der Hand sind jeweils über ein Sattelgelenk dem Fingergrundgelenk (Metacarpophalangealgelenk oder lateinisch Articulatio metacarpophalangealis (MCP)) distal (körperfern) mit den Mittelhandknochen verbunden. Jeder Finger besteht aus drei Knochen. Es gibt körpernahe Fingerknochen (Phalanx proximalis I-V), mittlere Fingerknochen (Phalanx media II-V) und körperferne Fingerknochen (Phalanx distalis I-V), die jeweils durch die entsprechenden Scharniergelenke, dem Fingermittelgelenk (proximales Interphalangealgelenk oder lateinisch Articulatio interphalangealis proximalis (PIP)) und dem Fingerendgelenk (distales Interphalangealgelenk oder lateinisch Articulatio interphalangealis distalis (DIP)), verbunden sind. Der radial gelegene Daumen nimmt in zweierlei Hinsicht eine Sonderrolle ein. Zum einen ist das Daumensattelgelenk (Karpometakarpalgelenk des Daumens oder lateinisch Articulatio carpometacarpalis pollicis (CPCP)) im Gegensatz zu den anderen CPCs als Sattelgelenk ausgeprägt und nicht versteift und zum anderen fehlt dem Daumen der mittlere Fingerknochen.

Die einzelnen in den Gelenken möglichen Bewegungen sind in Abbildung 2.3 visualisiert und in Tabelle 2.1 sowie Tabelle 2.2 zusammenfassend benannt.

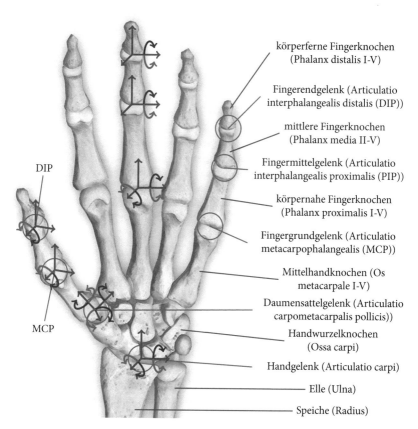

körperferne Fingerknochen
(Phalanx distalis I-V)

Fingerendgelenk (Articulatio
interphalangealis distalis (DIP))

mittlere Fingerknochen
(Phalanx media II-V)

Fingermittelgelenk (Articulatio
interphalangealis proximalis (PIP))

körpernahe Fingerknochen
(Phalanx proximalis I-V)

Fingergrundgelenk (Articulatio
metacarpophalangealis (MCP))

Mittelhandknochen (Os
metacarpale I-V)

Daumensattelgelenk (Articulatio
carpometacarpalis pollicis))

Handwurzelknochen
(Ossa carpi)

Handgelenk (Articulatio carpi)

Elle (Ulna)

Speiche (Radius)

DIP

MCP

Abbildung 2.3: Knöchernes Skelett und mögliche Bewegungen der Hand und der Finger, die in der Posenbestimmung Berücksichtigung finden. Der Daumen nimmt eine Sonderrolle ein, da er keinen Phalanx media besitzt. Die Bewegungen im Handgelenk, werden in Abschnitt 2.1.3 definiert.

Handpose

Aus den im vorherigen Abschnitt 2.1.2 präsentierten anatomischen Grundlagen wird die Handpose nachfolgend in zwei Ausprägungen definiert. Die einfache Handpose (eHP) beschreibt die Position und Orientierung der Hand, die durch die Pose eines in die Handfläche gelegten KS repräsentiert werden. Ferner gehören zur eHP die Positionen einzelner Handmerkmale wie beispielsweise die einzelner Gelenke oder die der Fingerspitzen (englisch fingertips (TIPs)).

Die vollständige Handpose (vHP) ist definiert als die ehP und enthält zusätzlich die Positionen aller Gelenke und Handmerkmale sowie die Gelenkstellungen in Form der Gelenkwinkel.

2.1.3 Anatomische Grundlagen und Pose des Körpers

Dieser Abschnitt definiert den Begriff der Körperpose und präsentiert die für das Verständnis der Posenbestimmung notwendigen anatomischen Kenntnisse des Körpers. Der Fokus liegt auf die durch das menschliche Skelett und dem Bandapparat möglichen Freiheitsgrade in den Bewegungen der Gelenke des Menschen. Die Muskulatur mit Ansatz und Ursprung sowie die Nerven mit ihren Innervationen werden außen vor gelassen. Als Referenz für die anatomischen Bezeichnungen und Bewegungsmöglichkeiten dienen [45] und [46].

Skelett

Das menschliche Skelett ist in Abbildung 2.4 dargestellt. Den Kern des Körpers bildet der Brustkorb (Thorax), der aus der Brustwirbelsäule (BWS), den Rippen (Costae) und dem Brustbein (Sternum) besteht. Kaudal schließen sich die Lendenwirbelsäule (LWS) gefolgt vom Becken (Pelvis) an. Kranial bildet die Halswirbelsäule (HWS) die gelenkige Verbindung zwischen Thorax und Kopf. Die beiden oberen Extremitäten sind über die Schultergelenke kraniolateral mit dem Thorax verbunden. Bei den Schultergelenken handelt es sich um Kugelgelenke. Der Oberarmknochen (Humerus) ist durch das Ellenbogengelenk mit dem Unterarm bestehend aus Radius und Ulna verbunden, welches als Scharniergelenk ausgeprägt ist. Den distalen Abschluss des Arms bildet die Hand, die über das Handgelenk mit dem Unterarm verbunden ist. Die unteren Extremitäten sind kaudolateral über die als Kugelgelenke ausgeprägten Hüftgelenke mit dem Becken verbunden. Das Kniegelenk bildet als Dreh-Scharniergelenk die Verbindung zwischen dem Oberschenkelknochen (Femur) und dem Unterschenkel bestehend aus Wadenbein (Fibula) und Schienbein (Tibia). Am distalen Ende des Unterschenkels bilden oberes und unteres Sprunggelenk die Verbindung zum Fuß.

Alle hier betrachteten Gelenke des menschlichen Skeletts und deren Freiheitsgrade sind in Abbildung 2.4 visualisiert und die Bewegungsbezeichnungen in Tabelle 2.3 gegeben. Es ist zu beachten, dass die Bewegungen in der LWS und der BWS sowie die in der BWS zur Vereinfachung als punktuelle Kugelgelenke zusammengefasst werden.

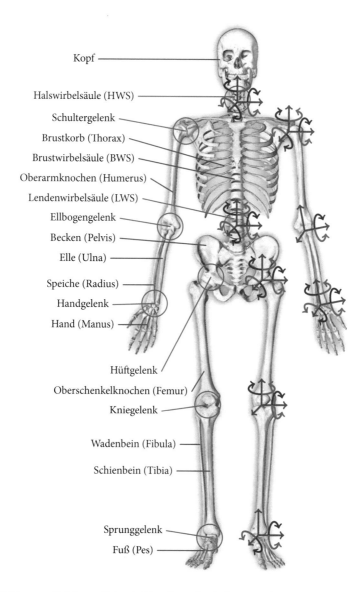

Kopf

Halswirbelsäule (HWS)

Schultergelenk

Brustkorb (Thorax)

Brustwirbelsäule (BWS)

Oberarmknochen (Humerus)

Lendenwirbelsäule (LWS)

Ellbogengelenk

Becken (Pelvis)

Elle (Ulna)

Speiche (Radius)

Handgelenk

Hand (Manus)

Hüftgelenk

Oberschenkelknochen (Femur)

Kniegelenk

Wadenbein (Fibula)

Schienbein (Tibia)

Sprunggelenk

Fuß (Pes)

Abbildung 2.4: Knöchernes Skelett des Menschen und Gelenke mit möglichen Bewegungsrichtungen, die in der Posenbestimmung Berücksichtigung finden.

Tabelle 2.3: Bewegungsmöglichkeiten und -bezeichnungen der einzelnen Gelenke des menschlichen Körpers in Bezug auf die in Abbildung 2.4 eingezeichneten Koordinatensysteme.
* Bewegung wird im proximalen und distalen Radioulnargelenk durchgeführt.

Gelenk			
Schultergelenk	Retroversion	Anteversion	Außenrotation
Ellbogengelenk	Extension	Flexion	-
Handgelenk	Dorsalextension	Palmarflexion	Supination*
Hüftgelenk	Retroversion	Anteversion	Außenrotation
Kniegelenk	Flexion	Extension	Außenrotation
Sprunggelenk	Plantarextension	Dorsalflexion	-
HWS	Inklination	Reklination	Rotation
LWS	Inklination	Reklination	Rotation

Gelenk			
Schultergelenk	Innenrotation	Abduktion	Adduktion
Handgelenk	Pronation*	Radialabduktion	Ulnarabduktion
Hüftgelenk	Innenrotation	Abduktion	Adduktion
Kniegelenk	Innenrotation	-	-
Sprunggelenk	-	Eversion	Inversion
HWS	Rotation	Lateralflexion	
LWS	Rotation	Lateralflexion	

Körperpose

Aus den im vorherigen Abschnitt 2.1.3 präsentierten anatomischen Grundlagen wird die Körperpose entsprechend der Handpose aus Abschnitt 2.1.2 nachfolgend in zwei Ausprägungen definiert. Die einfache Körperpose (eKP) beschreibt die Position und Orientierung des Körpers, die durch die Pose eines in die LWS gelegten KS repräsentiert werden. Ferner gehören zur eKP die Positionen einzelner Körpermerkmale wie beispielsweise die einzelner Gelenke, die des Kopfes oder die der Hand.
Die vollständige Körperpose (vKP) enthält zusätzlich zu allen Informationen der eKP die Positionen aller restlichen Gelenke und Körpermerkmale sowie die Gelenkstellungen in Form der Gelenkwinkel.

(a)   (b)

Abbildung 2.5: 3D-Punktwolke einer Szene in der im Vordergrund eine Person die linke Hand hebt. (a) Aus Sicht der Kamera. (b) Sicht von oben.

2.2 Punktwolken

Die Punktwolken bilden die grundlegenden Informationen für die Bestimmung der Pose der menschlichen Hand oder des Körpers. Im Falle dieser Arbeit werden Punktwolken im dreidimensionalen euklidischen Raum betrachtet und sind definiert als eine Menge $\mathcal{P} \subset \mathbb{N}^3$. Orientiert an der Namenskonvention aus [47] werden die Elemente von $\mathcal{P}$ mit $\mathbf{p}_i$ bezeichnet und besitzen die drei Koordinaten $[x_i, y_i, z_i]$ wobei diese Maßangaben im Bezug zu einem 3D-Referenzkoordinatensystem darstellen. Die in dieser Arbeit verwendeten Kameras sind meist keine reinen Tiefenbildkameras und liefern häufig zusätzliche Informationen wie RGB-Daten, was eine Erweiterung der Definition von Punktwolken im $\mathbb{R}^6$ mit $\mathbf{p}_i = [x_i, y_i, z_i, r_i, g_i, b_i]$ zulässt, die bis hin zum n-dimensionalen Raum $\mathbb{R}^n$ denkbar ist. Unabhängig von der Kamera werden im Rahmen dieser Arbeit die Punktwolken mit Hilfe der in [48] vorgestellten Point Cloud Library[1] repräsentiert und verarbeitet. Die Verfahren sind jedoch generell komplett unabhängig von dieser Bibliothek und arbeiten letztlich auf den reinen 3D-Daten. Abbildung 2.5 zeigt beispielhaft die Punktwolke einer Szene aus zwei Perspektiven, in der eine im Vordergrund sitzende Person die linke Hand hebt.

2.2.1 Tiefenbildkameras

Da diese Arbeit im Bereich der Mensch-Computer- beziehungsweise Mensch-Roboter-Interaktion angesiedelt und folglich die Bestimmung der Pose der sich vor dem Computer

---

[1]   http://www.pointclouds.org, November 2017

oder Roboter befindlichen Person von essentieller Bedeutung ist, muss eine Möglichkeit geschaffen werden, die Szene aus deren Sicht wahrzunehmen und zu interpretieren.
Tiefenbildkameras liefern die notwendigen Informationen, um die 3D-Punktwolke der
von der Kamera aufgenommenen Szenerie zu erstellen. Sie ermöglichen die Messung
der Entfernung eines sich im Sichtfeld der Kamera befindlichen Objektes und stellen
die entsprechenden Distanzen pixelweise in Form von Tiefenbildern zur Verfügung. Die
Bestimmung der Punktwolke erfolgt, indem anhand der Pixelkoordinaten und des korrespondierenden Tiefenwertes für jeden Pixel ein repräsentierender 3D-Punkt berechnet
wird. Auf Basis des einfachen Lochkamera-Modells aus [49] ergeben sich die Koordinaten
$[x, y, z]$ aus den Gleichungen

$$x = \frac{(u - c_x) \cdot D(u,v)}{f_x}, \quad y = \frac{(v - c_y) \cdot D(u,v)}{f_y}, \quad \text{und} \quad z = D(u,v) \ , \qquad (2.23)$$

wobei $D(u,v)$ die Distanzinformation des Pixels $[u,v]$ repräsentiert und $[f_x, f_y]$ die Brennweite der Kamera sowie $[c_x, c_y]$ den Mittelpunkt des Kamerabildes beschreiben.

Es gibt verschiedene Messmethoden, mit denen Tiefenbildkameras arbeiten, um die
Distanzen zu bestimmen. Eines der drei gängigsten Messverfahren ist das biologisch
inspirierte stereokopische Sehen beziehungsweise Stereosehen (englisch stereo vision),
bei dem ein Punkt eines Objektes von zwei meist baugleichen Kameras wahrgenommen
wird und sich anhand der Kamerakonstellation und der entsprechenden Bildpunkte die
korrespondierenden 3D-Informationen bestimmen lassen. Bei dem auf strukturierten
Licht (englisch structured light) basierenden Verfahren erfolgt das aktive Aussenden eines
bekannten, meist im infraroten Bereich liegenden Lichtmusters mit Hilfe eines Projek-
tors und die Wahrnehmung dieses in der durch die sich vor der Kamera befindlichen
3D-Strukturen verformten Variante. Aufgrund des bekannten Musters können aus der
eventuellen Verformung die 3D-Informationen gewonnen werden. Das grundlegende Prin-
zip des dritten Messverfahrens ist die Flugzeit des Lichtes (englisch Time-of-Flight (TOF)),
bei dem aktiv Licht ausgesendet, vom Objekt reflektiert und entsprechend von der Kamera
detektiert wird. Anhand der Zeitdifferenz vom Aussenden bis zur Wahrnehmung kann mit
der zu Grunde gelegten Lichtgeschwindigkeit die Distanz zum Objekt bestimmt werden.
Aufgrund der hohen Lichtgeschwindigkeit und der daraus resultierenden Hardwareanforderungen wird meist auf die Messung phasenverschobener modulierter Lichtimpulse
zurückgegriffen.

In dieser Arbeit wurden zwei Arten von sogenannten RGB-D-Kameras verwendet, die
ASUS Xtion PRO LIVE[2], deren Tiefenbildgebung auf dem Verfahren des strukturierten
Lichtes basiert, und Microsofts TOF-Kamera Kinect für Xbox One[3] beziehungsweise
Kinect v2, die neben der Tiefen- auch RGB-Farbinformationen zur Verfügung stellen. Die
Spezifikationen beider Kameras sind in Tabelle 2.4 zusammengefasst. Im Rahmen dieser

---

[2]   https://www.asus.com/de/3D-Sensor/Xtion_PRO_LIVE, November 2017
[3]   https://www.xbox.com/de-DE/xbox-one/accessories/kinect, November 2017

Abbildung 2.6: Kamerakoordinatensystem der in dieser Arbeit genutzten Tiefenbildkameras mit dem Koordinatenursprung im Tiefenbildsensor der reinen Tiefenkamera ASUS Xtion. Die x-Achse (→) ist nach links ausgerichtet (Frontalansicht auf die Kamera), die y-Achse (→) zeigt nach unten und die z-Achse (→) weist nach vorn.

Tabelle 2.4: Spezifikationen der ASUS Xtion PRO LIVE[8]und der Kinect für Xbox One [50].
* QVGA Auflösung

	ASUS Xtion	Kinect
Auflösung RGB [px]	1280×1024	1920×1080
Auflösung IR-/Tiefenbild [px]	640×480	514×424
Sichtfeld IR-/Tiefenbild (H × V)	$58° \times 45°$	$70° \times 60°$
Bildfrequenz [fps]	$30/60^*$	30
Nutzungsbereich [m]	0,8 - 3,5	0,5 - 4,5

Arbeit wird für die ASUS Xtion PRO LIVE der durch das OpenNI 2 Paket[4] zur Verfügung gestellte ROS[5]-Treiber verwendet. Als Treiber für die Kinect dienen das libfreenect2[6] Paket in Kombination mit dem iai_kinect2[7] Paket. Ferner fand in dieser Arbeit die ASUS Xtion PRO aus Abbildung 2.6 in der Version als reine Tiefenbildkamera Verwendung. Das in dieser Arbeit für die aus dem Tiefenbild einer Kamera generierte Punktwolke genutzte Kamerakoordinatensystem (KKS) ist ebenfalls in Abbildung 2.6 dargestellt.

---

4   http://wiki.ros.org/openni2_camera, November 2017
5   http://www.ros.org, November 2017
6   https://github.com/OpenKinect/libfreenect2, November 2017
7   https://github.com/code-iai/iai_kinect2, November 2017
8   https://www.asus.com/de/3D-Sensor/Xtion_PRO_LIVE/specifications, November 2017

2.3 Detektion der Hand

Dieser Abschnitt beschreibt entwickelte Verfahren für die Detektion der Hand beziehungsweise das Herausfiltern der Datenpunkte der die Hand repräsentierenden Punktwolke, die als Basis für die Posenbestimmung dient.

Ist die Pose der Hand aus dem vorherigen Bild bekannt, ergeben sich die Datenpunkte entsprechend Abbildung 2.7 aus allen Punkten die innerhalb einer Kugel mit einem zuvor zu definierenden Radius liegen, deren Mittelpunkt sich aus dem mit Hilfe eines der in den späteren Kapiteln vorgestellten Posenbestimmungsverfahren ermittelten Handzentrum ergibt. Die nachfolgenden Ansätze zielen somit auf die initiale Bestimmung der Hand-Punktwolke ab.

Der einfachste in Abbildung 2.8a dargestellte Ansatz für die Bestimmung der Hand-Punktwolke ist das sogenannte *Clipping* der Gesamtszene, bei dem ein Quader im Raum definiert wird und alle sich darin befindlichen Datenpunkte als die Daten der Hand angesehen und für die initiale Posenbestimmung genutzt werden.

Eine weitere Möglichkeit ist die in Abbildung 2.8b dargestellte Nutzung einer bekannten *Körperpose*, die unter anderem die Position der Hand enthält, welche als Zentrum einer Kugel mit einem definierten Radius verwendet wird. Alle Punkte innerhalb der Kugel werden als der Hand zugehörig angesehen und bilden die Grundlage der Posenbestimmung für das erste Bild. Der große Vorteil dieser Herangehensweise ist das Wissen, zu welcher Hand die Daten gehören. Der Nachteil dieser Methode ist der, dass häufig die Distanz des Menschen zur Kamera aufgrund der Posenbestimmung des Körpers relativ hoch ist und

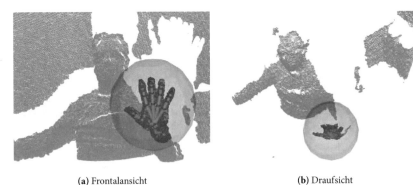

(a) Frontalansicht   (b) Draufsicht

Abbildung 2.7: Verfahren zum Herausfiltern der zur Hand korrespondierenden Datenpunkte aus der gesamten Punktwolke der Szene mit Hilfe einer in das im vorherigen Bild bestimmte Handzentrum platzierten Kugel.

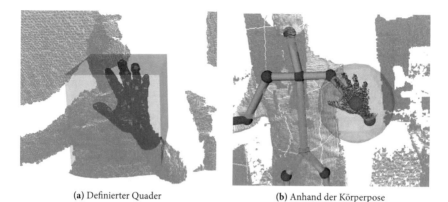

(a) Definierter Quader   (b) Anhand der Körperpose

Abbildung 2.8: Verfahren für die initiale Detektion der Hand.

folglich deutlich weniger Datenpunkte auf die Hand entfallen, was die Posenbestimmung der Hand erschwert beziehungsweise fehleranfälliger machen kann.

Der Nachteil beider oben präsentierten Vorgehen liegt in der möglicherweise undefinierten Struktur der Daten. Es werden alle Punkte innerhalb eines Volumens der Hand zugeordnet, auch wenn diese nicht zur Hand, sondern zu sich in der Nähe oder gar in der Hand befindlichen Objekten gehören sollten. Ferner ist es für die Verfahren zur Posenbestimmung in dieser Arbeit deutlich von Vorteil oder gar Voraussetzung, dass die initiale Pose, hier in Form des Wissens, ob eine Hand geöffnet oder geschlossen ist oder Flexionen einzelner Finger vorliegen, im Groben bekannt ist. Somit zielt der nachfolgende, sich an [51] orientierende Ansatz darauf ab, eine Punktwolke zu bestimmen, die zu einer offenen Hand korrespondiert.

Die Berechnungen basieren auf dem 2D *Tiefenbild*, welches Abbildung 2.9a beispielhaft zeigt, und werden fortlaufend für alle Bilder durchgeführt, bis eine offene Hand detektiert wird. In einem ersten Schritt erfolgt eine Aktualisierung des in Abbildung 2.9b dargestellten, anfänglich mit Nullen initialisierten Referenzbildes, bei der jeder Pixel den aktuellen Tiefenwert erhält, sollte dieser größer sein als der korrespondierende Wert des Referenzbildes. Im Anschluss wird das Differenzbild zwischen dem aktuellen Tiefenbild und dem Referenzbild bestimmt, aus dem nachfolgend das binäre Maskenbild aus Abbildung 2.9c mit Hilfe einer Schwellenwertberechnung mit einer Schwelle von 15 cm erzeugt wird. Alle verbleibenden Pixel gehören potenziell zu sich bewegenden Objekten, die einen Abstand von mehr als 15 cm vom Hintergrund beziehungsweise sich nicht bewegenden Objekten aufweisen. Nach einem Herausfiltern aller Pixel mit einem Distanzwert kleiner 20 cm und aller Pixel mit ungültigen Werten sowie der Anwendung der morphologischen Operatoren Erosion und Delitation erfolgt die Bestimmung des größten verbliebenen Objektes

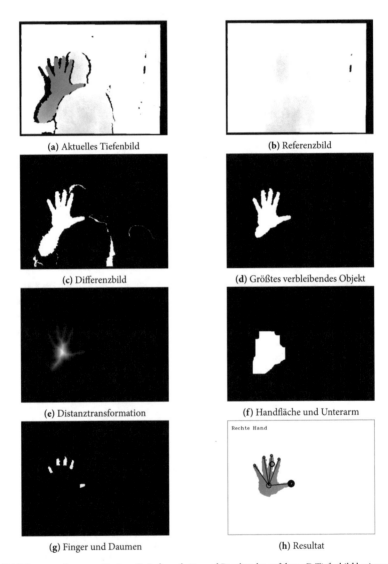

(a) Aktuelles Tiefenbild

(b) Referenzbild

(c) Differenzbild

(d) Größtes verbleibendes Objekt

(e) Distanztransformation

(f) Handfläche und Unterarm

(g) Finger und Daumen

(h) Resultat

Abbildung 2.9: Ausgangssituation, Zwischenschritte und Resultat des auf dem 2D Tiefenbild basierenden Verfahrens für die initiale Detektion der Hand.

mit Hilfe einer Blobdetektion. Ein beispielhaftes Resultat zeigt Abbildung 2.9d. Um das Handzentrum zu bestimmen, wird sich der sogenannten Distanztransformation bedient, bei der jeder Pixel eines Blobs seine kleinste Distanz zur Kontur als Wert erhält. An dem entsprechenden Ergebnis aus Abbildung 2.9e ist zu erkennen, dass der Pixel mit dem größten Wert dem Handzentrum entspricht. Um die Fingerspitzen zu ermitteln, werden alle zur Handfläche und zum Arm gehörenden Pixel, die sich nach einer Schwellenwertbildung auf dem Resultat der Distanztransformation gefolgt von einer Erosion und einer Delitation ergeben und in Abbildung 2.9f visualisiert sind, aus dem Objekt entfernt. Die Fingerspitzen ergeben sich nun jeweils aus den Punkten der Kontur der verbliebenden, in Abbildung 2.9g dargestellten Finger-Blobs, die die größte Distanz zum Handzentrum aufweisen. Wurden fünf Fingerspitzen ermittelt, erfolgt die Bestimmung der Handseite unter Annahme einer mit der Handfläche zur Kamera gerichteten Hand in Abhängigkeit von dem sich aus der Mittelung der vier Fingervektoren zwischen dem Handzentrum und der jeweiligen Fingerspitze ergebenden Orientierungsvektor und dem Vektor zwischen der Spitze des Daumens und dem Handzentrum aufgespannten Winkel.

2.4 Detektion des Menschen

Dieser Abschnitt beschreibt zwei einfache, im Rahmen dieser Arbeit genutzte Ansätze zum Herausfiltern aller zum menschlichen Körper gehörenden Datenpunkte einer Szene, die mit einer Tiefenbildkamera aufgenommen wurde. Diese Daten bilden in Form einer Punktwolke die Grundlage der Posenbestimmung des Körpers.

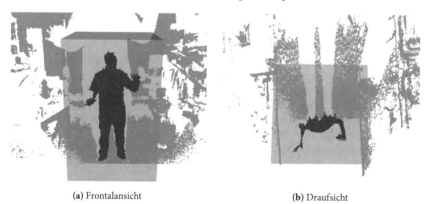

(a) Frontalansicht   (b) Draufsicht

Abbildung 2.10: Bestimmung der Datenpunkte des Körpers auf Basis eines definierten Volumens in Form eines Quaders.

Wie auch bei der Detektion der Hand aus Abschnitt 2.3 gilt das in Abbildung 2.10a beispielhaft gezeigte *Clipping* als einfacher Ansatz, der für viele Testzwecke vollkommen
ausreichend ist.

Ein anderer auf dem 2D *Tiefenbild* der Kamera basierender Ansatz entspricht dem in
Abschnitt 2.3 vorgestellten Vorgehen. Je Bild erfolgt die Aktualisierung eines Referenzbildes, welches letztlich den statischen Bereich der Szene enthält. Alle Punkte mit einer
entsprechenden Distanz zu den korrespondierenden maximalen Tiefenwerten eines Pixels
aus dem Referenzbild, werden als potentiell zu bewegenden Objekten zugehörig angesehen und in einem Maskenbild entsprechend markiert. Auf Basis dieses Bildes erfolgt
die Bestimmung des größten Blobs, der als Person angesehen wird. Dieser Ansatz basiert
auf den Annahmen, dass die mit dem System interagierende Person nicht verdeckt ist
und sich außer der Person keine weiteren großen, sich bewegenden Objekte in der Szene
befinden. Dieser Ansatz wird häufig mit einer vorherigen, auf einem Höhenhistogramm
basierenden Entfernung aller zum Fußboden gehörenden Punkte kombiniert.

2.5 Methoden zur Analyse und Klassifizierung von Daten

Dieser Abschnitt beschreibt die PCA als ein Verfahren zur Analyse und Korrelationsbefreiung von Daten sowie die SVM als ein quasi Standardverfahren zur Datenklassifizierung.
Beide Methoden bilden unter anderem die Grundlage für die Gestenerkennung auf Basis
der Posen des Körpers oder der Hand.

2.5.1 Hauptkomponentenanalyse

Die PCA dient der statistischen Untersuchung von Datensätzen und ist in verschiedensten
Anwendungen die Grundlage einer mit möglichst geringem Informationsverlust behafte-
ten Dimensionsreduktion, indem viele statistische Variablen auf wenige aussagekräftigere
heruntergebrochen werden [52]. Mit Hilfe der PCA lassen sich die Richtungen beziehungsweise Dimensionen von Daten finden, die unter Berücksichtigung der Orthogonalität
untereinander die größten Varianzen beziehungsweise Entropien aufweisen. Sie werden
als Hauptkomponenten (englisch Principal Components) bezeichnet und ihre Anzahl
entspricht der Dimension der Daten. Abbildung 2.11a zeigt eine zweidimensionale Gauß-
Verteilung und die in den Mittelpunkt der Daten verschobenen Hauptkomponenten. Eine
beispielhafte Anwendung der PCA ist die Projektion dieser Daten in das PCA-KS beziehungsweise in den durch die Hauptkomponenten aufgespannten PCA-Vektorraum zur besseren Veranschaulichung der Daten durch Korrelationsbefreiung, die in Abbildung 2.11b
am vorherigen Beispiel durchgeführt wurde. Eine möglichst verlustfreie Dimensionsreduktion erfolgt, indem die Datenprojektion auf die Hauptkomponenten entsprechend

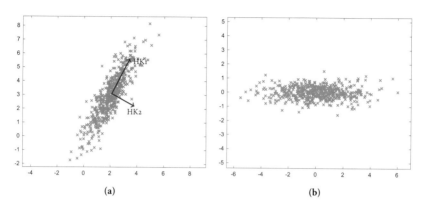

(a)   (b)

Abbildung 2.11: (a) Eine zweidimensionale Gauß-Verteilung ($\times$) mit den eingezeichneten Hauptkomponenten (**–**) im Mittelpunkt der Daten. (b) In das PCA-KS transformierte, mittelwertbefreite Gauß-Verteilung aus (a).

absteigender Varianz vorgenommen und je nach gewünschtem Grad der Reduktion die Komponenten, die kleine Varianzen repräsentieren, nicht Berücksichtigung finden.

Die Berechnung der PCA einer n-dimensionalen Datenmenge

$$\mathcal{D} = \left\{ \mathbf{x}_i \,\middle|\, i = 1, \ldots, N \wedge \mathbf{x}_i \in \mathbb{R}^n \right\} \tag{2.24}$$

mit N Elementen erfolgt in drei wesentlichen Schritten. Zuerst wird der Mittelwert $\mathbf{m}_{\mathcal{D}}$ oder $\overline{\mathcal{D}}$ der Daten in Form des arithmetischen Mittels mit Hilfe der Gleichung

$$\mathbf{m}_{\mathcal{D}} = \frac{1}{N} \sum_{i=1}^{N} \mathbf{x}_i \tag{2.25}$$

ermittelt und die Daten werden entsprechend der Gleichung

$$\mathcal{D}_{\mathrm{m}} = \left\{ \mathbf{x} - \mathbf{m}_{\mathcal{D}} \,\middle|\, \forall \mathbf{x} \in \mathcal{D} \right\} \tag{2.26}$$

davon befreit. Im Anschluss erfolgt die Berechnung der Kovarianzmatrix **Cov** der mittelwertbefreiten Datenmenge $\mathcal{D}_{\mathbf{m}}$. Ist die geordnete Menge $\mathcal{X}_i$ der i-ten Komponenten der Daten $\mathcal{D}_{\mathbf{m}}$ definiert als

$$\mathcal{X}_i = \left\{ x_i \,\middle|\, \mathbf{x}_k = (x_1, \ldots, x_i, \ldots, x_n) \in \mathcal{D}_{\mathbf{m}} \wedge k = 1, \ldots, N \right\} \quad \text{mit} \quad i = 1, \ldots, n \;, \tag{2.27}$$

ergibt sich **Cov** als

$$\mathbf{Cov}(\mathcal{D}_{\mathbf{m}})_{ij} = \mathrm{cov}(\mathcal{X}_i, \mathcal{X}_j) \quad \text{mit} \quad i, j = 1, \ldots, n \tag{2.28}$$

beziehungsweise

$$\mathbf{Cov}(\mathcal{D_m}) = \begin{pmatrix} \mathrm{cov}(\mathcal{X}_1,\mathcal{X}_1) & \mathrm{cov}(\mathcal{X}_1,\mathcal{X}_2) & \dots & \mathrm{cov}(\mathcal{X}_1,\mathcal{X}_n) \\ \mathrm{cov}(\mathcal{X}_2,\mathcal{X}_1) & \mathrm{cov}(\mathcal{X}_2,\mathcal{X}_2) & \dots & \mathrm{cov}(\mathcal{X}_1,\mathcal{X}_n) \\ \vdots & \vdots & \ddots & \vdots \\ \mathrm{cov}(\mathcal{X}_n,\mathcal{X}_1) & \mathrm{cov}(\mathcal{X}_n,\mathcal{X}_2) & \dots & \mathrm{cov}(\mathcal{X}_n,\mathcal{X}_n) \end{pmatrix} . \qquad (2.29)$$

Hierbei bezeichnet $\mathrm{cov}(\mathcal{X}_i,\mathcal{X}_j)$ die empirische Kovarianz der durch die beiden geordneten Mengen definierten Punktwolke

$$\mathcal{P}(\mathcal{X}_i,\mathcal{X}_j) = \left\{ (\mathcal{X}_{i_k},\mathcal{X}_{j_k}) \,|\, k = 1,\dots,N \right\} . \qquad (2.30)$$

Die Kovarianz ist definiert als

$$\mathrm{cov}(\mathcal{X}_i,\mathcal{X}_j) = \frac{1}{N} \sum_{k=1}^{N} (\mathcal{X}_{i_k} - \overline{\mathcal{X}_i})(\mathcal{X}_{j_k} - \overline{\mathcal{X}_j}) \qquad (2.31)$$

mit den Mittelwerten $\overline{\mathcal{X}_i}$ und $\overline{\mathcal{X}_j}$ der Mengen $\mathcal{X}_i$ und $\mathcal{X}_j$. Ferner ist die Kovarianz im Falle von $\mathrm{cov}(\mathcal{X}_i,\mathcal{X}_i)$ eine Verallgemeinerung der Varianz und es gilt

$$\mathrm{cov}(\mathcal{X}_i,\mathcal{X}_i) = \frac{1}{N} \sum_{k=1}^{N} (\mathcal{X}_{i_k} - \overline{\mathcal{X}_i})^2 = \mathrm{var}(\mathcal{X}_i) \qquad (2.32)$$

mit $\mathrm{var}(\mathcal{X}_i)$ als Varianz der Datenmenge $\mathcal{X}_i$. Die Diagonalelemente der Kovarianzmatrix entsprechen den Varianzen der entsprechenden Dimension der Daten und es ergibt sich

$$\mathbf{Cov}(\mathcal{D_m}) = \begin{pmatrix} \mathrm{var}(\mathcal{X}_1) & \dots & \mathrm{cov}(\mathcal{X}_1,\mathcal{X}_n) \\ \vdots & \ddots & \vdots \\ \mathrm{cov}(\mathcal{X}_n,\mathcal{X}_1) & \dots & \mathrm{var}(\mathcal{X}_n) \end{pmatrix} . \qquad (2.33)$$

In einem letzten Schritt berechnen sich die Hauptkomponenten durch Lösen des Eigenwertproblems

$$\mathbf{Cov}(\mathcal{D_m})\mathbf{v} = \lambda\mathbf{v} \qquad (2.34)$$

der quadratischen Kovarianzmatrix. Die Eigenwerte $\lambda_1,\dots,\lambda_n$ repräsentieren die Varianzen der Daten entlang der entsprechenden Hauptkomponenten, die sich aus den korrespondierenden Eigenvektoren $\mathbf{v}_1,\dots,\mathbf{v}_n$ ergeben. Für Informationen bezüglich des Lösens von Eigenwertproblemen und als Grundlage für weitere Recherchen bezüglich der vorangegangen Definitionen sei an dieser Stelle [53] empfohlen.

2.5.2 Support Vector Machine

Eine SVM ist in ihrer ursprünglichen Form eine Methode des maschinellen Lernens für binäre Klassifizierungsprobleme [54]. Das Ziel der SVM ist die Konstruktion einer klassentrennenden Hyperebene in der Art, dass ihr Abstand zu den dichtesten Elementen beider Klassen, den sogenannten Stützvektoren (englisch support vectors), maximal ist [55]. In der Grundform dient die SVM der Klassifizierung zweier linear separierbarer Klassen wie sie beispielhaft in Abbildung 2.12 dargestellt sind. Die Grundlage der Bestimmung der Hyperebene bilden die sich aus der Vereinigung der beiden Klassen $\mathcal{K}_1$ und $\mathcal{K}_{-1}$ sowie der Klassenzugehörigkeit ergebenen Trainigsdaten $\mathcal{K}$ mit

$$\mathcal{K} = \mathcal{K}_1 \cap \mathcal{K}_{-1} \tag{2.35}$$
$$= \left\{ \left(\mathbf{x}_i, c_i \right) \mid \mathbf{x}_i \in \mathbb{R}^n \wedge c_i \in \left\{ -1, 1 \right\} \wedge i = 1, \dots, N \right\} \tag{2.36}$$

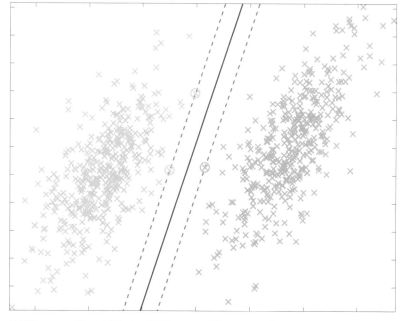

Abbildung 2.12: Die mit Hilfe einer SVM bestimmte klassentrennende Hyperebene (—) für zwei linear separierbare, normalverteilte zweidimensionale Klassen $\mathcal{K}_1$ (×) und $\mathcal{K}_{-1}$ (×). Weiterhin sind die Abstände beider Klassen zur Hyperebene (−−) und die klassenzugehörigen Stützvektoren ($\otimes, \otimes$) dargestellt.

und

$$c_i = \begin{cases} 1 & \text{falls } \mathbf{x}_i \in \mathcal{K}_1 \\ -1 & \text{falls } \mathbf{x}_i \in \mathcal{K}_{-1} \end{cases} . \tag{2.37}$$

Die zu ermittelnde Hyperebene $\mathcal{H}$ wird mit Hilfe der Gleichung

$$\mathcal{H} : \mathbf{w}^T \mathbf{x} + b = 0 \tag{2.38}$$

beschrieben. Hierbei entspricht $\mathbf{w}$ einem anpassbaren Gewichtsvektor, der letztlich ein Vielfaches des Normalenvektors der Hyperebene repräsentiert, $\mathbf{x}$ einem Eingabevektor oder Datenpunkt und b dem Abstand der Ebene vom Koordinatenursprung. Alle $\mathbf{x} \in \mathbb{R}^n$ die Gleichung 2.38 erfüllen, liegen in der Hyperebene. Um die Klassen voneinander zu trennen werden die Gleichungen

$$\mathbf{w}^T \mathbf{x} + b \geqslant 0 \quad \text{falls } c_i = 1 \quad \text{und} \tag{2.39}$$

$$\mathbf{w}^T \mathbf{x} + b < 0 \quad \text{falls } c_i = -1 \tag{2.40}$$

genutzt. Die Existenz des Tupels $(\mathbf{w}, b)$ in der Art, dass die Gleichungen 2.39 und 2.40 für alle Elemente aus den Trainingsdaten $\mathcal{K}$ erfüllt sind, entspricht der Definition der linearen Separierbarkeit der beiden Klassen $\mathcal{K}_1$ und $\mathcal{K}_{-1}$. Eine Maximierung dieses Abstandes kann auch als eine Maximierung des Abstandes zweier ebenfalls klassentrennender, parallel zur Hyperebene verlaufender Ebenen $\mathcal{H}_1$ und $\mathcal{H}_{-1}$ mit dem betragsmäßig gleichen jedoch entgegengesetzten Abstand δ von dieser aufgefasst werden, da die Normalenvektoren der Ebenen dieselbe Richtung aufweisen. Die beiden entsprechenden Ebenengleichungen sind folgendermaßen definiert:

$$\mathcal{H}_1 : \mathbf{w}^T \mathbf{x} + b = \delta \quad \text{und} \tag{2.41}$$

$$\mathcal{H}_{-1} : \mathbf{w}^T \mathbf{x} + b = -\delta . \tag{2.42}$$

Mit Hilfe der Division der Gleichungen durch δ und der Interpretation dieser als Skalierung von $\mathbf{w}$ und b sowie der Multiplikation beider Seiten der Gleichungen mit den korrespondierenden Klassenzugehörigkeitswerten c_i ergibt sich

$$c_i(\mathbf{w}^T \mathbf{x} + b) \geqslant 1 \quad \forall (\mathbf{x}_i, c_i) \in \mathcal{K} \tag{2.43}$$

als zu geltende Ungleichung ohne die Gleichungen 2.38 bis 2.40 zu verletzen. Der Abstand d eines Datenpunktes von $\mathcal{H}$ ist durch

$$d = \frac{c_i(\mathbf{w}^T \mathbf{x} + b)}{\|\mathbf{w}\|} \tag{2.44}$$

gegeben und es folgt direkt aus 2.43, dass $d \geqslant \frac{1}{\|\mathbf{w}\|}$ gilt. Folglich ist die Maximierung des Abstandes der Stützvektoren zur klassentrennenden Ebene gleichbedeutend mit der Minimierung der Länge des Vektors $\mathbf{w}$ beziehungsweise der Kostenfunktion

$$\Phi(\mathbf{w}) = \frac{1}{2}\mathbf{w}^T \mathbf{w} \tag{2.45}$$

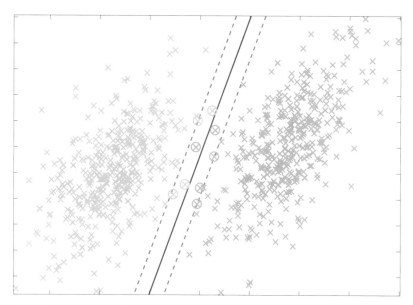

Abbildung 2.13: Die mit Hilfe einer SVM bestimmte klassentrennende Hyperebene (–) für zwei nicht linear separierbare, normalverteilte zweidimensionale Klassen $\mathcal{K}_1$ ($\times$) und $\mathcal{K}_{-1}$ ($\times$) für das Aufweichen der Grenzen mit Hilfe von Schlupfvariablen. Weiterhin sind die Abstände beider Klassen zur Hyperebene (– –) und die klassenzugehörigen Stützvektoren ($\otimes$, $\otimes$) dargestellt.

unter den sich aus Gleichung 2.43 ergebenden N Nebenbedingungen. Zur Berechnung von $(\mathbf{w}, b)$ erfolgt die Formulierung des Sachverhalts in der Lagrange-Form und die Lösung dessen dualen Problems mit Hilfe von quadratischer Programmierung [55]. Als Stützvektoren ergeben sich folglich alle Datenpunkte aus den Trainingsdaten, für die

$$c_i\left(\mathbf{w}_0^T\mathbf{x} + b_0\right) = 1 \quad \text{mit } (\mathbf{x}_i, c_i) \in \mathcal{K} \tag{2.46}$$

erfüllt ist. Hierbei bezeichnen $\mathbf{w}_0$ und b_0 die Werte der optimalen klassentrennenden Hyperebene $\mathcal{H}_0$. Abbildung 2.12 zeigt die mit Hilfe einer SVM bestimmte Hyperebene und die Stützvektoren für den linear separierbaren Fall.

Im Gegensatz zu den vorangegangen Betrachtungen sind die in den alltäglichen Anwendungen auftretenden Klassifizierungsprobleme komplexer und nicht linear separierbar, was andere Lösungsstrategien erfordert. Ein Beispiel sind die in Abbildung 2.13 zweidimensionalen Gauß-Verteilungen, die nicht mit Hilfe einer Geraden separiert werden können. Ein üblicher Ansatz ist das Aufweichen der festen Schranken unter der Nutzung sogenannter Schlupfvariablen ξ (englisch slack variables), was dazu führt, dass eine optimale

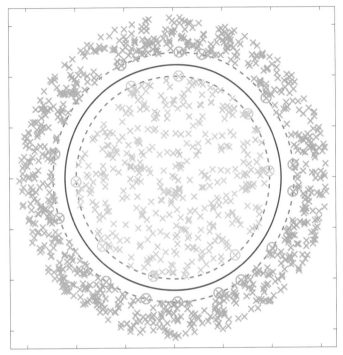

Abbildung 2.14: Die mit Hilfe einer SVM bestimmte klassentrennende Hyperebene (–) für ein von einer ringförmigen Verteilung umschlossenen kreisförmige Verteilung unter Ausnutzung des Kernel-Tricks. Weiterhin sind die Abstände beider Klassen zur Hyperebene (––) und die klassenzugehörigen Stützvektoren ($\otimes$, $\otimes$) dargestellt.

Hyperebene gefunden werden kann, die die Klassen jedoch nicht zu 100 % trennt. Wie an diesem Beispiel zu erkennen, sind einzelne Ausreißer, die entweder korrekt klassifiziert werden, jedoch innerhalb des Bereiches der kleinsten Abstandes zwischen der Hyperebene und den Daten liegen, oder die sogar falsch klassifiziert werden, erlaubt. Die zu erfüllende Bedingung aus Gleichung 2.43 wird dafür folgendermaßen umformuliert:

$$c_i \left(\mathbf{w}^T \mathbf{x} + b \right) \geqslant 1 - \xi \quad \forall \left(\mathbf{x}_i, c_i \right) \in \mathcal{K} \ . \tag{2.47}$$

Weitaus komplexer wird es in Fällen, in denen eine optimale Trennung beider Klassen mit Hilfe einer der Dimension der Daten entsprechenden Hyperebene nicht möglich ist. Ein entsprechendes Beispiel, in dem eine kreisförmige Verteilung an Daten von einer ringförmigen Verteilung umschlossen wird, zeigt Abbildung 2.14. Um entsprechende Probleme zu lösen, wird sich des sogenannten Kernel-Tricks bedient, bei dem die Daten mit Hilfe einer sogenannten Kernel-Funktion k in einen höherdimensionalen Raum, in dem eine lineare Separation möglich ist, transformiert werden. Die Klassifikation von Daten erfolgt entsprechend im Kernel-Raum. In Abbildung 2.14 ist die unter Ausnutzung des Gauß-Kernels

$$k(\mathbf{x},\mathbf{y}) = e^{-\frac{\|\mathbf{x}-\mathbf{y}\|^2}{2\sigma^2}} \tag{2.48}$$

bestimmte Hyperebene für die beiden Verteilungen dargestellt. Ein Beispiel für einen linearen Kernel ist das Skalarprodukt.

Für weitere Recherchen bezüglich der Klassifikation nicht linear separierbarer Klassen mit Hilfe von Schlupfvariablen oder des Kernel-Tricks seien hiermit die diesem Abschnitt zu Grunde liegenden Quellen [55] und [54] empfohlen.

Im Rahmen dieser Arbeit findet eine SVM unter anderem für die Klassifikation von Handposen zu Handgesten Anwendung. Es erfolgt die Definition von bis zu 29 Gesten, zwischen denen mit Hilfe einer SVM differenziert werden soll. Im Gegensatz zu den bisherigen Betrachtungen handelt es sich nicht mehr um ein binäres Klassifizierungsproblem. Es gibt verschiedene Ansätze, dieses Problem zu lösen, von denen hier nur einer kurz Erwähnung finden soll und [56] als Quelle für weiterführende Recherchen empfohlen wird.

Beim sogenannten Eins-gegen-Eins-Ansatz (englisch one-versus-one) wird das Klassifizierungsproblem für die Menge

$$\mathcal{M} = \left\{ \mathcal{K}_i \,\middle|\, i = 1,\dots,M \right\} \tag{2.49}$$

von M Klassen in $M(M-1)/2$ binäre Klassifizierungsprobleme aufgeteilt, bei denen jeweils eine SVM für zwei unterschiedliche Klassen aus $\mathcal{M}$ trainiert wird. Die Zuordnung neuer Datenpunkte zu den Klassen erfolgt durch Mehrheitsentscheid aller SVMs. Ein Beispiel in Form der Klassen und der jeweiligen klassentrennenden Hyperebenen ist in Abbildung 2.15 dargestellt. Als Hinweis sei hier noch das mögliche Vorkommen von uneindeutigen Regionen angemerkt, welche sich im Beispiel als Dreieck der Schnittpunkte aller drei Trennungsgeraden ergibt. Datenpunkte aus dieser Region werden unterschiedlichen Klassen gleich häufig zugeordnet. Je nach Anwendung treten solche Punkte allerdings so selten auf, dass diese Form der Klassifizierung von mehr als zwei Klassen in der Praxis anwendbar ist. Es gibt andere Ansätze bei denen solche Regionen nicht auftreten [56].

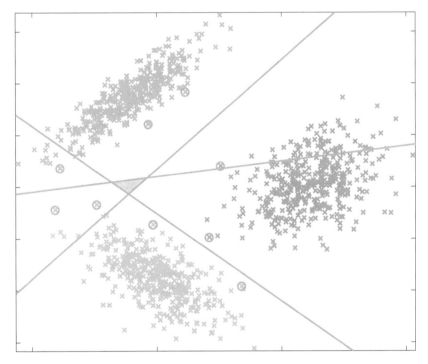

Abbildung 2.15: Die mit Hilfe von SVMs bestimmten Stützvektoren und korrespondierenden klassentrennenden Hyperebenen $\mathcal{H}_{\mathcal{K}_1\mathcal{K}_2}$ (–,⊘,⊗), $\mathcal{H}_{\mathcal{K}_1\mathcal{K}_3}$ (–,⊘,⊗) und $\mathcal{H}_{\mathcal{K}_2\mathcal{K}_3}$ (–,⊘,⊗) für die drei jeweils untereinander linear separierbaren, normalverteilten zweidimensionalen Klassen $\mathcal{K}_1$ (×), $\mathcal{K}_2$ (×) und $\mathcal{K}_3$ (×) für die Klassifizierung nach der Eins-gegen-Eins Methode. Die uneindeutige Region (·) ergibt sich als Dreieck aus den drei Schnittpunkten der Trenngeraden.

3 Posenbestimmung mit Hilfe Selbstorganisierender Karten

Dieses Kapitel beschreibt zwei auf Selbstorganisierenden Karten (englisch Self-Organizing Maps (SOMs)) basierende Verfahren für die Posenbestimmung des menschlichen Körpers und der Hand. SOMs sind ein Verfahren aus dem Bereich des unüberwachten maschinellen Lernens und dienen als eine spezielle Art der KNNs zur Abstraktion beziehungsweise Dimensionsreduktion von Daten [55]. Die Grundidee, diesen Ansatz für die Posenbestimmung zu nutzen, liegt in einer vereinfachten, repräsentativen Darstellung der zum Körper oder der Hand gehörenden Punktwolken, die insoweit Rückschlüsse auf die Körper- und Handposen zulässt, als dass die Positionen wichtiger Körpermerkmale wie zum Beispiel die Schultern, Ellenbogen, Hände oder im Falle der Handposenbestimmung die Fingerspitzen und das Handzentrum ermittelt werden können. In diesem Kapitel sind alle Ausführungen bezüglich SOMs auf die Anwendung für die Posenbestimmung beziehungsweise vereinfachte Repräsentation dreidimensionaler Punktwolken ausgerichtet.

Nach einer Einordnung und Erläuterung der grundlegenden Funktionsweise der von Teuvo Kohonen eingeführten SOM [57, 58] erfolgt mit der Vorstellung der sogenannten Standard-Selbstorganisierenden Karte (englisch Standard Self-Organizing Map (sSOM)) eine für die Posenbestimmung problemspezifische Anpassung des allgemeinen SOM-Verfahrens. Hierfür werden beispielsweise spezielle Topologien für den Körper und die Hand festgelegt sowie Kontroll- und Korrekturmechanismen für durch die sSOM fehlerhaft positionierte Merkmale entwickelt.

Im hinteren Teil dieses Kapitels wird ein eigens entwickeltes SOM-Verfahren, die sogenannte Generalisierte Selbstorganisierende Karte (englisch Generalized Self-Organizing Map (gSOM)), vorgestellt, die durch eine Generalisierung der Abstandsdefinition zwischen der SOM und den dreidimensionalen Punktwolken des Körpers oder der Hand entsteht. Auch für diese werden problemspezifische Topologien entwickelt und das resultierende Verfahren für die Posenbestimmung des Körpers und der Hand genutzt.

Ferner wird gezeigt, wie die SOMs unterstützend füreinander eingesetzt werden können.

Teile der in diesem Kapitel präsentierten Methoden sind im Rahmen der Masterarbeit [Ehl11] entstanden.

© Springer Fachmedien Wiesbaden GmbH, ein Teil von Springer Nature 2019
K. Ehlers, *Echtzeitfähige 3D Posenbestimmung des Menschen in der Robotik*,
https://doi.org/10.1007/978-3-658-24822-2_3

3.1 Selbstorganisierende Karten

Die SOMs gehören in das Forschungsgebiet der Künstlichen Intelligenz (KI) und spezieller zum Teilgebiet des Maschinellen Lernens. Das dem ersten in Abschnitt 3.2 vorgestellten Ansatz für die Posenbestimmung zugrunde liegende SOM-Verfahren wurde von Teuvo Kohonen in [57] vorgestellt und gilt hier als generelle Definition einer SOM oder Kohonenkarte. Unter einer SOM ist somit eine spezielle Art von unüberwacht lernenden KNNs zu verstehen, die unter anderem in der Statistik, Mustererkennung oder Signalverarbeitung Verwendung finden [58]. Um die SOM im Bereich der KI und der KNNs besser einordnen zu können, folgt vor der Beschreibung von Kohonens SOMs eine grundlegende Einführung in den Aufbau und der generellen Funktionsweise Künstlicher Neuronaler Netze am Beispiel eines einfachen Perzeptrons.

3.1.1 Künstliche Neuronale Netze

In diesem Abschnitt erfolgt eine grundlegende Einführung in die Künstlichen Neuronalen Netze. Für ein besseres Verständnis des Lernvorgangs wird beispielhaft ein Perzeptron trainiert. Grundlage dieses Abschnitts bilden die hiermit bei Bedarf für eine ausführlichere Erläuterung und Recherche empfohlenen Quellen [55, 59] und [60].

Ein KNN besteht aus mehreren miteinander über meist gewichtete Synapsen (Kanten) vernetzten Künstlichen Neuronen (Knoten). Die Art und Weise der Vernetzung, zwischen welchen Neuronen Kanten existieren und wie diese gerichtet sind sowie welche Neurone Verbindungen zur Außenwelt haben, wird Topologie genannt und kann, wie in Abbildung 3.1 schematisch dargestellt ist, sehr verschiedene Strukturen annehmen. Demzufolge lassen sich Neurone in Abhängigkeit ihrer Verbindung zur Außenwelt in drei Kategorien einteilen: die Eingabeneurone, die Signale oder Reize von der Außenwelt empfangen und an das Netz weitergeben, die verborgenen Neurone, die das gelernte Wissen des KNN repräsentieren sowie die Ausgabeneurone, die Signale an die Außenwelt abgeben können. Diese Kategorisierung und eine wie in Abbildung 3.1a vorgenommene Anordnung der Neuronen nach ihrer Zugehörigkeit und der topologischen Distanz, definiert als die Länge des kürzesten Weges von der Eingabeschicht innerhalb der als ungerichteter Graph interpretierten Topologie, lassen eine Einteilung in Schichten zu. Es gibt eine Eingabeschicht, eine oder auch mehrere verborgene Schichten und die Ausgabeschicht. Diese Trennung ist allerdings nicht strikt und so können auch Ausgabeneurone die Aufgabe der verborgenen Neuronen übernehmen. KNNs müssen demnach nicht mehrschichtig sein und die Eingabeschicht wird bei der Einteilung und Benennung nicht berücksichtigt. Abbildung 3.1b zeigt beispielhaft ein einschichtiges KNN.
Eine weitere Einteilung der KNNs erfolgt über den topologieabhängigen Signalfluss innerhalb des Netzes. In den zuvor vorgestellten Netzen fließen die Signale beginnend bei der

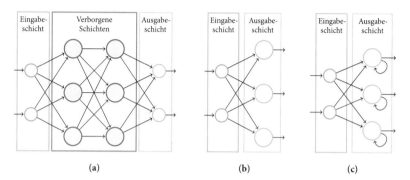

Abbildung 3.1: Beispielhafte Einteilung der KNNs nach Topologie und Richtung des Signalflusses. (a) Mehrschichtiges KNN mit feedforward-Eigenschaft. (b) Einschichtiges KNN mit feedvorward-Eigenschaft. (c) Einschichtiges, rekurrierendes KNN.

Eingabeschicht stets entlang der Kanten in Richtung Ausgabeschicht. Diese Art von KNNs wird auch Feedforward-Netze genannt. Abbildung 3.1c hingegen zeigt ein sogenanntes rekurrentes KNN, bei dem die Signale auch in die entgegengesetzte Richtung beispielsweise über Schlaufen an den Neuronen oder über rückläufige Verbindungen zwischen den Neuronen fließen können.

Die generelle Funktionsweise eines Neurons j ist in Abbildung 3.2a skizziert. Die n Eingaben $x_1, \ldots, x_n$ in das Neuron werden in Verbindung mit den Gewichtungen $w_1^j, \ldots, w_n^j$ der zu ihnen korrespondierenden Kanten durch die Übertragungsfunktion Σ unter Berücksichtigung des Bias oder Schwellenwertes Θ_j verknüpft und bilden die Eingabe i_j des Netzes in das Neuron, die in der Aktivierungsfunktion φ zur Bestimmung der Aktivierung a_j des Neurons genutzt wird. Sowohl die Übertragungs- als auch die Aktivierungsfunktion können je nach Anwendung frei gewählt werden. Eine für binäre Sachverhalte gängige Wahl für die Übertragungsfunktion ist die Summation über alle gewichteten binären Eingaben $w_k^j \cdot x_k^j$ und mit dem Schwellenwert Θ_j wobei $w_k^j \in \mathbb{R}$, $x_k^j \in \{0,1\}$ und $\Theta_j \in \mathbb{R}$ sowie eine Schwellenwertfunktion in Abhängigkeit von i_j für die Berechnung der Aktivierung. Bei einer nicht negativen Netzeingabe i_j ist die Ausgabe des Neurons als 1 und sonst als 0 definiert. Ein entsprechendes Neuron mit dieser Wahl der Übertragungs- und Aktivierungsfunktion wurde 1943 von McCulloch und Pitts vorgestellt [61], weshalb es auch McCulloch-Pitts-Neuron genannt wird. Die Aktivierung kann formal durch die Gleichung

$$a_j = \begin{cases} 1 & \text{falls } i_j \geqslant 0 \\ 0 & \text{falls } i_j < 0 \end{cases} \tag{3.1}$$

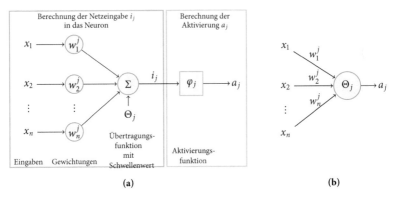

Abbildung 3.2: (a) Schematischer Aufbau und generelle Funktionsweise eines künstlichen Neurons nach Haykin [55]. Die Netzeingabe i_j in das Neuron j ergibt sich aus der Verknüpfung der n über die Kanten gewichteten Eingaben und des Schwellenwertes Θ_j mithilfe der Übertragungsfunktion Σ. Anhand dieser Netzeingabe erfolgt die Ermittlung der Aktivierung a_j des Neurons mithilfe der Aktivierungsfunktion φ_j. (b) Äquivalente Darstellung zu (a). Allerdings sei die Übertragungsfunktion wie in Gleichung 3.1 als Summe über alle gewichteten Eingaben und dem Schwellenwert sowie die Aktivierungsfunktion als Schwellenwertfunktion entsprechend Gleichung 3.2 definiert.

mit

$$i_j = \Theta_j + \sum_{k=1}^{n} w_k^j x_k^j \tag{3.2}$$

beschrieben werden. Mit diesen Neuronen lassen sich beispielsweise, wie in Abbildung 3.3 verdeutlicht wird, die grundlegenden booleschen Operatoren Konjunktion, Disjunktion und Negation durch eine geeignete Wahl der Kantengewichtungen und des Schwellenwertes abbilden, die als vollständige Verknüpfungsbasis die Realisierung jeder binären Funktion erlauben. Sowohl die Eingaben $x_1, \ldots, x_n$ als auch die Aktivierung des Neurons sind Elemente der Menge $\{0, 1\}$. Der Schwellenwert Θ_j kann auch als Gewichtung einer Kante eines vorgeschalteten On-Neurons, dessen Aktivierung stets 1 ist und als Eingabe x_0 interpretiert wird, angesehen und direkt in die Gleichung zur Berechnung der Netzeingabe i_j

$$i_j = \sum_{k=0}^{n} w_k^j x_k^j \quad \text{mit } w_0^j = \Theta_j \text{ und } x_0 = 1 \tag{3.3}$$

übernommen werden.

In diesem Beispiel der McCulloch-Pitts-Neuronen für die Realisierung der booleschen Operatoren wurden die Schwellenwerte vordefiniert. Auf diese Weise können verschiedenste KNNs für die Realisierung beliebiger boolescher Funktionen durch die Verknüpfung mehrerer Neurone entworfen werden.

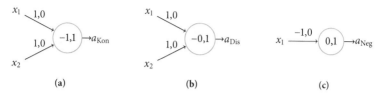

Abbildung 3.3: McCulloch-Pitts-Neurone für die Realisierung der grundlegenden booleschen Operatoren in der in Abbildung 3.2b präsentierten symbolischen Darstellung. (a) Konjunktion. (b) Disjunktion. (c) Negation.

Abgesehen davon, dass ein manueller Entwurf KNNs für komplexere Anwendungen beispielsweise in der Mustererkennung und Signalverarbeitung nicht praktikabel wäre, können KNNs bestimmte Funktionen und Muster erlernen und zum Beispiel Testeingaben klassifizieren. Ein Rückblick zum generellen Aufbau einzelner Neurone aus Abbildung 3.2a und den Topologien der KNNs aus Abbildung 3.1 zeigt verschiedene Möglichkeiten zur Anpassung eines KNN an eine definierte Aufgabe. Denkbar wären topologische Anpassungen wie zum Beispiel das Hinzufügen sowie Entfernen einzelner Neurone oder Verbindungen und die Veränderungen der einzelnen Kantengewichtungen oder Schwellenwerte bei gleichbleibender Topologie. Letzteres ist ein typisches Vorgehen und wird nachfolgend anhand des Erlernens der Disjunktion mithilfe des von Rosenblatt 1958 in [62] vorgestellten Perzeptrons exemplarisch präsentiert.

Perzeptron

Das Perzeptron wurde 1958 von Rosenblatt in [62] präsentiert und stellt bestehend aus nur einem Neuron das kleinste KNN dar. Die Funktionsweise gleicht dem zuvor in Abschnitt 3.1.1 vorgestellten McCulloch-Pitts-Neurons, wobei die Aktivierung des Neurons häufig alternativ zur Menge $\{0,1\}$ aus der Menge $\{-1,1\}$ stammt. Ein Perzeptron kann zur Klassifizierung zweier linear separierbarer Klassen genutzt werden. Der Perzeptron-Konvergenz-Algorithmus ermöglicht das Lernen der Kantengewichtungen und des Schwellenwertes für dieses Problem, die letztendlich als Linearkombination eine klassentrennende Hyperebene repräsentieren.

Als Eingabe $\mathcal{K}$ in den Algorithmus dienen die zu klassifizierenden Klassen $\mathcal{K}_1$ und $\mathcal{K}_{-1}$, wobei als Ziel jedes Element aus $\mathcal{K}_1$ eine Aktivierung von 1 und jedes Element aus $\mathcal{K}_{-1}$ eine Aktivierung von -1 im Perzeptron hervorrufen soll. Die Dimension der Klassenelemente sei als n mit $n \in \mathbb{N}$, $n > 0$ definiert. Der Schwellenwert Θ wird hier als Kantengewichtung des für die Eingabe x_0 verantwortlichen On-Neurons angenommen. Zum Zeitpunkt k gilt für den Eingabevektor $\mathbf{x}(k) = (1, v_1(k), \ldots, v_n(k))$ mit $\mathbf{v}(k) \in \mathcal{K}_1 \cap \mathcal{K}_{-1}$ und für den Gewichtsvektor $\mathbf{w}(k) = (\Theta(k), w_1(k), \ldots, w_n(k))$. Dieser wird initial mit zufälligen

Gewichten $w_l \in \mathbb{R}$ belegt. Ferner kann die Anpassung von $\mathbf{w}(k)$ durch die definierte Lernrate ε mit $\varepsilon \in \mathbb{R}$ und $0 < \varepsilon \leqslant 1$ gesteuert werden.

Zum Zeitpunkt k wird dem Perzeptron die Eingabe $\mathbf{x}(k)$ präsentiert und die Aktivierung $a(k)$ als

$$a(k) = \operatorname{sgn}\left(\mathbf{w}^T(k) \cdot \mathbf{x}(k)\right) \tag{3.4}$$

berechnet. Die Vorzeichen- oder Signumfunktion sei mit sgn bezeichnet. Sollten die Aktivierung $a(k)$ und die Klassenzugehörigkeit $c(k)$ der Eingabe mit

$$c(k) = \begin{cases} 1 & \text{falls } v(k) \in \mathcal{K}_1 \\ -1 & \text{falls } v(k) \in \mathcal{K}_{-1} \end{cases} \tag{3.5}$$

übereinstimmen, wird $\mathbf{w}(k)$ nicht verändert, anderenfalls ergibt sich die Änderung von $\mathbf{w}$ aus der Gleichung

$$\mathbf{w}(k+1) = \mathbf{w}(k) + \varepsilon\left(c(k) - a(k)\right)\mathbf{x}(k) \ . \tag{3.6}$$

Dieses Vorgehen wird jeweils mit randomisiert gewählten Elementen aus $\mathcal{K}$ wiederholt, bis alle Elemente korrekt klassifiziert werden oder die maximale Anzahl an Schritten $k_{\max}$ erreicht ist. Da das Lernverhalten des Perzeptrons in jedem Lernschritt von der Überprüfung der Aktivität mit einem Sollwert beziehungsweise dem Klassifizierungsergebnis abhängt, ist dieses Lernverfahren ein Beispiel des überwachten Lernen.

Pseudocode 1 fasst den Perzeptron-Konvergenz-Algorithmus zusammen. Eine exemplarische Anwendung auf das Problem des Erlernens der Disjunktion mit drei Variablen

---

Pseudocode 1 : Perzeptron-Konvergenz-Algorithmus in Anlehnung an [55].

    Eingabe : $\mathcal{K}$ als Vereinigung der beiden zu klassifizierenden Mengen $\mathcal{K}_1$ und $\mathcal{K}_{-1}$.
               Lernrate ε. $k_{\max}$ maximale Anzahl an Schritten.
    Ausgabe : Gewichtsvektor $\mathbf{w} = (\Theta, w_1, \ldots, w_n)$ mit n als Dimension eines
               Eingabevektors $\mathbf{v} \in \mathcal{K}$
$k = 0$;
Initialisiere $\mathbf{w}$ mit zufälligen reellen Werten im Intervall $[-1, 1]$;
while (noch nicht alle $\mathbf{v} \in \mathcal{K}$ korrekt klassifiziert werden und $k \leqslant k_{\max}$) **do**
    Wähle zufällig ein Element $\mathbf{v}(k)$ aus $\mathcal{K}$ aus;
    Berechne die Aktivierung $a(k)$ mit Gleichung 3.4;
    Ermittle die Klassenzugehörigkeit $c(k)$ mit Gleichung 3.5;
    Passe den Gewichtsvektor $\mathbf{w}$ mit Gleichung 3.6 an;
    $k + +$;
end

$x_1, \ldots, x_3$, hat als Ergebnis einen Wert von $-0,9$ für Θ und die Werte $1,9$, $1,8$ und $0,7$ für die Kantengewichtungen $w_1, \ldots, w_3$ bestimmt, welche offensichtlich eine korrektes Verhalten des Perzeptrons realisieren. Weitere Informationen sowie die Berechnung sind in Abschnitt A.1 dargelegt.

Die Einsatzmöglichkeiten eines einzelnen Perzeptrons sind allerdings beschränkt. Beispielsweise ist eine Klassifizierung zweier nicht linear separierbarer Klassen mit einem Perzeptron nicht beziehungsweise nur näherungsweise möglich. Ein berühmtes Problem ist der boolesche Operator XOR, dessen Ein-Ausgabeklassen nicht linear separierbar sind [63]. Allerdings ermöglicht eine Kombination mehrerer Neurone zu einem größeren KNN die Lösung dieses und komplexerer Probleme.

3.1.2 Selbstorganisierende Karten

Nach der vorangegangen allgemeinen Einführung in das Gebiet der KNNs befasst sich dieser Abschnitt mit den von Teuvo Kohonen entwickelten SOMs [57], die die Grundlage des in diesem Kapitel beschriebenen Ansatzes für die Posenbestimmung der Hand und des menschlichen Körpers bilden. Die Forschung im Bereich der SOMs reicht mehr als 30 Jahre zurück. In dieser Zeit sind SOMs erfolgreich auf das Problem der Analyse hochdimensionaler Daten angewandt worden [57, 58, 64–66]. Die Ausführungen bezüglich der Definition der SOM im folgenden Abschnitt sind an Haykin [55] , Ritter et al. [59] und Kohonen [58] angelehnt.

SOMs gehören zu den einschichtigen, unüberwacht lernenden KNNs. Somit besitzen sie, wie in Abbildung 3.4 beispielhaft dargestellt ist, eine Eingabe- und eine Ausgabeschicht. Die Anzahl der Neurone der Eingabeschicht entspricht der Dimension der Eingabedaten und jedes Neuron dieser Schicht ist mit allen Neuronen der Ausgabeschicht verbunden. Die Neurone der Ausgabeschicht einer SOM werden häufig Knoten genannt und die Verbindungen zwischen den Neuronen als Kanten bezeichnet. Im Gegensatz zu den bisher beschriebenen KNNs beschreiben die Kanten lediglich eine Nachbarschaftsbeziehung zwischen den Knoten und repräsentieren keinen Signalfluss. Jeder Knoten i besitzt einen Gewichtsvektor $\mathbf{w}^i$, wobei alle Gewichtsvektoren in Verbindung mit den Knoten und Kanten den durch die SOM dargestellten Informationen entsprechen. Die Anordnung der einzelnen Knoten sowie die Adjazenzbeziehungen zwischen den Knoten und Kanten innerhalb der Ausgabeschicht wird als Topologie $\mathcal{T}$ bezeichnet.

Eine SOM S für die Repräsentation n-dimensionaler Daten bestehend aus N Knoten mit den Indizes $i = 1, \ldots, N$ ist durch die Menge $\mathcal{W}$ der Gewichtsvektoren, die gleichzeitig die Knoten repräsentieren, in Verbindung mit der t-dimensionalen Topologie $\mathcal{T}$ vollständig definiert. Formal lässt sie sich durch das Tupel

$$S = (\mathcal{W}, \mathcal{T}) \text{ mit} \tag{3.7}$$

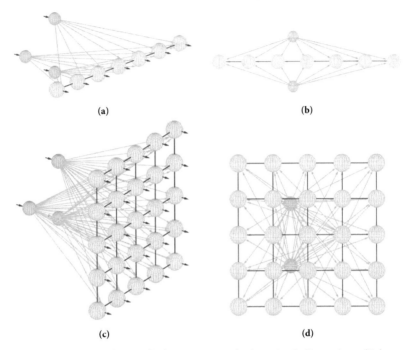

Abbildung 3.4: Beispielhafte SOMs für die Repräsentation dreidimensionaler Daten mit verschiedenen Topologien. (a) Eine SOM mit einer Kette aus Neuronen als Topologie in der Ausgabeschicht (◯). Die Eingabeschicht besitzt entsprechend der Dimension der Eingangsdaten drei Neurone (◯). (b) Frontalansicht auf die Ausgabeschicht der SOM aus (a). Da die Kanten der Topologie besitzen keine Pfeile, da es keinen direkten Signalfluss zwischen den Neuronen gibt und die Topologie lediglich die Nachbarschaftsbeziehungen beschreibt. (c) Eine SOM mit einem Gitter aus Neuronen als Topologie in der Ausgabeschicht (◯). Die Eingabeschicht besitzt entsprechend der Dimension der Eingangsdaten drei Neurone (◯). (d) Frontalansicht auf die Ausgabeschicht der SOM aus (c), in der ein Eingabeneuron von einem Ausgabeneuron verdeckt wird.

$$\mathcal{W} = \left\{ \mathbf{w}_i \,\middle|\, \mathbf{w}_i \in \mathbb{R}^n, i = 1, \ldots, N \right\} \text{ und} \tag{3.8}$$

$$\mathcal{T} = \left(\left\{ \mathbf{p}_i \,\middle|\, \mathbf{p}_i \in \mathbb{R}^t, i = 1, \ldots, N \right\}, A \in \{0, 1\}^{N \times N} \right) \tag{3.9}$$

darstellen. Dabei werden alle Informationen eines Knotens i durch den Gewichtsvektor $\mathbf{w}_i$, den Vektor $\mathbf{p}_i$, der die Position innerhalb der Topologie angibt, und durch die Spalte oder Zeile i der Adjazenzmatrix A dargestellt. Die Anzahl der Neuronen der Eingabeschicht entspricht der Dimension der Gewichtsvektoren, wobei jedes Neuron der Eingabeschicht mit jedem Neuron der Ausgabeschicht verbunden ist.

Typische Topologien für SOMs sind die beispielhaft in Abbildung 3.4a und Abbildung 3.4b dargestellten eindimensionalen Ketten oder die in Abbildung 3.4c und Abbildung 3.4d gezeigten zweidimensionalen Gitter. Es sind allerdings auch höherdimensionale Topologien denkbar.

Die Entwicklung von SOMs wurde von der biologischen Erkenntnis inspiriert, dass das Gehirn in vielen Arealen planare, topologisch geordnete Strukturen aufweist, die auf die unterschiedlichen sensorischen Reize reagieren und diese repräsentieren [55]. Der Grundgedanke einer SOM ist die Repräsentation höherdimensionaler Informationen mithilfe einer problemspezifischen Topologie niedrigerer Dimensionen unter Beibehaltung und Nutzung der topologischen Informationen; der Anzahl der Knoten und der Nachbarschafts- und Adjazenzbeziehungen zwischen Knoten und Kanten. Wie bei den biologischen Vorbildern sollen der SOM präsentierte Reize in Form von Datenvektoren x bestimmte Areale erregen und Anpassungen dieser hervorrufen. Dies geschieht indem das Erregungszentrum, repräsentiert durch den Knoten dessen Gewichtsvektor dem Reiz bezüglich einer Distanzfunktion am nächsten kommt, bestimmt und inklusive seiner Nachbarschaft an den Reiz adaptiert wird. Mole et al. gehen mit ihrem Ansatz der „Growing Self-Organizing Surface Map" einen Schritt weiter und erlauben zum Erlernen der Oberfläche von 3D-Objekten die Veränderung der Topologie [67]. Solche Ansätze werden hier allerdings nicht berücksichtigt und sollen nur der Vollständigkeit halber Erwähnung finden.

Die Grundlage des Lernens bilden zum einen eine SOM mit einer möglichst anwendungsspezifischen Topologie und zum anderen die durch die SOM zu repräsentierende Datenmenge $\mathcal{D}$. Typische Beispiele für $\mathcal{D}$ sind zweidimensionale oder im Hinblick auf die Posenbestimmung dreidimensionale Daten. Für die Erläuterungen zum Lernmodell einer SOM werden im Weiteren die in Abbildung 3.4 gegebene SOM mit einem 5×5 Gitter aus Neuronen als Topologie und dreidimensionale Daten angenommen. Weiterhin werden die Knoten der Eingabeschicht nicht berücksichtigt und die Menge $\mathcal{N}$ der Knoten der SOM ergibt sich aus der Menge aller Knoten der Ausgabeschicht. Das Lernenmodell von Kohonens SOM besteht aus vier sich teilweise wiederholenden Schritten und wird hier in Anlehnung an die von Ritter et al. in [59] formulierte Version inklusive eines sich zeitlich ändernden Nachbarschaftsradius und einer zeitabhängigen Nachbarschaftsgewichtungsfunktion präsentiert.

Während der *Initialisierung* werden zufällige Datenvektoren x aus $\mathcal{D}$ als Gewichtsvektoren w der einzelnen Neurone gewählt. Das eigentliche Lernen ergibt sich aus einer entsprechenden Wiederholung der nachfolgenden drei Teilschritte, die zusammen einen Lernschritt bilden, wobei die Anzahl an Lernschritten als t_{max} bezeichnet wird.

Bei der *Stimuluswahl* wird ein zufälliger Datenvektor x aus $\mathcal{D}$ ausgewählt. Hierbei sei die Wahrscheinlichkeit der Auswahl der einzelnen Datenvektoren gleich groß. Im Anschluss erfolgt die *Bestimmung des Erregungszentrums z*. Dieses ist definiert als der Knoten z der

SOM, dessen Gewichtsvektor $\mathbf{w}_z$ den kleinsten euklidischen Abstand zum Stimulusvektor $\mathbf{x}$ aufweist. Es gilt

$$\mathbf{w}_z = \arg\min_{\mathbf{w}_k} \|\mathbf{x} - \mathbf{w}_k\|_2 \, , \quad k = 1, \dots, N \, . \tag{3.10}$$

Während des *Adaptionsschrittes* erfolgt die Anpassung der Gewichtsvektoren des Erregungszentrums z und dessen Nachbarschaft $\mathcal{N}$ an den Stimulusvektor $\mathbf{x}$. Die Nachbarschaft $\mathcal{N}_z$ um das Erregungszentrum z ist definiert als alle Knoten, deren Abstand vom Erregungszentrum z innerhalb der Topologie bezüglich einer auf der Topologie definierten Nachbarschaftsdistanzfunktion d_T kleiner ist als der zeit- beziehungsweise lernschrittabhängige Nachbarschaftsradius δ. Sie ergibt sich aus

$$\mathcal{N}_z = \{i \mid i \in \{1, \dots, N\} \wedge i \neq z \wedge d_T(i, z) \leqslant \delta(t)\} \, . \tag{3.11}$$

Nachfolgend werden die Begriffe Lernschritt und Zeitpunkt sowie lernschrittabhängig und zeitabhängig synonym verwendet.
Der Nachbarschaftsradius errechnet sich aus der Gleichung

$$\delta(t) = \delta_{\mathrm{ini}} \cdot \left(\frac{\delta_{\mathrm{fin}}}{\delta_{\mathrm{ini}}}\right)^{t/t_{\max}} \, . \tag{3.12}$$

Je nach Angabe der Positionsinformationen der Knoten innerhalb der Topologie kann d_T beispielsweise als

$$d_T(i, z) = \|\mathbf{p}_i, \mathbf{p}_z\|_2 \tag{3.13}$$

definiert werden. Eine weitere typische Wahl für d_T ist Länge des kürzesten Weges zwischen den Knoten i und z innerhalb der Topologie.
Die Anpassung von z und aller Knoten innerhalb der Nachbarschaft erfolgt mit Hilfe der Gleichung

$$\mathbf{w}_i^{\mathrm{neu}} = \mathbf{w}_i^{\mathrm{alt}} + \Delta \mathbf{w}_i \tag{3.14}$$

$$= \mathbf{w}_i^{\mathrm{alt}} + \varepsilon(t) \cdot h(t, i, z) \cdot \left(\mathbf{x} - \mathbf{w}_i^{\mathrm{alt}}\right) \, , \quad \forall i \in \mathcal{N} \cup \{z\} \, . \tag{3.15}$$

Hierbei sei ε eine zeitabhängige Lernrate und h eine zeitabhängige Nachbarschaftsgewichtungsfunktion. Die Lernrate errechnet sich typischerweise durch die Gleichung

$$\varepsilon(t) = \varepsilon_{\mathrm{ini}} \cdot \left(\frac{\varepsilon_{\mathrm{fin}}}{\varepsilon_{\mathrm{ini}}}\right)^{t/t_{\max}} \tag{3.16}$$

aus der zu definierenden initialen Lernrate $\varepsilon_{\mathrm{ini}}$, der finalen Lernrate $\varepsilon_{\mathrm{fin}}$, des aktuellen Lernschrittes t und der Anzahl an Lernschritten $t_{\max}$. Eine gängige Wahl für die Nachbarschaftsgewichtungsfunktion $h(t, i, z)$ ist die Gaußglocke um das Erregungszentrum z. Sie ist definiert als

$$h(t, i, z) = e^{-\frac{d_T(i, z)^2}{2 \cdot \delta(t)^2}} \, . \tag{3.17}$$

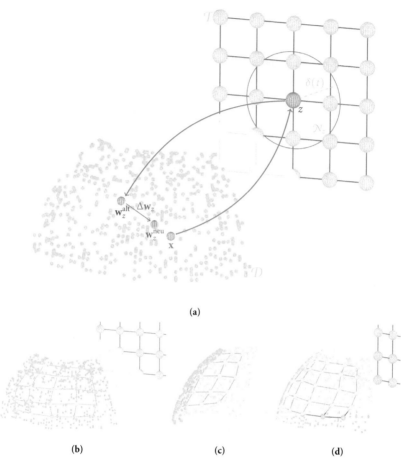

(a)

(b)   **(c)**   **(d)**

Abbildung 3.5: (a) Adaptionsschritt für das Erregungszentrum einer SOM mit einem 5×5 Einheitsgitter aus Neuronen als Topologie. Das Erregungszentrum z ( ) definiert sich als der Knoten der SOM ( ), dessen Gewichtsvektor $\mathbf{w}_z^{\text{alt}}$ ( ) den kleinsten euklidischen Abstand zum Stimulusvektor $\mathbf{x}$ ( ) aus der Datenmenge $\mathcal{D}$ ( ) aufweist. Der neue Gewichtsvektor $\mathbf{w}_z^{\text{neu}}$ ( ) des Erregungszentrums ergibt aus einer Verschiebung von $\mathbf{w}_z^{\text{alt}}$ in Richtung $\mathbf{x}$ um den Vektor $\Delta\mathbf{w}_z$. Die Topologie $\mathcal{T}$ bleibt unverändert. In Abhängigkeit vom aktuellen Lernschritt t wird ein entsprechender Adaptionsschritt ebenfalls auf alle Knoten innerhalb der Nachbarschaft $\mathcal{N}_z$ ( ) des Erregungszentrums, die alle Knoten mit einem Abstand innerhalb der Topologie kleiner oder gleich dem zeitabhängigen Nachbarschaftsradius $\delta(t)$ enthält, angewandt. (b) Resultat des Lernens der SOM für eine sich auf einer Kugeloberfläche befindenden Datenmenge $\mathcal{D}$ über $t_{\text{max}} = 20.000$ Lernschritte mit $\varepsilon_{\text{ini}} = 0{,}1$, $\varepsilon_{\text{fin}} = 0{,}01$, $\delta_{\text{ini}} = 3$ und $\delta_{\text{fin}} = 1$. Die Gewichtsvektoren( ) sind als Knoten im Datenraum inklusive der Kanten ▬ dargestellt. (c) Seitenansicht zu (b). (d) Rückansicht zu (b).

Pseudocode 2 : Lernmodell einer SOM in Anlehnung an Ritter et al. [59].

Eingabe : Eine SOM S mit einer anwendungsspezifischen Topologie T, die initiale Lernrate ε_{ini}, die finale Lernrate ε_{fin}, der initiale Nachbarschaftsradius δ_{ini}, der finale Nachbarschaftsradius δ_{fin}, die Anzahl an Lernschritten t_{max} und die Datenmenge $\mathcal{D}$.

Ausgabe : Die Gewichtsvektoren $\mathbf{w}_i$ der SOM, die in Verbindung mit der Topologie die Datenmenge repräsentieren.

Initialisierung der Gewichtsvektoren als zufällige Datenvektoren aus $\mathcal{D}$;

for $(t = 1 : t_{max})$ **do**

    Berechnung der Lernrate $\varepsilon(t)$ mit Gleichung 3.16;

    Berechnung des Nachbarschaftsradius $\delta(t)$ mit Gleichung 3.12;

    $\mathcal{D}_{tmp} = \mathcal{D}$;

    Wählen eines zufälligen Stimulusvektors $\mathbf{x}$ aus $\mathcal{D}$;

    Bestimmung des Erregungszentrums z mit Gleichung 3.10;

    Adaption des Gewichtsvektors des Erregungszentrums z mit Gleichung 3.15;

    Bestimmung der Nachbarschaft $\mathcal{N}_z$ mit Gleichung 3.11;

    Adaption der Gewichtsvektoren der Nachbarschaft $\mathcal{N}_z$ mit Gleichung 3.15;

end

Für die nachfolgenden Betrachtungen seien die Nachbarschaftsdistanzfunktion d_T als euklidische Distanz zwischen den Knoten innerhalb der Topologie gemäß Gleichung 3.13 und die Nachbarschaftsgewichtungsfunktion $h(t,i,z)$ als Gaußglocke laut Gleichung 3.17 festgelegt. Ferner wird der Begriff SOM auch als Synonym für die als Knoten visualisierten und durch Kanten verbundenen Gewichtsvektoren in Abbildungen genutzt. Die Festlegung der Lernraten erfolgt nach Anraten der Literatur mit $\varepsilon_{ini} = 0{,}1$ und $\varepsilon_{ini} = 0{,}01$ [59]. Die Anpassung des Erregungszentrums z an einen Stimulusvektor $\mathbf{x}$ ist in Abbildung 3.5a illustriert. Es ist zu beachten, dass die Topologie selbst nicht verändert wird. Die Änderungen betreffen lediglich die Gewichtsvektoren und finden demnach im Datenraum statt. Die Nachbarschaft hingegen wird im Raum der Topologie berechnet. Der komplette Lernalgorithmus ist in Pseudocode 2 zusammengefasst.

Abbildung 3.5b bis Abbildung 3.5d zeigen das Resultat des kompletten Lernens einer SOM mit einem 5×5 Einheitsgitter aus Neuronen als Topologie über 20.000 Lernschritte mit $\varepsilon_{ini} = 0{,}1$, $\varepsilon_{fin} = 0{,}01$, $\delta_{ini} = 3$ und $\delta_{fin} = 1$ für eine sich auf einer Kugeloberfläche befindenden Datenmenge $\mathcal{D}$. Für eine bessere Visualisierung wurden Gewichtsvektoren als Knoten in den Datenraum eingetragen und durch entsprechende Kanten verbunden. Es ist deutlich zu erkennen, dass sich die SOM komplett entfaltet und über die Daten verteilt hat.

3.2 Standard-Selbstorganisierende Karte

In diesem Abschnitt werden die in dieser Arbeit als sSOM bezeichnete Variante einer SOM und das darauf basierende Verfahren für die Posenbestimmung vorgestellt. Nach einer detaillierten Untersuchung der Einflüsse einzelner Parameter auf das Lernverhalten einer SOM und der Definition der grundlegenden Funktionsweise in Abschnitt 3.2.1, präsentiert Abschnitt 3.2.2 die Anwendung der sSOM auf das Problem der Posenbestimmung der Hand. Weiterhin werden eine anwendungsspezifische Topologie und für die Anwendung notwendige Kontroll- und Korrekturmechanismen dargestellt. Auf Basis der Posen erfolgt in Abschnitt 3.2.3 die Erkennung von Handgesten. Die Posenbestimmung des menschlichen Körpers und die sich daraus ergebene Körpergestenerkennung werden in Abschnitt 3.2.4 und Abschnitt 3.2.5 präsentiert.

3.2.1 Lernmodell

Dieser Abschnitt präsentiert die grundlegende Funktionsweise der sSOM, die durch Anpassungen des Lernmodells der im Abschnitt 3.1.2 vorgestellten SOM als eine hinsichtlich der benötigten Rechenleistung vereinfachten Variante angesehen werden kann. Ferner erfolgen Untersuchungen bezüglich der Wahl der Topologie sowie der Parameter des Lernmodells, die letztendlich zur Definition des Lernmodells der sSOM für die Posenbestimmung führen.

Die Tauglichkeit einer SOM für die Anwendung auf das Problem der Posenbestimmung hängt in großem Maße von der Recheneffizienz des Lernmodells ab, da für die Gewährleistung der Echtzeitfähigkeit der Posenbestimmung und folglich für die Nutzbarkeit in realen Anwendungen die Posen ohne Verzögerung mit der Bildfrequenz der Kamera ermittelt werden müssen. Ferner ist es wünschenswert, dass die Algorithmen auch auf Systemen mit geringerer Rechenleistung und unter generellem Verzicht einer dedizierten Grafikkarte möglichst in Echtzeit arbeiten. Eine diesbezügliche Analyse des Lernmodells der SOM aus Pseudocode 2 liefert verschiedene Ansatzpunkte wie beispielsweise die Anpassung des initialen Nachbarschaftsradius δ_{ini}, der Anzahl an Lernschritte t_{max}, der Nachbarschaftsgewichtungsfunktion $h(t,i,z)$ um die Effizienz des Lernens zu steigern. Ferner werden komplexere Berechnungen wie die der vom Lernschritt t abhängigen Lernrate $\varepsilon(t)$ und des lernschrittabhängigen Nachbarschaftsradius $\delta(t)$ in jedem Lernschritt durchgeführt. In einem ersten Schritt wird die Anzahl der Neuberechnungen dieser beiden Parameter durch Definition der eSOM reduziert, indem die sequentielle Abfolge der einzelnen Lernschritte in e_{max} Epochen unterteilt werden. Innerhalb einer Epoche erfolgt die Adaption der eSOM an s zufällig aus der Datenmenge $\mathcal{D}$ ausgewählte Stimulusvektoren $\mathbf{x}$ bei gleichbleibender Lernrate und gleichbleibendem Nachbarschaftsradius.

Der von der Epoche e, dem initialen Nachbarschaftsradius δ_{ini}, dem finalen Nachbarschaftsradius δ_{fin} und der Epochenanzahl e_{max} abhängige Nachbarschaftsradius $\delta(e)$ ist weiterhin definiert als

$$\delta(e) = \delta_{ini} \cdot \left(\frac{\delta_{fin}}{\delta_{ini}}\right)^{e/e_{max}} . \tag{3.18}$$

Die epochenabhängige Lernrate ergibt sich mit der zuvor festzulegenden initialen Lernrate ε_{ini}, der finalen Lernrate ε_{fin} aus

$$\varepsilon(e) = \varepsilon_{ini} \cdot \left(\frac{\varepsilon_{fin}}{\varepsilon_{ini}}\right)^{e/e_{max}} . \tag{3.19}$$

Pseudocode 3 : Lernmodell einer eSOM basierend auf Epochen.

Eingabe : Eine eSOM S mit einer anwendungsspezifischen Topologie T, die initiale Lernrate ε_{ini}, die finale Lernrate ε_{fin}, der initiale Nachbarschaftsradius δ_{ini}, der finale Nachbarschaftsradius δ_{fin}, die Anzahl an Epochen e_{max}, die Anzahl s an Stimulusvektoren je Epoche und die Datenmenge $\mathcal{D}$.

Ausgabe : Die Gewichtsvektoren w_i der eSOM, die in Verbindung mit der Topologie die Datenmenge repräsentieren.

Initialisierung der Gewichtsvektoren als zufällige Datenvektoren aus $\mathcal{D}$;

for $(e = 1 : e_{max})$ **do**

    Berechnung der Lernrate $\varepsilon(e)$ mit Gleichung 3.19;

    Berechnung des Nachbarschaftsradius $\delta(t)$ mit Gleichung 3.18;

    for $(u = 1 : s)$ **do**

        Wählen eines zufälligen Stimulusvektor $\mathbf{x}$ aus $\mathcal{D}$;

        Bestimmung des Erregungszentrums z mit Gleichung 3.10;

        Adaption des Gewichtsvektors des Erregungszentrums z mit Gleichung 3.15;

        Bestimmung der Nachbarschaft $\mathcal{N}_z$ mit Gleichung 3.11;

        Adaption der Gewichtsvektoren der Nachbarschaft $\mathcal{N}_z$ mit Gleichung 3.15;

    end

end

Das sich mit dieser Änderung ergebene Lernmodell der eSOM ist in Pseudocode 3 zusammengefasst und bildet zusammen mit der euklidische Distanz zwischen den Knoten innerhalb der Topologie gemäß Gleichung 3.13 als Nachbarschaftsdistanzfunktion d_T und der Gaußglocke gemäß Gleichung 3.17 als Nachbarschaftsgewichtungsfunktion $h(t, i, z)$ die Grundlage der nachfolgenden Betrachtungen. Die initiale und finale Lernrate sind auf $\varepsilon_{ini} = 0,1$ und $\varepsilon_{ini} = 0,01$ festgesetzt. Wenn nicht anders angegeben, wird die Anzahl der zufällig aus der Datenmenge $\mathcal{D}$ ausgewählten Stimulusvektorern je Epoche fest als $s = |\mathcal{D}|$ gesetzt.

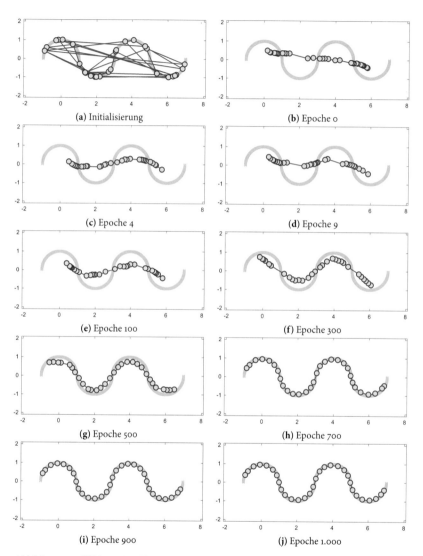

Abbildung 3.6: eSOM mit einer Kette aus 30 Neuronen als Topologie erlernt eine gleichmäßige sinusförmige Verteilung von zweidimensionalen Datenpunkten mit den Parametern $e_{max} = 1.000$, $s = |\mathcal{D}|$, $\varepsilon_{ini} = 0{,}1$, $\varepsilon_{fin} = 0{,}01$, $\delta_{ini} = 10$ und $\delta_{fin} = 1$. Die Entfernung benachbarter Knoten innerhalb der Topologie beträgt 1.

Die Fähigkeit einer SOM, Datenmengen möglichst repräsentativ zu erlernen, basiert in großem Maße auf der zuvor anwendungsspezifisch zu definierenden Topologie, die Bestandteil der ersten nachfolgenden Betrachtungen ist. Als Grundlage gelten die in Abbildung 3.6 dargestellten Zwischenschritte und das Resultat des Lernens einer gleichmäßig verteilten, sinusförmigen, zweidimensionalen Datenmenge $\mathcal{D}$ mit Hilfe einer eSOM mit einer eindimensionalen, aus 30 Neuronen bestehenden Kette als Topologie mit $e_{max} = 1.000$, $\varepsilon_{ini} = 0,1$, $\varepsilon_{fin} = 0,01$, $\delta_{ini} = 10$ und $\delta_{fin} = 1$. Die Initialisierung der Gewichtsvektoren erfolgte als eine zufällige Auswahl von Datenvektoren aus $\mathcal{D}$ und ist in Abbildung 3.6a visualisiert. Abbildung 3.6b zeigt, dass bereits nach der ersten Epoche eine komplette Neuordnung der eSOM stattgefunden hat und kein Überkreuzen von Kanten auftritt. Bis Epoche 500 nähert sich die eSOM der sinusförmigen verteilten Daten grob an. Diese Phase wird als Ordnungsphase bezeichnet. Während der Konvergenzphase ab Epoche 700 konvergiert die eSOM gegen die Daten. Abbildung 3.6j zeigt das Resultat des Lernens. Bis auf die Enden der Daten bezüglich des ersten und letzten Knotens der eSOM deckt diese die Datenmenge gleichmäßig ab. Diese Abdeckung und komplette Entfaltung der eSOM entspricht dem Ergebnis, das in den folgenden Betrachtungen als gewünschtes Ergebnis angesehen und zur in Abhängigkeit der jeweiligen Topologie für Beurteilung der Resultate genutzt wird.

Abbildung 3.7 und Abbildung 3.8 verdeutlichen die Notwendigkeit der anwendungsspezifischen Wahl der Topologie einer SOM. In Abbildung 3.7 sind die Resultate des Lernens der bereits bekannten gleichmäßigen sinusförmigen Verteilung von zweidimensionalen Datenpunkten mit Hilfe einer eSOM mit verschieden langen Kette aus Neuronen als Topologie mit den Parametern $e_{max} = 1.000$, $\varepsilon_{ini} = 0,1$, $\varepsilon_{fin} = 0,01$, $\delta_{ini} = 10$, $\delta_{fin} = 1$ und der zufälligen Initialisierung der Gewichtsvektoren aus den Elementen der Daten dargestellt. Aus Abbildung 3.7a wird deutlich ersichtlich, dass eine zu kurze Kette von 10 Neuronen zwar die grobe Nachbildung der Struktur der Daten ermöglicht, jedoch im Vergleich zu einer Kette bestehend aus 25 Neuronen in Abbildung 3.7c oder gar 50 Neuronen in Abbildung 3.7e eine zu ungenaue Repräsentation der Daten ermöglicht. Auch eine zu lange Kette beispielsweise aus 200 Neuronen in Abbildung 3.7g ist für diese Daten ungeeignet und führt sogar dazu, dass sich die eSOM nicht einmal komplett entfaltet. Die Idee einer SOM ist das Erlernen beziehungsweise die Extraktion der wesentlichen Informationen von Daten. Auch für diese Aufgabe ist die Wahl der Topologie entscheidend. In der rechten Spalte von Abbildung 3.7 wurden dieselben Daten mit einem zusätzlichen Rauschen versehen und mit den zuvor präsentierten eSOMs erlernt. Es ist eindeutig zu erkennen, dass lediglich die Kette aus 25 Neuronen als Topologie in Abbildung 3.7c ein zufriedenstellendes Ergebnis liefert. In Abbildung 3.8 sind die Resultate für das Lernen von in einem Quadrat aus gleichverteilten zweidimensionalen Daten mit Hilfe einer eSOM mit einer Kette aus 100 Neuronen in Abbildung 3.8a oder einem 10×10 Gitter aus Neuronen als Topologie dargestellt. Es ist zu erkennen, dass sich ein Gitter aus Neuronen als Topologie für die Repräsentation dieser Daten besser eignet, da sich aus der eSOM mit der Kette aus Neuronen die Grundstruktur der quadratisch angeordneten, gleichverteilten Daten nicht

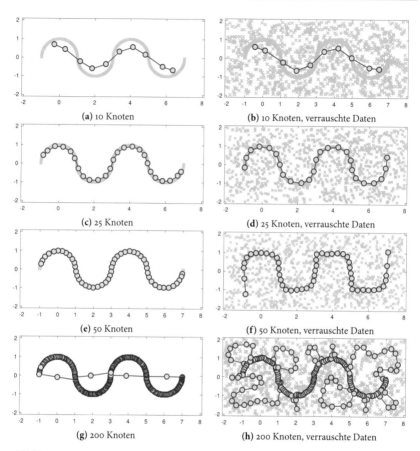

Abbildung 3.7: eSOMs mit verschieden langen Ketten aus Neuronen als Topologie erlernen eine gleichmäßige sinusförmige Verteilung von zweidimensionalen Datenpunkten einmal ohne Rauschen (linke Spalte) und einmal verrauscht (rechte Spalte) mit den Parametern e_{max} = 1.000, ε_{ini} = 0,1, ε_{fin} = 0,01, δ_{ini} = 10 und δ_{fin} = 1. Die Entfernung benachbarter Knoten innerhalb der Topologie beträgt 1.

ableiten lässt, wohingegen das Gitter aus Neuronen als Topologie sich gleichmäßig und komplett entfaltet über die Daten legt. Eine ausführlichere Darstellung des Lernens auf den quadratisch angeordneten, gleichverteilten Daten wird in Abschnitt A.2 präsentiert. Unter Berücksichtigung der Anwendung für die Posenbestimmung des menschlichen Körpers und der Hand sowie der obigen Betrachtungen müsste für die Topologie eine Kombination aus Ketten von Neuronen für die Arme und Beine beziehungsweise die Fin-

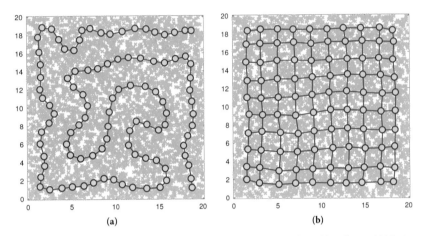

Abbildung 3.8: Eine eSOM mit einer Kette aus 100 Neuronen als Topologie (a) und eine eSOM mit einem 10×10 Gitter als Topologie (b) erlernen eine quadratisch angeordnete Gleichverteilung von zweidimensionalen Datenpunkten mit den Parametern $e_{max} = 1.000, s = |\mathcal{D}|$, $\varepsilon_{ini} = 0{,}1$, $\varepsilon_{fin} = 0{,}01$, $\delta_{ini} = 10$ und $\delta_{fin} = 1$. Die Entfernung benachbarter Knoten innerhalb der Topologie beträgt 1.

ger und einem Gitter aus Neuronen für den Oberkörper beziehungsweise die Handfläche gewählt werden.

Die Anzahl der Neurone hat offensichtlich einen Einfluss auf die Effizienz einer SOM. Je geringer die Anzahl der Neurone, desto weniger Rechenaufwand ist für das Lernen notwendig. Um die Effizienz weiter zu steigern, können sowohl der initiale Nachbarschaftsradius δ_{ini}, die Anzahl der Epochen e_{max} oder die Anzahl an Stimulusvektoren s je Epoche reduziert werden, was nachfolgend untersucht wird.

Die Ausgangssituation sei das Erlernen der gleichmäßigen sinusförmigen Verteilung von zweidimensionalen Datenpunkten mit Hilfe einer eSOM mit einer Kette aus 50 Neuronen als Topologie und den Parametern $\varepsilon_{ini} = 0{,}1$, $\varepsilon_{fin} = 0{,}01$ und $\delta_{fin} = 1$ sowie die zufällige Initialisierung der Gewichtsvektoren aus den Elementen der Daten. Die Resultate dieser Betrachtungen sind in Abbildung 3.9 dargestellt. Abbildung 3.9b zeigt das Ergebnis für $e_{max} = 1.000$ und einem reduzierten, initialen Nachbarschaftsradius $\delta_{ini} = 1$. Die eSOM kann die Daten mit diesen Parametern nicht ausreichend genau repräsentieren. Das Resultat entspricht nicht dem gewünschten Ergebnis, denn es existieren Gewichtsvektoren, die außerhalb der Daten liegen. Zudem konnte sich die eSOM nicht komplett entfalten. Selbst eine Erhöhung der Epochenanzahl auf $e_{max} = 10.000$ entgegen der Idee der Effizienzsteigerung bringt keine Verbesserung des Ergebnisses, wie Abbildung 3.9d zeigt. Das Problem liegt darin, dass sich die eSOM auf Grund der zufälligen, in Abbildung 3.9a und Abbil-

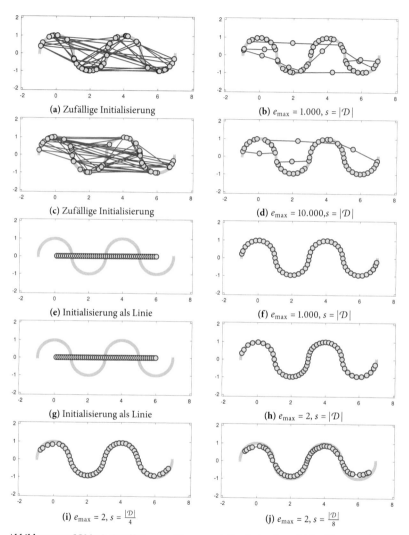

Abbildung 3.9: eSOM mit einer Kette aus 50 Neuronen als Topologie erlernt gleichmäßige sinusförmige Verteilung von 4000 zweidimensionalen Datenpunkten mit den Parametern, $\varepsilon_{ini} = 0.1$, $\varepsilon_{fin} = 0.01$ und $\delta_{fin} = 1$ festgelegt. Der initiale Nachbarschaftsradius ist auf $\delta_{fin} = 1$ festgelegt. Sowohl die Epochenanzahl δ_{fin}, die Anzahl s an Stimulusvektoren je Epoche als auch die Initialisierung der eSOM werden variiert. Die Entfernung benachbarter Knoten innerhalb der Topologie beträgt 1. Mit Ausnahme der letzten Zeile sind in der linken Spalte die Initialisierungen korrespondierend zu den Resultaten der gleichen Zeile der rechten Spalten dargestellt.

dung 3.9c gezeigten, Initialisierung der Gewichtsvektoren aus den Daten nicht vollständig entfaltet. Erfolgt die Initialisierung gezielter wie beispielsweise entsprechend der in Abbildung 3.9e dargestellten, geordneten Linie, kann die eSOM die Daten mit den Parametern e_{max} = 1.000 und δ_{ini} = 1 erfolgreich lernen. Dieses grobe Vorwissen über die Struktur der Daten genügt, um das gewünschte Resultat zu erzielen. Der in Abbildung 3.6 gezeigte Lernvorgang der eSOM verdeutlicht, dass die Neuordnung beziehungsweise Entfaltung der Topologie bereits in den ersten Epochen und die endgültige Annäherung an die Daten in den letzten Epochen erfolgt. Da die Neuordnung auf Grund der Initialisierung unter Berücksichtigung des groben Vorwissens über die Struktur der Daten als Linie erfolgt und die eSOM während des Lernens direkt in die Konvergenzphase übergehen kann, sollte eine Reduzierung der Epochenzahl möglich sein. Abbildung 3.9h zeigt, dass das gewünschte Ergebnis für die Initialisierung der eSOM als Linie entsprechend Abbildung 3.9g und einer Epochenanzahl von e_{max} = 2 erreicht wird. Auch die Anzahl an Stimulusvektoren je Epoche kann für dieses Beispiel zusätzlich reduziert werden. Abbildung 3.9i zeigt, dass die Reduzierung auf $s = |\mathcal{D}|/4$ noch zu einen guten Ergebnis führt, wohingegen gemäß Abbildung 3.9j ein Wert von $s = |\mathcal{D}|/8$ bereits stärkere Abweichungen vom gewünschten Resultat zur Folge hat.

Die vorangegangenen Betrachtungen verdeutlichen, dass die Anwendung einer SOM für die Posenbestimmung einiger Berücksichtigungen bedarf. Die Wahl der Topologie ist für die Datenrepräsentation entscheidend und sollte sich aus einer Verschmelzung von ein- und zweidimensionalen Topologien ergeben. Zudem kann die Effizienz des Lernens mit Hilfe einer vorwissensbedingten Reduzierung der Epochenanzahl und des Nachbarschaftsradius gesteigert werden.

Eine SOM mit einem zeitunabhängigen Nachbarschaftsradius und einer vereinfachten Nachbarschaftsgewichtungsfunktion wurde bereits von Haker et al. auf das Problem der Posenbestimmung des menschlichen Oberkörpers anhand der Daten einer Time-of-Flight Kamera angewandt [39]. Die Nachbarschaftsgewichtungsfunktion ist durch

$$h(i) = \begin{cases} 1 & \text{falls} \quad i = z \\ \frac{1}{2} & \text{sonst} \end{cases} \qquad (3.20)$$

definiert und der Nachbarschaftsradius wird auf $\delta = 1$ festgelegt. Die Nachbarschaft $\mathcal{N}_z$ des Erregungszentrums z enthält folglich alle direkten Nachbarknoten von z; alle mit z adjazenten Neuronen. Sie kann im Vorfeld für jeden Knoten j berechnet werden und ist als

$$\mathcal{N}_j = \{i \mid i \in \{1,...,N\} \wedge i \neq j \wedge d_T(j,i) = 1\} \qquad (3.21)$$

definiert. Hierbei bezeichnet $d_T(j,i)$ den kürzesten Weg zwischen den Knoten j und i innerhalb der Topologie. Auch diese Änderung bewirkt unter anderem, dass das gesamte

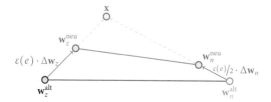

Abbildung 3.10: Adaptionsschritt des Gewichtsvektors des Erregungszentrums $\mathbf{w}_z^{\text{alt}}$ (○) und eines direkten Nachbarknotens $\mathbf{w}_n^{\text{alt}} \in \mathcal{N}_z$ (○) auf Grund der Präsentation des Stimulusvektors $\mathbf{x}$ (○) nach dem Lernmodell der sSOM. Die Kante zwischen den beiden Knoten (–) ist für ein besseres Verständnis mit visualisiert. Das Resultat wird in Form der neuen Gewichtsvektoren $\mathbf{w}_z^{\text{neu}}$ (○) und $\mathbf{w}_n^{\text{neu}}$ (○) sowie deren verbindende Kante (–) repräsentiert.

Verfahren effizienter wird, wie aus den vorherigen Untersuchungen abgeleitet werden kann. Die Übernahme dieser beiden Vereinfachungen in das Lernmodell der eSOM führt zur Definition der in dieser Arbeit für die Posenbestimmung genutzten sSOM.
Die Bestimmung des Erregungszentrums z erfolgt weiterhin mit Hilfe der Gleichung

$$\mathbf{w}_z = \arg\min_{\mathbf{w}_k} \|\mathbf{x} - \mathbf{w}_k\|_2 \, , \quad k = 1, \dots, N \ . \tag{3.22}$$

Die Anpassung von z erfolgt mit Hilfe der Gleichung

$$\mathbf{w}_z^{\text{neu}} = \mathbf{w}_z^{\text{alt}} + \Delta\mathbf{w}_z \tag{3.23}$$
$$= \mathbf{w}_z^{\text{alt}} + \varepsilon(e) \cdot \left(\mathbf{x} - \mathbf{w}_z^{\text{alt}}\right) \ . \tag{3.24}$$

Die Anpassung der Nachbarn $i \in \mathcal{N}_z$ ist gegeben durch

$$\mathbf{w}_i^{\text{neu}} = \mathbf{w}_i^{\text{alt}} + \Delta\mathbf{w}_i \tag{3.25}$$
$$= \mathbf{w}_i^{\text{alt}} + \frac{\varepsilon(e)}{2} \cdot \left(\mathbf{x} - \mathbf{w}_i^{\text{alt}}\right) \ . \tag{3.26}$$

Das gesamte Lernmodell der sSOM ist in Pseudocode 4 zusammengefasst. Es ist zu beachten, dass eine Initialisierung auf Basis von Vorwissen, wie die ungefähre Struktur der Daten, eine Bedingung für das erfolgreiche Lernen innerhalb weniger Epochen unter Verwendung eines geringen Nachbarschaftsradius' notwendig ist beziehungsweise dieses begünstigt. Ein einzelner Adaptionsschritt des Gewichtsvektors des Erregungszentrums $\mathbf{w}_z$ und eines direkten Nachbarknotens $\mathbf{w}_n \in \mathcal{N}_z$ an einen Stimulusvektor $\mathbf{x}$ ist in Abbildung 3.10 dargestellt. Beide Gewichtsvektoren werden in Richtung des Stimulusvektors verschoben.

Pseudocode 4 : Lernmodell der sSOM.

Eingabe : Eine SOM S mit einer anwendungsspezifischen Topologie $\mathcal{T}$, die initiale Lernrate $\varepsilon_{\mathrm{ini}}$, die finale Lernrate $\varepsilon_{\mathrm{fin}}$, die Anzahl an Epochen $e_{\max}$, Anzahl an Stimulusvektoren je Epoche s und die Datenmenge $\mathcal{D}$.

Ausgabe : Die Gewichtsvektoren $\mathbf{w}_i$ der SOM, die in Verbindung mit der Topologie die Datenmenge repräsentieren.

Bestimmung der Nachbarschaft $\mathcal{N}_i$ für alle Neurone mit Gleichung 3.21;
Initialisierung der Gewichtsvektoren (als zufällige Datenvektoren aus $\mathcal{D}$ oder auf Basis von Vorwissen);
for ($e = 1 : e_{\max}$) **do**
    Berechnung der Lernrate $\varepsilon(e)$ mit Gleichung 3.19;
    for ($u = 1 : s$) **do**
        Wählen eines zufälligen Stimulusvektors $\mathbf{x}$ aus $\mathcal{D}$;
        Bestimmung des Erregungszentrums z mit Gleichung 3.22;
        Adaption des Gewichtsvektors von z mit Gleichung 3.24;
        Adaption der Gewichtsvektoren der Nachbarschaft $\mathcal{N}_z$ mit Gleichung 3.26;
    end
end

3.2.2 Bestimmung der Pose der menschlichen Hand

In diesem Abschnitt wird die zuvor in Abschnitt 3.2.1 definierte sSOM auf das Problem der Posenbestimmung der Hand angewendet. Als Ziel gilt die Bestimmung der einfachen Handpose (eHP), die hier gemäß der Definition aus Abschnitt 2.1.2 aus der Position und Orientierung der Hand sowie der Position der Fingerspitzen der ausgestreckten Finger und des Mittelpunktes der Handfläche besteht.
Nach der Präsentation einer anwendungsspezifischen Topologie erfolgt die Vorstellung stabilisierender, robustheitsfördernder Kontroll- und Korrekturmechanismen zur Verbesserung der Posenbestimmung. Im Folgenden wird davon ausgegangen, dass die Punktwolke $\mathcal{H}$ der Hand bereits aus der mit Hilfe von Tiefenbildkameras bestimmten Gesamtszene extrahiert vorliegt.

Eine der grundlegendsten Vereinfachungen bei der Verwendung einer SOM ist die Vernachlässigung der dreidimensionalen palmar-dorsalen Ausdehnung der Hand beziehungsweise der Finger. Die SOM lernt mit ihrer Topologie stets die sichtbaren Datenpunkte der Hand. Sie repräsentiert beispielsweise bei einer offenen, mit der Handfläche zur Kamera gerichteten Hand die Pose in der Handfläche. Die gelernte Pose oder spezieller die Position der Hand entspricht in diesem Fall der Position der Handfläche. Diese Vereinfachung führt zu einer erheblichen Rechenentlastung im Gegensatz zu anderen Verfahren wie beispielsweise dem von Tagliasacchi et al. [11].

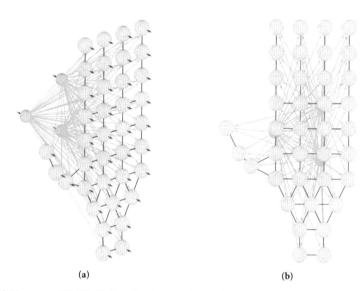

(a)   (b)

Abbildung 3.11: sSOM für die Posenbestimmung der Hand mit einer handähnlichen Topologie als Seitenansicht (a) und Frontalansicht (b) bestehend aus 38 Neurone in der Ausgabeschicht ( ). Die Eingabeschicht besteht aus drei Neuronen ( ), da die sSOM zum Lernen der dreidimensionalen Datenpunkte der Hand genutzt wird.

Für die Posenbestimmung der Hand findet eine sSOM bestehend aus 41 Neuronen Verwendung. Drei Neurone entfallen auf die Eingabeschicht, da die Punktwolke der Hand aus dreidimensionalen Datenvektoren besteht. Die restlichen 38 Neuronen bilden eine handähnliche Topologie entsprechend Abbildung 3.11. In Abbildung 3.11b ist die Frontalansicht auf die für die Posenbestimmung der linken Hand genutzten Topologie abgebildet. Die Nachbildung der Handfläche erfolgt mit einem 4 × 4 Gitter aus Neuronen. An dessen unterer Reihe ist eine zweischrittige Verjüngung, gebildet aus einer Reihe bestehend aus drei Neuronen gefolgt von einem 2 × 2 Gitter für die Repräsentation der unteren Handfläche und Teile des Unterarms, angebracht. Der Daumen wird von einer Kette aus drei Neuronen gebildet und ist radial der unteren beiden Reihen aus Neuronen der Handfläche angeordnet. Die Knoten entsprechen der Fingerspitze (englisch fingertip (TIP)) und den Gelenken des Daumens; dem Fingergrundgelenk (Metacarpophalangealgelenk oder lateinisch Articulatio metacarpophalangealis (MCP)) und dem Fingerendgelenk (distales Interphalangealgelenk oder lateinisch Articulatio interphalangealis distalis (DIP)). Die vier Finger sind distal an der Handfläche angebracht, wobei die obere Reihe aus Neuronen der Handfläche den MCPs entsprechen und jeder Finger aus einer damit verbundenen Kette von drei Neuronen besteht. Proximal beginnend repräsentieren die einzelnen Kno-

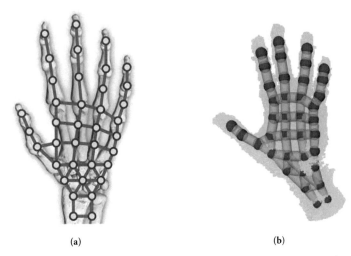

(a)   (b)

Abbildung 3.12: (a) Angestrebte Verteilung der Knoten beziehungsweise Gewichtsvektoren der sSOM (O) in Bezug auf das Skelett der Hand. Es ist zu beachten, dass für die Positionen der einzelnen Knoten der Finger auf Grund des Lernmodells der sSOM nicht die korrespondierenden Positionen der Gelenke erwartet werden können. (b) Mit Hilfe der sSOM bestimmte Pose der Hand. Es sind die 3D-Daten der Hand (⬤), die Gewichtsvektoren der sSOM (●) und zur besseren Veranschaulichung die durch die Adjazenzmatrix definierten Verbindungen zwischen den einzelnen Knoten als leicht transparente Zylinder (▬) visualisiert.

ten das Fingermittelgelenk (proximales Interphalangealgelenk oder lateinisch Articulatio interphalangealis proximalis (PIP)), das DIP und die TIP. Für eine bessere Zuordnung der einzelnen Neuronen zu den entsprechenden Merkmalen der Hand ist die angestrebte Verteilung der Gewichtsvektoren der sSOM in Abbildung 3.12a visualisiert.

Eine sSOM mit dieser Topologie ist bei Verwendung des in Pseudocode 4 skizzierten Lernmodells und der maximalen Epochenanzahl $e_{max} = 2$, der initialen Lernrate $\varepsilon_{ini} = 0,1$ und der finalen Lernrate $\varepsilon_{fin} = 0,01$ in der Lage, die Pose der Hand auf Basis der 3D-Daten korrekt zu bestimmen, wenn sie beispielsweise in jeder Epoche mit allen Datenpunkten der Hand stimuliert wird. Abbildung 3.12b und die Abbildungen 3.13a bis 3.13c zeigen die korrekt erlernten Posen der linken Hand, dargestellt in der Form von als Knotenpositionen interpretierten Gewichtsvektoren und den sich aus der Topologie ergebenen Verbindungen zwischen den Knoten. Hier sei auf die Konvention hingewiesen, dass je nach Kontext die Begriffe sSOM und Topologie synonym für die Gewichtsvektoren und die Verbindungen zwischen diesen beziehungsweise die Interpretation der Gewichtsvektoren als Knotenpositionen genutzt werden. Qualitative Analysen zeigen, dass es einige Problemfälle geben kann, in denen die Gewichtsvektoren nicht korrekt erlernt werden.

Um solche Situationen zu detektieren respektive das Lernergebnis zu korrigieren und die Robustheit sowie Genauigkeit zu erhöhen, werden nachfolgend sieben Kontroll- und Korrekturmechanismen situationsspezifisch präsentiert.

Im Gegensatz zur zufälligen *Initialisierung* der Gewichtungsvektoren erfolgt diese im ersten Bild durch die Anordnung der Gewichtsvektoren gemäß Abbildung 3.12a und einer Skalierung der dadurch repräsentierten Handlänge, als Abstand der Fingerspitze des Mittelfingers bis zur unteren Reihe des 2 × 2 Gitters, auf 25 cm. Ferner wird die sSOM in den Mittelpunkt der 3D-Handdaten geschoben und gegebenenfalls um die z-Achse der Kamera entsprechend des mit Hilfe des Verfahrens für die Handdetektion aus Abschnitt 2.3 ermittelten Rotationswinkels rotiert. Das Lernen der sSOM erfolgt für jedes Kamerabild und erlaubt somit die zeitliche Analyse der Handposen sowie die Nutzung der Pose aus einem vorherigen Bild als Vorwissen für das aktuelle Bild. Für aufeinanderfolgende Bilder ergibt sich als Initialisierungsschritt beispielsweise die Übernahme der Pose, welche durch die Gewichtsvektoren aus dem vorherigen Bild definiert wird.

Es gibt Situationen, in denen das Lernergebnis der sSOM unrealistische Posen repräsentiert. Abbildung 3.13d und Abbildung 3.13e zeigen ein beispielhaftes Resultat, in dem der Knoten der Fingerspitze eines Fingers in den Daten eines benachbarten Fingers liegt. Da im Normalfall die Länge der Hand- und Fingerknochen einige cm nicht übersteigt, lassen sich aus anatomischen Gründen diese und ähnliche Situationen mit Hilfe einer *Distanzbeschränkung* zwischen adjazenten Knoten vermeiden. Nach jedem kompletten Lernschritt inklusive der Anpassung der Nachbarknoten erfolgt ein Vergleich der euklidischen Distanz zwischen dem Erregungszentrum und seines sogenannten Ankers mit einem Schwellenwert γ. Sollte dieser überschritten werden, wird eine Verschiebung des Erregungszentrums z in Richtung des Ankers vorgenommen, bis die Distanz dem Schwellenwert entspricht; es erfolgt eine Anpassung des Gewichtsvektors von z. Als Anker a von z ist der Knoten definiert, der auf einem kürzesten Pfad innerhalb der Topologie von z zu dem das Handzentrum repräsentierenden Knoten der direkte Nachbar von z ist. Wie in Abbildung 3.13e beispielhaft dargestellt, ist der Ankerknoten zur Fingerspitze des Zeigefingers, der Knoten der Topologie, der das DIP des Zeigefingers repräsentiert. Die Korrektur des Gewichtsvektors von z basiert auf der Gleichung

$$\mathbf{w}_z^{kor} = \mathbf{w}_a^{neu} + \gamma \cdot \frac{\mathbf{w}_z^{neu} - \mathbf{w}_a^{neu}}{\left\| \mathbf{w}_z^{neu} - \mathbf{w}_a^{neu} \right\|_2} \tag{3.27}$$

mit $\mathbf{w}_z^{kor}$ als korrigierten Gewichtsvektor, den Gewichtsvektoren $\mathbf{w}_z^{neu}$ und $\mathbf{w}_a^{neu}$ direkt nach dem Lernschritt und dem Schwellenwert γ. Der sich im Falle einer Korrektur ergebene Lernschritt des Erregungszentrums ist in Abbildung 3.14 illustriert. Die Distanzüberprüfungen und -korrekturen der Finger erfolgen beginnend beim proximalen Fingerknochen bis hin zum distalen Fingerknochen. Abbildung 3.13f zeigt das sich aus der in Abbildung 3.13e schematisch dargestellten Situation durch die Distanzbeschränkung ergebene Resultat, bei dem der Gewichtsvektor $\mathbf{w}^z$ des Knotens der Fingerspitze des Zeigefingers

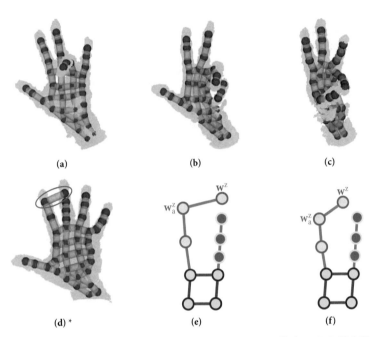

Abbildung 3.13: (a)-(c) Korrekt erlernte Posen der linken Hand mit Hilfe der sSOM. (d) Fehlerhaft erlernte Pose der linken Hand, bei der Knoten der Fingerspitzen falsch positioniert werden. Entsprechende Fehler können mit Hilfe der Distanzüberprüfung zwischen den Knoten detektiert und behoben werden. (e) Schematische Darstellung der gelernten Pose aus (d). (f) Situation nach der Distanzkorrektur der Ergebnisses aus (e).
* Zum Erstellen dieser Grafiken wurden die Korrekturmechanismen deaktiviert.

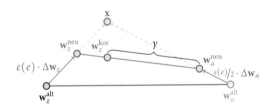

Abbildung 3.14: Schwellenwertabhängige Distanzkorrektur zwischen dem Erregungszentrum z und seines Ankers a auf Grund der anatomisch normalen Längen der Hand- und Fingerknochen von wenigen cm. Die Kante (–) zwischen den beiden Knoten beziehungsweise Gewichtsvektoren $\mathbf{w}_z^{alt}$ (⊙) und $\mathbf{w}_a^{alt}$ (⊙) ist für ein besseres Verständnis mit visualisiert. Das Resultat wird durch die neuen Gewichtsvektoren $\mathbf{w}_a^{korr}$ (⊙) und $\mathbf{w}_a^{neu}$ (⊙) sowie der verbindenden Kante (–) repräsentiert.

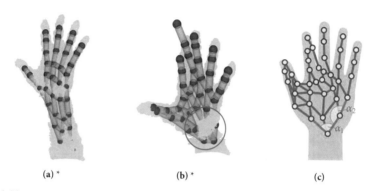

(a) *   (b) *   (c)

Abbildung 3.15: (a) Fehlerhaft erlernte Pose der linken Hand, bei der die Knoten der Handfläche teilweise in die Daten des Unterarms wandern. Entsprechende Fehler können mit Hilfe der Distanzüberprüfung zwischen den Knoten detektiert und behoben werden. (b) Fehlerhaft erlernte Pose der linken Hand, bei der die sSOM um 90° rotiert in den Daten liegt. (c) Detektion des Fehlers aus (b) mit Hilfe der Überprüfung der Winkel α_1 und α_2 zwischen den adjazenten ulnaren Kanten des Teils der Topologie, der die Handfläche repräsentiert.
* Zum Erstellen dieser Grafiken wurden die Korrekturmechanismen deaktiviert.

an den Gewichtsvektor seines Ankers $\mathbf{w}_a^z$ angepasst wurde. Diese Maßnahme sorgt für korrekte Lernergebnisse im Folgebild.
Eine weitere Fehlerquelle bildet die Extraktion der Punktwolke der Hand. Ist diese nicht ganz korrekt und es sind beispielsweise viele Daten des Unterarms vorhanden, kann es, wie in Abbildung 3.15a gezeigt, zu einem Auseinanderziehen der sSOM kommen. Entsprechende Situationen werden durch die Distanzbeschränkungen eingedämmt.

Es gibt Bewegungsabfolgen, wie das schnelle Schütteln der geschlossenen Hand, für die die sSOM nicht in der Lage ist, die korrekte Pose der Hand zu erlernen und beispielsweise um 90° rotiert in den Daten konvergiert. Diese Situation wird in den Abbildungen 3.15b und 3.15c illustriert. Eine Möglichkeit diesen Fehler zu detektieren ist die *Überprüfung der Winkel α_1 und α_2 zwischen den adjazenten ulnaren Kanten der Topologie*; die Kanten, die den ulnaren Teil der Handfläche repräsentieren. Sollte ein Winkel kleiner 90° auftreten, so erfolgt eine Neuinitialisierung der sSOM gemäß des zuvor beschriebenen Initialisierungsschrittes.

Einen weiteren Fehlerfall zeigen Abbildungen 3.16a und als schematischen Ausschnitt 3.16b. Es gibt Situationen, in denen die Gewichtsvektoren der Neuronen, hier $\mathbf{w}^k$ des kleinen Fingers, Positionen außerhalb der Daten repräsentieren und offensichtlich fehlerhaft sind. Diese Fehler werden durch die sSOM nach einigen Bildern selbst korrigiert und sind somit auf die geringe Anzahl an Epochen von $e_{max} = 2$ zurückzuführen. Da das Gesamtverfahren für die Posenbestimmung jedoch möglichst effizient arbeiten soll und eine Erhöhung von e_{max} dem entgegenwirkt, wird ein *Test auf Ausreißer*, Knoten, die nicht innerhalb der Punktwolke der Hand liegen, eingeführt. Dieser erfolgt für alle Knoten, greift dadurch allgemeiner und erfasst zudem Fälle, in denen die sSOM allein die Korrektur auch nach mehreren Bildern nicht von selbst lernen würde. Zu diesem Zweck wird ein sogenanntes binäres Maskenbild mit der Auflösung der Kamera erstellt, in dem ein Pixel den Wert Eins erhält, sollte sein korrespondierender Pixel im Tiefenbild der Kamera zu einem Punkt der Punktwolke der Hand gehören. Im anderen Fall erhält der Pixel den Wert Null. Die Überprüfung eines Knotens erfolgt durch die Rückprojektion seiner durch den korrespondierenden Gewichtsvektor repräsentierten Position in die 2D Bildebene der Kamera anhand des entsprechenden Kameramodells und des Vergleichs mit dem Wert des Maskenbildes an der durch die 2D Position des Knotens gegebenen Position. Sollte der Knoten innerhalb der Daten der Hand liegen, werden keine Korrekturen vorgenommen. Im Falle eines Ausreißers, hier $\mathbf{w}^k$ des kleinen Fingers, wird dieser entsprechend Gleichung 3.27 bis auf $\gamma = 0.5$ cm in Richtung seines Ankers, in diesem Fall $\mathbf{w}_a^k$ des kleinen Fingers, verschoben. Die dadurch entstehende Situation wird in Abbildung 3.16c illustriert. In Kombination mit der Distanzbeschränkung erfolgt die Korrektur der Posen innerhalb weniger Bilder. Dieser Mechanismus wird weiterhin um den Vergleich des Distanzwertes des zu der sich aus der Rückprojektion ergebenen Bildkoordinate korrespondierenden Datenpunktes mit dem Distanzwert des Gewichtsvektors ergänzt. Sollte die betragsmäßige Differenz beider einen entsprechenden Schwellenwert von 5 cm überschreiten, erfolgen ebenfalls die eben präsentierten Korrekturen in Form der Verschiebung des Gewichtsvektors in Richtung seines Ankers.

Sollte es trotz dieses Korrekturmechanismus dazu kommen, dass ein Knoten für mehrere Bilder hintereinander als Ausreißer gilt, so deutet dies auf eine grob falsche Pose hin, was zu einer Neuinitialisierung der sSOM gemäß des zuvor beschriebenen Initialisierungsschrittes führt.

In Fällen, in denen beispielsweise benachbarte Finger sehr nah beieinander schnelle Bewegungen vollführen, kann es dazu kommen, dass die entsprechenden Knoten und Kanten der sSOM im Lernergebnis, wie Abbildung 3.16d zeigt, überkreuzt sind. Die schematische Darstellung in Abbildung 3.16e verdeutlicht die Situation der sogenannten *überkreuzenden Finger* anhand des Zeige- und Mittelfingers. Eine Feststellung dieses Fehlers erfolgt über die Überprüfung der radialen Winkel zwischen den distalen Kanten des Teils der Topologie, der die Handfläche repräsentiert und der jeweils adjazenten proximalen Fingerknochen repräsentierenden Kanten. Im illustrierten Beispiel bezeichnen α^z und α^m die entsprechenden Winkel des Zeige- beziehungsweise Mittelfingers. Die Finger sind überkreuzt, sollte α^z größer als α^m sein. Diese Situation kann durch die Ungleichung

$$\alpha^z > \alpha^m \tag{3.28}$$

$$\Leftrightarrow \quad \frac{\left(\mathbf{w}^z - \mathbf{w}_a^z\right)^{\mathrm{T}} \cdot \left(\mathbf{w}_a^z - \mathbf{w}_a^m\right)}{\left\|\mathbf{w}^z - \mathbf{w}_a^z\right\|_2} < \frac{\left(\mathbf{w}^m - \mathbf{w}_a^m\right)^{\mathrm{T}} \cdot \left(\mathbf{w}_a^z - \mathbf{w}_a^m\right)}{\left\|\mathbf{w}^m - \mathbf{w}_a^m\right\|_2} \tag{3.29}$$

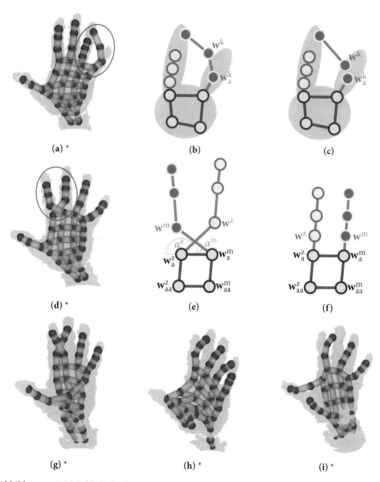

Abbildung 3.16: (a) Fehlerhaft erlernte Pose der linken Hand mit Hilfe der sSOM, bei der die Fingerspitze des kleinen Fingers in die Daten des Ringfingers wandert und das Nachbarneuron zum Ausreißer wird. (b) Schematische Darstellung zu (a). (c) Situation nach der Korrektur; dem Zurückziehen des Ausreißers $\mathbf{w}^k$ in Richtung seines Ankers $\mathbf{w}_a^k$. (d) Fehlerhaft erlernte Pose der linken Hand mit Hilfe der sSOM bei der die erlernten Positionen der Neurone des Zeige- und Mittelfingers fälschlicherweise ein Überkreuzen beider Finger repräsentieren. (e) Schematische Darstellung zu (d). (e) Situation nach der Korrektur des Lernergebnisses aus (e). (g) - (h) Beispielhafte Posen, die bei Detektion eine Neuinitialisierung zur Folge haben.

* Zum Erstellen der Grafiken wurden die Korrekturmechanismen deaktiviert.

beschrieben werden. Sowohl in dieser Ungleichung als auch in Abbildung 3.16e bezeichnen $\mathbf{w}^z$ und $\mathbf{w}^m$ jeweils die Gewichtsvektoren der Neurone der jeweiligen DIPs, $\mathbf{w}_a^z$ und $\mathbf{w}_a^m$ die Gewichtsvektoren der entsprechenden Anker, in diesem Fall die der MCPs, und $\mathbf{w}_{aa}^z$ und $\mathbf{w}_{aa}^m$ die Gewichtsvektoren der Anker der Anker. Diese Ungleichung kann bei Bedarf mit Hilfe eines Offsets etwas aufgeweicht werden, um ein leichtes, in der Realität auftretendes Überkreuzen der Finger zu erlauben. In den Fällen der Fehlerdetektion erfolgt eine Neupositionierung der Knoten beider Finger beginnend vom DIP bis zum PIP entsprechend Abbildung 3.16f. In einem ersten Schritt ergibt sich beispielhaft der neue Wert des Gewichtsvektors $\mathbf{w}^z$ des das DIP des Zeigefingers repräsentierenden Neurons aus der Anwendung der Gleichung

$$\mathbf{w}^z = \mathbf{w}_a^z + \gamma \cdot \frac{\mathbf{w}_a^z - \mathbf{w}_{aa}^z}{\left\| \mathbf{w}_a^z + \mathbf{w}_{aa}^z \right\|_2} \tag{3.30}$$

mit einer Distanz von 1,0 cm für γ.

Trotz der zuvor beschriebenen Maßnahmen gibt es Situationen, in denen die sSOM eine falsche oder gar unrealistische Pose erlernt. Um entsprechende Vorkommen zu reduzieren, werden zwei weitere Mechanismen zur Hilfe herangezogen. Zum einen erfolgt ein Vergleich des Betrages des Winkels zwischen den mit der in Abschnitt 2.5.1 vorgestellten PCA berechneten ersten *Hauptkomponenten* der Punktwolke der Hand und der aktuellen Gewichtsvektoren der sSOM mit einem Schwellenwert von 60°. Ein Überschreiten des Wertes hat eine Neuinitialisierung der sSOM gemäß des zuvor beschriebenen Initialisierungsschrittes zur Folge. Die Abbildungen 3.17a und 3.17b zeigen drei unterschiedlich positionierte und rotierte Punktwolken der offenen Hand, die mit der sSOM bestimmten Posen und die korrespondierenden Hauptkomponenten. Für den Fall einer korrekt erlernten Pose liegt der Betrag der Winkel zwischen den ersten Hauptkomponenten deutlich unter dem zuvor definierten Schwellenwert.

Für einen anderen Teil dieser Fälle, der nicht mit Hilfe der PCAs detektiert werden kann, wird sich die Erkennung statischer Handgesten zu Nutze gemacht, die als eine Anwendung der Posenbestimmung in Abschnitt 3.2.3 ausführlich beschrieben wird. Es erfolgt die Definition einer Kategorie von *Reset-Gesten*, von denen drei beispielhaft in den Abbildungen3.16g bis 3.16i dargestellt sind und deren Erkennung ebenfalls zu einer Neuinitialisierung der sSOM im Folgebild gemäß des zuvor beschriebenen Initialisierungsschrittes führt.

Die komplette eHP ergibt sich zum einen direkt aus der mit Hilfe der zuvor beschriebenen Anwendung der sSOM auf das Problem der Handposenbestimmung ermittelten Positionen beziehungsweise Gewichtsvektoren der einzelnen Knoten und zum anderen aus dem Mittelwert der Gewichtsvektoren aller die Handfläche repräsentierenden Knoten. Ferner erfolgt die Bestimmung der Orientierung der Hand durch die Berechnung des Mittelwerts der vier Handflächenvektoren, die sich jeweils aus dem Differenzvektor der Gewichtsvektoren der distalen und dorsalen die Handfläche repräsentierenden Knoten der jeweils dorsal-distal verlaufenden Gitterlinien der Topologie ergeben.

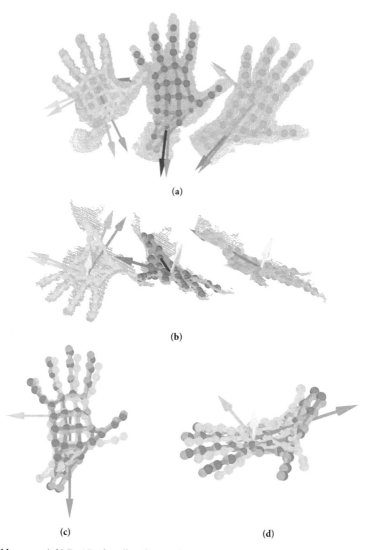

(a)

(b)

(c)   (d)

Abbildung 3.17: (a,b) Drei Punktwolken der Hand in verschiedenen Posen (●) im selben Koordinatensystem und die mit Hilfe der sSOM bestimmten Posen (●, ●, ●). Weiterhin sind die drei Hauptkomponenten der Daten (–) sowie die zu den Posen korrespondierenden Hauptkomponenten (–,–,–) dargestellt. (c,d) Darstellung der mittelwertbefreiten und in das PCA-Koordinatensystem transformierten Posen der Hand.

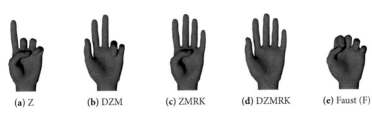

(a) Z   (b) DZM   (c) ZMRK   (d) DZMRK   (e) Faust (F)

Abbildung 3.18: Beispiele für definierte statische Handgesten.

3.2.3 Handgestenerkennung

Dieser Abschnitt beschäftigt sich mit der Erkennung von Gesten anhand der mit Hilfe der sSOM bestimmten eHPs. Es folgt eine Definition des Begriffs Handgeste sowie die Differenzierung zwischen statischen und dynamischen Handgesten. Als Grundlage dienen das Konzept der PCA aus Abschnitt 2.5.1 für die Korrelationsbefreiung der Handposen sowie die Methode der SVM aus Abschnitt 2.5.2 für die Klassifizierung der Gesten.

Im Rahmen dieser Arbeit werden die mit der sSOM bestimmten eHPs in statische Handgesten unabhängig von ihrer aktuellen Position und Orientierung sowie ohne Berücksichtigung vorheriger Posen gruppiert. Die Einteilung erfolgt anhand der Positionen der Fingerspitzen in Bezug auf das Handzentrum beziehungsweise der ausgestreckten Finger. In Abbildung 3.18 sind beispielhaft fünf der insgesamt 30 definierten Handgesten dargestellt. Die Bezeichnung erfolgt anhand der Anfangsbuchstaben der ausgestreckten Finger beginnend beim Daumen, über den Zeigefinger bis hin zum kleinen Finger. In dem in Abbildung 3.18c präsentierten Fall sind Zeige-, Mittel-, Ringfinger und der kleine Finger ausgestreckt, was zu der Bezeichnung ZMRK führt. Eine vollständige Abbildung aller definierten Handgesten ist in Abschnitt A.3 zu finden.

Dynamische Handgesten hingegen werden auf zwei Arten definiert. Zum einen kann eine festgelegte zeitliche Abfolge von statischen Handgesten als dynamische Handgeste interpretiert werden. Ein entsprechendes Beispiel ist der Wechsel von der DZMRK Geste zur geschlossenen Hand beziehungsweise Faust, welcher als die dynamische Geste „Schließen der Hand" definiert werden kann. Zum anderen ist es möglich, die zeitliche Abfolge von Position und Orientierung der Hand als dynamische Handgeste aufzufassen. Ein Beispiel wäre die Interpretation der Änderung der horizontalen Position der Hand in Richtung Kamera um eine bestimmte Distanz als „Push" oder „Stopp" Geste. Auch die Kombination von statischen und dynamischen Handgesten ist denkbar. Im Rahmen dieser Arbeit werden lediglich Verfahren für die Detektion von statischen Handgesten vorgestellt. Das Erkennen von dynamischen Gesten erfolgt spezifisch für die in Kapitel 7 präsentierten Anwendungen.

Die Detektion von statischen Handgesten erfolgt mit Hilfe einer SVM, die mit klassenbeziehungsweise gestenspezifischen Handposen trainiert wird. Hierbei wird auf die in der Open Source Computer Vision Programmbibliothek (OpenCV) enthaltenen Realisierung einer SVM[1] für die n-Klassen-Klassifizierung unter Verwendung des RBF-Kernels mit der radialen Basisfunktion

$$k(\mathbf{x},\mathbf{y}) = e^{-\gamma\|\mathbf{x}-\mathbf{y}\|^2} \quad \text{mit} \quad \gamma > 0 \tag{3.31}$$

zurückgegriffen, die gegebenenfalls eine nicht perfekte Separation der Klassen toleriert. Im Falle der eHPs stehen als Information lediglich die dreidimensionalen Positionen der einzelnen Gewichtsvektoren der mit der sSOM bestimmten Posen zur Verfügung. Abbildung 3.17a zeigt drei unterschiedliche, die offene Hand repräsentierende eHPs, die zur Klasse DZMRK gehören. Es ist offensichtlich, dass für die Klassifikation statischer Gesten sowohl die Position als auch die Orientierung der Hand irrelevant sind. Aus diesem Grund erfolgen die für dieses Beispiel in Abbildung 3.17c und Abbildung 3.17d gezeigten Positions- und Korrelationsbefreiungen der Handposen auf Basis einer Mittelwertbefreiung und der Transformation der Gewichtsvektoren in das sich aus einer PCA auf den Gewichtsvektoren ergebenen Hauptkomponentenkoordinatensystems. Das Training der SVM erfolgt mit Ausnahme der Reset Geste mit rund 20 beispielhaften Posen je definierter Handgeste.

3.2.4 Bestimmung der Pose des menschlichen Körpers

In diesem Abschnitt erfolgt die Anwendung der in Abschnitt 3.2.1 präsentierten sSOM auf das Problem der Bestimmung der gemäß Abschnitt 2.1.3 definierten eKPs. Diese enthalten als Informationen die Position und Orientierung des Körpers sowie die Positionen definierter Körpermerkmale wie Hände, Ellbogen, Schultern oder Kopf. Im Folgenden wird davon ausgegangen, dass die Punktwolke $\mathcal{H}$ der Hand bereits aus der mit Hilfe von Tiefenbildkameras bestimmten Gesamtszene extrahiert vorliegt.

Das Verfahren für die Posenbestimmung des menschlichen Körpers entspricht im Großen und Ganzen dem der Posenbestimmung der Hand aus Abschnitt 3.2.2 unter der Nutzung der in Abbildung 3.19 dargestellten anwendungsspezifischen Topologie. Um die durch die Punktwolke des Körpers beschriebene Oberfläche möglichst großflächig abzudecken, finden 24 in einer 4×6 Gitterstruktur angeordnete Neurone für die Abdeckung des Oberkörpers Verwendung. Der Hals- und Kopfbereich wird mit Hilfe von vier, ebenfalls ein Gitter bildenden Neuronen repräsentiert und ist mit dem kranialen Teil des Oberkörpergitters verbunden. Das Nachbilden der Gliedmaßen erfolgt jeweils mit einer Kette aus sechs Neuronen für die Beine und sieben Neuronen für die Arme, die jeweils mit zwei Kanten entsprechend kaudal beziehungsweise lateral an das Gitter des Oberkörpers angebracht sind. Der Unterschied rührt daher, dass entsprechend der Neutral-Null-Stellung

---

[1] https://docs.opencv.org/2.4/modules/ml/doc/support_vector_machines.html, Januar 2018

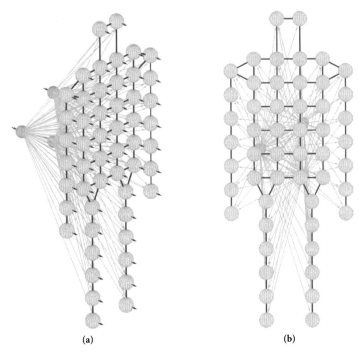

(a)   (b)

Abbildung 3.19: sSOM für die Posenbestimmung des Körpers mit einer körperähnlichen Topologie als Seitenansicht (a) und Frontalansicht (b) bestehend aus 54 Neuronen in der Ausgabeschicht (⊙). Die Eingabeschicht besteht aus drei Neuronen (⊙), da die sSOM zum Lernen der dreidimensionalen Datenpunkte des Körpers genutzt wird.

im aufrechten Stand mit gestreckten, seitlich am Körper angelegten Armen diese mit ausgestreckter Hand die Mitte des Oberschenkels erreichen und somit länger sind als der Oberkörper, dessen Höhe wiederum durch sechs Neurone nachgebildet wird. Ferner inkludiert die kaudale Neuronenreihe des Oberkörpers die Hüftpartie, wodurch sich die Anzahl an Knoten für die Beine um eins reduziert.

Abbildung 3.20a zeigt die erzielte Lage der Gewichtsvektoren in Bezug auf das Skelett des Körpers. Abbildung 3.20b zeigt ein beispielhaftes Resultat des Erlernens der Körperpose mit Hilfe der sSOM.

Ein Großteil der in Abschnitt 3.2.2 im Rahmen der Posenbestimmung der Hand vorgestellten Korrekturmechanismen beziehungsweise Modifikationen wurde für diese Anwendung übernommen. Die *Initialisierung* der Gewichtsvektoren erfolgt für das erste Bild entsprechend der Anordnung der Neurone innerhalb der Topologie, wie sie in Abbildung 3.19

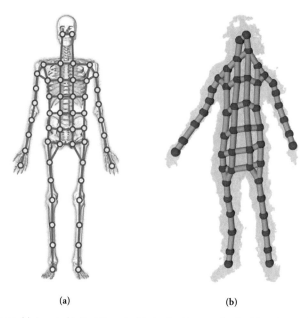

Abbildung 3.20: (a) Angestrebte Verteilung der Knoten beziehungsweise Gewichtsvektoren der sSOM (O) in Bezug auf das Skelett des menschliche Körpers. (b) Mit Hilfe der sSOM bestimmte Pose des Körpers. Es sind die 3D-Daten des Körpers (●), die Gewichtsvektoren der sSOM (●) und zur besseren Veranschaulichung die durch die Adjazenzmatrix definierten Verbindungen zwischen den einzelnen Knoten als leicht transparente Zylinder (‒) visualisiert.

dargestellt ist. Es erfolgt eine Skalierung der entsprechend angeordneten Gewichtsvektoren in der Art, das die Distanz zwischen den zu Kopf und Fuß korrespondierenden Knoten 1,5 m beträgt. Initial wird die sSOM in den Mittelpunkt der 3D-Punktwolke des Körpers verschoben. In allen nachfolgenden Bildern dient die zuvor erlernte Pose als Initialisierung.

Weiterhin erfolgt nach jedem Lernschritt der sSOM mit einem Datenpunkt die Prüfung der Distanz des Erregungszentrums zu seinem Ankerknoten mit einem Schwellenwert und eine eventuelle Verschiebung in dessen Richtung. Diese *Distanzbeschränkung* verhindert unter anderem, dass nach einer Abduktion der zuvor in der Neutral-Null-Stellung am Körper angelegten Arme, die den Arm nachbildenden Knoten teilweise im Körper verbleiben beziehungsweise zur Repräsentation seiner 3D-Datenpunkte dienen.

Nach jedem kompletten Lernen der sSOM mit den aus dem aktuellen Bild stammenden Daten werden die Gewichtsvektoren auf ihre Lage in Bezug zu der Punktwolke des

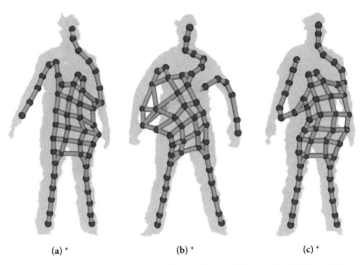

   (a) *   (b) *   (c) *

Abbildung 3.21: Beispielhafte Reset-Gesten, die zur Neuinitialisierung der sSOM im nächsten Bild führen.
* Zum Erstellen der Grafiken wurden die Korrekturmechanismen deaktiviert, da die entsprechenden Probleme anderenfalls nur in sehr seltenen Fällen auftreten.

Körpers mit Hilfe der Rückprojektion in das maskierte Kamerabild auf *Ausreißer* untersucht und diese gegebenenfalls in Richtung ihrer Anker verschoben. Sollten trotz dieser Mechanismen Ausreißer über mehrere aufeinander folgende Bilder auftreten, erfolgt die Neuinitialisierung der sSOM gemäß des zuvor beschriebenen Initialsierungsschrittes. Diese wird zudem durchgeführt, sollten trotz der vorherigen Mechanismen definierte eKPs auf Basis des nachfolgend in Abschnitt 3.2.5 vorgestellten Verfahren für die Erkennung von Körpergesten detektiert werden. Abbildung 3.21 zeigt beispielhaft drei solcher Körperposen.

Eine weitere Modifikation ist die Detektion einer sogenannten *Init-Geste* auf Basis der Posenbestimmung und Gestenerkennung für den menschlichen Körpers mit Hilfe der im nachfolgenden Abschnitt 3.3 vorgestellten gSOM. Als Init-Geste ist die eKP einer korrekt erlernten Neutral-Null-Stellung mit leicht in einem Winkel von rund 30° innerhalb der Frontalebene abduzierten Armen und etwa hüftbreit auseinander stehenden Beinen definiert. Die Init-Geste entspricht demnach der in Abbildung 3.20b gezeigten Pose, wird allerdings anhand der gSOM bestimmt. Im Falle der Erkennung dieser Körperpose mit der gSOM, werden die Werte der Gewichtsvektoren der jeweils zu den Händen, Ellbogen, Schultern, Hüften, Knien und Füßen korrespondierenden Neuronen direkt für die entsprechenden Gewichtsvektoren der sSOM übernommen. Eine Abbildung der

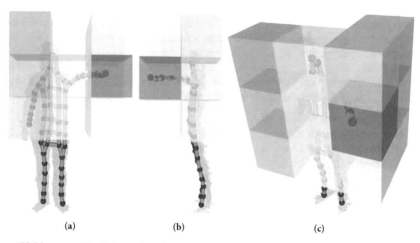

(a)   (b)   (c)

Abbildung 3.22: Visualisierung der Volumina in denen die linke Hand positioniert werden muss, um definierte statische Gesten mit dem linken Arm zu repräsentieren. Gezeigt ist ein horizontal nach vorn links ausgestreckter Arm. Das entsprechende Volumen ist rot (■) eingefärbt. (a) Frontalansicht. (b) Seitenansicht. (c) Ansicht schräg von links oben ausgehend von der Person.

Zuordnung der Gewichtsvektoren beider SOM-basierten Verfahren untereinander wird an gegebener Stelle in Abschnitt 3.3.4 präsentiert.

Die eKP ergibt sich direkt aus den Gewichtsvektoren der Neurone der sSOM. Die Position des Körpers im Raum ist definiert als der Mittelwert der Gewichtsvektoren aller den Oberkörper repräsentierenden Neurone. Die Orientierung ergibt sich aus dem Mittelwert der Vektoren zwischen den kranialen und den korrespondierenden kaudalen Knoten des Gitters errechnenden Orientierungsgesamtvektor.

3.2.5 Körpergestenerkennung

In diesem Abschnitt wird das Verfahren für die Bestimmung von Körpergesten anhand von eKP, die mit Hilfe des zuvor in Abschnitt 3.2.4 beschriebenen sSOM-Verfahrens bestimmt wurden, vorgestellt. Es werden hier lediglich statische Körpergesten bestrachtet; einer eKP wird eine definierte Geste zugeordnet beziehungsweise einer zuvor festgelegten Gruppe von Gesten zugeordnet. Die zeitliche Abfolge solcher Gesten führt zu sogenannten dynamischen Gesten wie zum Beispiel dem Winken mit einer Hand oder dem Ausführen einer Wisch-Bewegung.

Das prinzipielle Vorgehen wird dem Verfahren für die Detektion von Handgesten aus Abschnitt 3.2.3 entnommen. In einem ersten Schritt erfolgt die Befreiung der Gewichtsvektoren von deren Mittelwert, um eine von der Translation unabhängige Klassifikation zu ermöglichen. Die Rotationsunabhängigkeit wird in einem zweiten Schritt mit Hilfe der Transformation der Gewichtsvektoren in das durch die Hauptkomponenten einer zuvor auf den Gewichtsvektoren durchgeführten PCA aufgespannte Koordinatensystem realisiert.

Das weitere Vorgehen ist von der Art der zu detektierenden Geste abhängig. Es erfolgt eine Unterteilung in Gruppen von Gesten, die ausgehend von der Neutral-Null-Stellung des Körpers hauptsächlich durch die Bewegung einer Gliedmaße erreicht werden und bei denen sich das Körperzentrum nicht bewegt. Beispielhaft seien hier eine gehobene Hand oder ein seitlich abduziertes Bein erwähnt. Diese Gesten werden als Extremitätengesten bezeichnet. Die andere Gruppe beinhaltet die sogenannten Ganzkörpergesten, die durch die vollständige Bewegung des Körpers entstehen und somit Bewegungen im Oberkörper und des Körperzentrums einschließen. Ein Beispiel hierfür ist das Hocken oder das Halten einer lateralen Beugung des Oberkörpers mit ausgestreckten Armen. Die Klassifikation dieser Gesten erfolgt mit einer zuvor auf entsprechenden Daten trainierten SVM auf Basis aller Gewichtsvektoren.

Die Detektion der Extremitätengesten hingegen erfolgt für die Informationen jeder Extremität separat. Je Extremität wird eine eigene SVM mit den Gewichtsvektoren der zum Oberkörper gehörenden Neurone und den Gewichtsvektoren der entsprechenden Extremität trainiert und für die Klassifikation genutzt. Dies hat den Vorteil, dass deutlich weniger Trainingsdaten aufgenommen werden müssen, da nicht jede Kombination von Posen der Extremitäten berücksichtigt werden muss. Für die Erkennung einer gehobenen linken Hand ist es nicht notwendig, sowohl Daten aufzunehmen, in denen die linke Hand gehoben ist und der rechte Arm locker am Körper herunterhängt, als auch Daten, in denen beispielsweise beide Hände gehoben sind. Die separat bestimmten Gesten werden im Anschluss zu einer Gesamtgeste kombiniert. Abbildung 3.22 zeigt beispielhaft die möglichen Gesten des linken Arms. Jeder Quader entspricht einem in Abhängigkeit vom Körperzentrum definierten Volumen, in dem die Hand für eine bestimmte Geste positioniert werden muss. Die Einteilung erfolgt entlang der Transversalachse in die drei Bereiche für links, frontal und rechts, entlang der Saggitalachse in die drei Bereiche vorn, seitlich und hinten sowie entlang der Longitudinalachse in die Bereiche unten, horizontal und oben. In der Abbildung sind lediglich die zwölf Volumen dargestellt, die sich aus den neun vorderen und den seitlich, linken Volumen ergeben.

3.3 Generalisierte Selbstorganisierende Karte

Dieser Abschnitt beschreibt eine neue Art von SOM, welche durch die namensgebende Generalisierung der Abstandsdefinition zwischen SOM und den zu lernenden Daten entsteht und die Anwendung dieser sogenannten gSOM auf die Probleme der Posenbestimmung der Hand und des gesamten menschlichen Körpers. Es erfolgen die Definition der gSOM sowie die Herleitung des entsprechenden Lernmodells mit einer ausführlichen anwendungsorientierten Untersuchung des Lernverhaltens in Abschnitt 3.3.1. Ferner wird die gSOM in Abschnitt 3.3.2 für die Bestimmung von Handposen genutzt, welche die Grundlage für die in Abschnitt 3.3.3 vorgestellte Handgestenerkennung bilden. Abschnitt 3.3.4 und Abschnitt 3.3.5 beschäftigen sich mit der Bestimmung von Körperposen mit Hilfe der gSOM und der dadurch möglich werdenden Körpergestenerkennung.

Ein Teil der in diesem Abschnitt vorgestellten Methoden und insbesondere das Lernmodell der gSOM bilden den Kern eines erteilten Patents [MET⁺11].

3.3.1 Lernmodell

Bei der in Abschnitt 3.2.1 vorgestellten sSOM ist der Abstand $d_{\mathrm{sSOM}}(\mathbf{x})$ zwischen der sSOM oder der Topologie und einem zu lernenden Datenpunkt $\mathbf{x}$ definiert als das Minimum der euklidischen Distanzen zwischen den N Gewichtsvektoren $\mathbf{w}_i$ der Knoten und dem Datenpunkt selbst und kann durch die Gleichung

$$d_{\mathrm{sSOM}}(\mathbf{x}) = \min_{\mathbf{w}_i} \|\mathbf{x} - \mathbf{w}_i\|_2 \ , \quad i = 1, \ldots, N \tag{3.32}$$

ausgedrückt werden. Eine mögliche Anwendung einer SOM ist die Beschreibung beziehungsweise Nachbildung von Datenmengen, bei der letztlich unter Berücksichtigung der Topologie der Abstand von den die SOM im Datenraum repräsentierenden Elementen zu den Daten minimiert wird. Dies ist im Falle der sSOM als Minimierung des Abstandes aller Datenpunkte zur Topologie und im Detail zu den Gewichtsvektoren als Repräsentation der Knoten im Datenraum zu interpretieren. Die Kanten spielen für diese Abstandsdefinition keine Rolle und beeinflussen den gesamten Lernprozess lediglich durch ihre verkörpernden Nachbarschaftsbeziehungen zwischen den Knoten.

Der Grundgedanke in der Entwicklung dieser neuartigen SOM ist es, auch die Kanten als Elemente der SOM entsprechend im Datenraum nachzubilden und für die Distanzdefinition zwischen SOM und Daten zu verwenden. Zu diesem Zweck wird der Abstand zwischen der SOM und einem Datenpukt als das Minimum der euklidischen Abstände des Datenpunktes zu allen Knoten und Kanten definiert. Es erfolgt somit eine Generalisierung des Abstandsbegriffes. Eine entsprechende SOM wird fortan als gSOM und deren zu einem Datenpunkt $\mathbf{x}$ mit $d_{\text{gSOM}}(\mathbf{x})$ bezeichnet. Formal definiert sich die gSOM wie auch zuvor die sSOM als Tupel

$$S = (\mathcal{W}, \mathcal{T}) \text{ mit} \tag{3.33}$$

$$\mathcal{W} = \{\mathbf{w}_i \mid \mathbf{w}_i \in \mathbb{R}^n, i = 1, \ldots, N\} \text{ und} \tag{3.34}$$

$$\mathcal{T} = \left(\{\mathbf{p}_i \mid \mathbf{p}_i \in \mathbb{R}^t, i = 1, \ldots, N\}, A \in \{0,1\}^{N \times N}\right) \ . \tag{3.35}$$

Entsprechend der Gewichtsvektoren für die einzelnen Knoten wird für die Repräsentation einer Kante e_{ij} zwischen zwei Knoten i und j im dreidimensionalen Datenraum die Strecke $\overline{\mathbf{w}_i \mathbf{w}_j}$ zwischen den beiden korrespondierenden Gewichtsvektoren $\mathbf{w}_i$ und $\mathbf{w}_j$ der Knoten genutzt. Diese lässt sich mit Hilfe einer Geradengleichung beschreiben, deren Definitionsbereich auf einem abgeschlossenen Intervall begrenzt ist. Für die Kante e_{ij} zwischen den Knoten i und j gilt

$$e_{ij} = \left\{\mathbf{p} \mid \mathbf{p} \in \mathbb{R}^3 \wedge \mathbf{p} = \mathbf{w}_i + \alpha(\mathbf{w}_j - \mathbf{w}_i) \wedge \alpha \in [0,1]\right\} \ . \tag{3.36}$$

Aufgrund der Symmetrie ergibt sich für dieselbe Kante definiert als $\mathbf{w}_{ji}$ die Gleichung

$$e_{ji} = \left\{\mathbf{p} \mid \mathbf{p} \in \mathbb{R}^3 \wedge \mathbf{p} = \mathbf{w}_j + \alpha(\mathbf{w}_i - \mathbf{w}_j) \wedge \alpha \in [0,1]\right\} \tag{3.37}$$

und es gilt

$$e_{ij} = e_{ji} \ . \tag{3.38}$$

Ferner ist die sich aus der Adjazenzmatrix A mit ihren Einträgen a_{ij} herleitende Menge $\mathcal{E}$ aller Kanten definiert als

$$\mathcal{E} = \left\{e_{ij} \mid a_{ij} = 1\right\} \ . \tag{3.39}$$

Es ist zu beachten, dass diese Definition aufgrund der Symmetrie darin resultiert, dass jede Kante doppelt einmal in Form von e_{ji} und in Form von e_{ij} in $\mathcal{E}$ enthalten wäre. Aus diesem Grund wird die Definition folgendermaßen erweitert:

$$\mathcal{E} = \left\{e_{ij} \mid a_{ij} = 1 \wedge e_{ji} \text{ noch nicht} \in \mathcal{E}\right\} \ . \tag{3.40}$$

Ist eine Kante e_{ij} in der Menge $\mathcal{E}$ enthalten, so soll ihre auf der Symmetrie basierende Darstellung e_{ji} nicht der Menge zugeordnet werden. Die aus dieser Definition resultierende Menge ist zwar nicht eindeutig, was für das Lernverfahren jedoch nicht von Bedeutung ist, solange jede Kante in einer Form in $\mathcal{E}$ enthalten ist. Der Abstand d_{gSOM} zwischen der gSOM kann definiert werden als

$$d_{\text{gSOM}}(\mathbf{x}) = \min(\underbrace{\min_{e_{ij} \in \mathcal{E}} \left\|\mathbf{c}_{ij}^{\mathbf{x}}\right\|^2}_{\substack{\text{Abstand zur} \\ \text{dichtesten} \\ \text{Kante}}}, \underbrace{\min_{\mathbf{w}_k \in \mathcal{W}} \left\|\mathbf{x} - \mathbf{w}_k\right\|^2}_{\substack{\text{Abstand} \\ \text{zum} \\ \text{dichtesten} \\ \text{Knoten}}}) \tag{3.41}$$

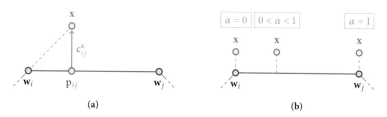

(a)   (b)

Abbildung 3.23: (a) Bei der gSOM werden auch die Kanten zur Berechnung des Abstandes eines Datenpunktes $\mathbf{x}$ (○) zur gSOM betrachtet. Die Distanz entspricht der Länge des Vektors $\mathbf{c}_{ij}^{\mathbf{x}}$ (-) zwischen der Projektion $\mathbf{p}_{ij}$ (○) von $\mathbf{x}$ auf die Kante e_{ij} (-) zwischen den Gewichtsvektoren $\mathbf{w}_i$ (○) und $\mathbf{w}_j$ (○) der Knoten und dem Datenpunkt selbst. (b) Verschiedene Positionen der Datenpunktes $\mathbf{x}$ in Bezug zur Kante e_{ij} und der sich daraus ergebene Zusammenhang zu den Werten für α.

mit $\left\| \mathbf{c}_{ij}^{\mathbf{x}} \right\|$ als Abstand von $\mathbf{x}$ zur Kante e_{ij}. Die zu minimierende Kostenfunktion unter Berücksichtigung der Menge $\mathcal{D}$ der Eingabedaten ergibt sich als

$$Q = \sum_{\forall \mathbf{x}_i \in \mathcal{D}} d_{\mathrm{gSOM}}(\mathbf{x}_i) \ . \tag{3.42}$$

Aus Gleichung 3.41 folgt direkt die Gleichung des Erregungszentrums z, welches entweder durch einen Gewichtsvektor $\mathbf{w}_i$ oder eine Kante e_{ij} repräsentiert wird, als

$$z = \arg \min_{e_{ij} \wedge \mathbf{w}_k} \left(\min_{e_{ij} \in \mathcal{E}} \left\| \mathbf{c}_{ij}^{\mathbf{x}} \right\|^2 , \min_{\mathbf{w}_k \in \mathcal{W}} \left\| \mathbf{x} - \mathbf{w}_k \right\|^2 \right) \tag{3.43}$$

Nachfolgend werden die Lernregeln der gSOM hergeleitet, die letztlich einen Gradientenabstieg bezüglich der Distanz eines Punktes von der gSOM realisieren. Unter der Annahme, dass für einen Datenpunkt $\mathbf{x}$ der Abstand des Datenpunktes zur Kante e_{ij} durch d_{gSOM} repräsentiert wird, erfolgt, wie in Abbildung 3.23a dargestellt ist, die Definition des Punktes $\mathbf{p}_{ij}$ als die Projektion von $\mathbf{x}$ auf die Kante e_{ij}. Der Abstandsvektor zwischen $\mathbf{x}$ und $\mathbf{p}$ ergibt sich als

$$\mathbf{c}_{ij} = \mathbf{x} - \mathbf{p}_{ij} \ . \tag{3.44}$$

Für die nachfolgenden Betrachtungen werden zu Gunsten der Übersichtlichkeit die Indizes der Vektoren $\mathbf{c}_{ij}$ und $\mathbf{p}_{ij}$ weggelassen und es gilt $\mathbf{c} = \mathbf{c}_{ij}$ sowie $\mathbf{p} = \mathbf{p}_{ij}$. Demzufolge entspricht die Minimierung der Distanz zwischen $\mathbf{x}$ und der gSOM beziehungsweise der dichtesten Kante der Topologie der Minimierung der Norm von $\mathbf{c}$. Diese kann als

$$\left\| \mathbf{c} \right\|^2 = \left\| \mathbf{x} - \mathbf{w}_i \right\|^2 - \left\| \mathbf{p} - \mathbf{w}_i \right\|^2 \tag{3.45}$$

$$\Leftrightarrow \quad c^2 = (\mathbf{x} - \mathbf{w}_i)^2 - (\mathbf{p} - \mathbf{w}_i)^2 \tag{3.46}$$

mit c^2 als das Skalarprodukt $\mathbf{c} \cdot \mathbf{c}$ ausgedrückt werden. Der Vektor $(\mathbf{p} - \mathbf{w}_i)$ wird nachfolgend in Abhängigkeit vom Richtungsvektor $(\mathbf{w}_j - \mathbf{w}_i)$ der Kante e_{ij} beschrieben als

$$(\mathbf{p} - \mathbf{w}_i) = \underbrace{\frac{(\mathbf{x} - \mathbf{w}_i)^T (\mathbf{w}_j - \mathbf{w}_i)}{\|\mathbf{w}_j - \mathbf{w}_i\|^2}}_{\alpha} (\mathbf{w}_j - \mathbf{w}_i) \ . \tag{3.47}$$

Das Skalar α die relative Position des auf $(\mathbf{w}_j - \mathbf{w}_i)$ projizierten Vektors $\mathbf{x}$ beschreibt. Abbildung 3.23b visualisiert die drei für die Lernregeln interessanten Situationen, in denen die Projektion von $\mathbf{x}$ auf $(\mathbf{w}_j - \mathbf{w}_i)$ für $\alpha = 0$ mit $\mathbf{w}_i$ oder für $\alpha = 1$ $\mathbf{w}_j$ übereinstimmt oder in einem Punkt auf $(\mathbf{w}_j - \mathbf{w}_i)$ für $0 < \alpha < 1$ resultiert. Für die Fälle, in denen $\alpha < 0$ oder $\alpha > 1$ gilt, wird die entsprechende Kante nicht weiter für die Distanzberechnung und eventuelle Adaption an den Datenpunkt berücksichtigt. Aus der Symmetrie zwischen $\mathbf{w}_i$ und $\mathbf{w}_j$ beziehungsweise e_{ij} und e_{ji}, Gleichung 3.46 und Gleichung 3.47 folgt direkt

$$\mathbf{c}^2 = (\mathbf{x} - \mathbf{w}_i)^2 - \alpha^2 (\mathbf{w}_j - \mathbf{w}_i)^2 \tag{3.48}$$

$$= (\mathbf{x} - \mathbf{w}_j)^2 - (1 - \alpha)^2 (\mathbf{w}_i - \mathbf{w}_j)^2 \ . \tag{3.49}$$

Für die weitere Herleitung gelte $\mathbf{w}_{ij} = (\mathbf{w}_j - \mathbf{w}_i)$, $\mathbf{x}_i = (\mathbf{x} - \mathbf{w}_i)$ und entsprechend $\mathbf{w}_{ji} = (\mathbf{w}_i - \mathbf{w}_j)$ sowie $\mathbf{x}_j = (\mathbf{x} - \mathbf{w}_j)$. Die Bestimmung der Lernregeln beziehungsweise der Anpassungsvorschrift für $\mathbf{w}_j$ basiert auf der Ableitung von Gleichung 3.48 nach $\mathbf{w}_j$ und ergibt sich nachfolgend als

$$-\frac{\partial \mathbf{c}^2}{\partial \mathbf{w}_j} = -\frac{\partial}{\partial \mathbf{w}_j} \left(\mathbf{x}_i^2 - \alpha^2 \mathbf{w}_{ij}^2 \right) \tag{3.50}$$

$$= \frac{\partial}{\partial \mathbf{w}_j} \left(\alpha^2 \mathbf{w}_{ij}^2 \right)$$

$$= \left(\frac{\partial}{\partial \mathbf{w}_j} \alpha^2 \right) \mathbf{w}_{ij}^2 + \alpha^2 \left(\frac{\partial}{\partial \mathbf{w}_j} \mathbf{w}_{ij}^2 \right)$$

$$= \left(\frac{\partial}{\partial \mathbf{w}_j} \alpha^2 \right) \mathbf{w}_{ij}^2 + 2\alpha^2 \mathbf{w}_{ij}$$

$$= 2\alpha \left(\frac{\partial}{\partial \mathbf{w}_j} \alpha \right) \mathbf{w}_{ij}^2 + 2\alpha^2 \mathbf{w}_{ij}$$

$$= 2\alpha \frac{\mathbf{x}_i \mathbf{w}_{ij}^2 - 2\mathbf{x}_i^T \mathbf{w}_{ij} \mathbf{w}_{ij}}{\mathbf{w}_{ij}^2} + 2\alpha^2 \mathbf{w}_{ij}$$

$$= 2\alpha \mathbf{x}_i - 4\alpha^2 \mathbf{w}_{ij} + 2\alpha^2 \mathbf{w}_{ij}$$

$$\Rightarrow -\frac{1}{2} \frac{\partial \mathbf{c}^2}{\partial \mathbf{w}_j} = \alpha \mathbf{x}_i - \alpha^2 \mathbf{w}_{ij} \ . \tag{3.51}$$

Mit den Beziehungen

$$\mathbf{x}_i = (\mathbf{x} - \mathbf{w}_i) = (\mathbf{x} - \mathbf{w}_j) - (\mathbf{w}_i - \mathbf{w}_j) \quad \text{und} \tag{3.52}$$

$$\mathbf{w}_{ij} = (\mathbf{w}_j - \mathbf{w}_i) = -(\mathbf{w}_i - \mathbf{w}_j) = -\mathbf{w}_{ji} \tag{3.53}$$

ergeben sich aus den Gradienten beziehungsweise für die Anpassung der Kante e_{ij} durch die Änderung der beiden Gewichtsvektoren $\mathbf{w}_i$ und $\mathbf{w}_j$ um die Werte

$$\Delta\mathbf{w}_j = \alpha\mathbf{x}_i - \alpha^2\mathbf{w}_{ij} \tag{3.54}$$

$$= \alpha\mathbf{x}_j + (\alpha - \alpha^2)\mathbf{w}_{ij} \quad \text{und} \tag{3.55}$$

$$\Delta\mathbf{w}_i = (1 - \alpha)(\mathbf{x} - \mathbf{w}_j) - (1 - \alpha)^2(\mathbf{w}_i - \mathbf{w}_j) \tag{3.56}$$

$$= (1 - \alpha)\mathbf{x}_j + (1 - \alpha)^2\mathbf{w}_{ij} \tag{3.57}$$

$$\tag{3.58}$$

die korrespondierenden Lernregeln

$$\mathbf{w}_j^{\text{neu}} = \mathbf{w}_j^{\text{alt}} + \varepsilon(e) \cdot \Delta\mathbf{w}_j \tag{3.59}$$

$$= \mathbf{w}_j^{\text{alt}} + \varepsilon(e) \cdot (\alpha\mathbf{x}_i - \alpha^2\mathbf{w}_{ij}) \tag{3.60}$$

$$\mathbf{w}_i^{\text{neu}} = \mathbf{w}_i^{\text{alt}} + \varepsilon(e) \cdot \Delta\mathbf{w}_i \tag{3.61}$$

$$= \mathbf{w}_i^{\text{alt}} + \varepsilon(e) \cdot ((1 - \alpha)\mathbf{x}_j - (1 - \alpha)^2\mathbf{w}_{ji}) \quad . \tag{3.62}$$

Wie auch bei der sSOM erfolgt das Lernen über $e_{\max}$ Epochen und die Lernrate $\varepsilon(e)$ ergibt sich in Abhängigkeit von der aktuellen Epoche e sowie der zuvor festzulegenden initialen Lernrate ε_{ini} und der finalen Lernrate ε_{fin} aus

$$\varepsilon(e) = \varepsilon_{\text{ini}} \cdot \left(\frac{\varepsilon_{\text{fin}}}{\varepsilon_{\text{ini}}}\right)^{e/e_{\max}} \quad . \tag{3.63}$$

Für die Analyse des sich mit den hergeleiteten Regeln ergebenen und in Abbildung 3.24 visualisierten Lernverhaltens der gSOM werden nachfolgend zwei Sätze definiert und bewiesen.

Satz 1. *Unter Berücksichtigung der in Abbildung 3.24 dargestellten Situation, in der die durch die Gewichtsvektoren $\mathbf{w}_i$ und $\mathbf{w}_j$ beschriebene Kante e_{ij} die dichteste Kante der gSOM zum Datenpunkt $\mathbf{x}$ repräsentiert, verlaufen die Anpassungsvektoren $\Delta\mathbf{w}_i$, $\Delta\mathbf{w}_j$ und $\mathbf{c}$ parallel zueinander und folglich orthogonal zur Kante e_{ij} beziehungsweise zum Richtungsvektor $\mathbf{w}_{ij}$.*

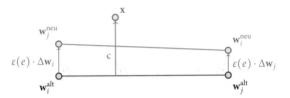

Abbildung 3.24: Darstellung der Lernregeln der gSOM aus Gleichung 3.62 und Gleichung 3.60. Die durch die Gewichtsvektoren $\mathbf{w}_i^{alt}$ und $\mathbf{w}_j^{alt}$ (○) definierte Kante (−) wird durch die Verschiebung beider Knoten parallel zum Projektionsvektor $\mathbf{c}$ (−) des Datenpunktes $\mathbf{x}$ (○) in dessen Richtung um die Vektoren $\varepsilon(e) \cdot \Delta\mathbf{w}_i$ und $\varepsilon(e) \cdot \Delta\mathbf{w}_j$ (−) an selbigen angepasst. Die resultierenden Gewichtsvektoren sind mit $\mathbf{w}_i^{neu}$ und $\mathbf{w}_j^{neu}$ (○) bezeichnet.

Beweis. Da $\mathbf{c} \perp \mathbf{w}_{ij}$ gilt, ist es ausreichend zu beweisen, dass $\Delta\mathbf{w}_j \perp \mathbf{w}_{ji}$ gilt.

$$\mathbf{w}_{ij}^T \, \Delta\mathbf{w}_j = \mathbf{w}_{ij}^T (\alpha\mathbf{x}_i - \alpha^2\mathbf{w}_{ij}) \tag{3.64}$$

$$= \mathbf{w}_{ij}^T \left(\frac{\mathbf{x}_i^T \mathbf{w}_{ij}}{\left\|\mathbf{w}_{ij}\right\|^2} \mathbf{x}_i - \left(\frac{\mathbf{x}_i^T \mathbf{w}_{ij}}{\left\|\mathbf{w}_{ij}\right\|^2} \right)^2 \mathbf{w}_{ij} \right) \tag{3.65}$$

$$= \frac{\mathbf{w}_{ij}^T \left(\mathbf{x}_i^T \mathbf{w}_{ij}\right) \mathbf{x}_i}{\mathbf{w}_{ij}^2} - \frac{(\mathbf{x}_i^T \mathbf{w}_{ij})^2}{\mathbf{w}_{ij}^2 \mathbf{w}_{ij}^2} \mathbf{w}_{ij}^2 = 0 \tag{3.66}$$

Aufgrund der Symmetrie von $\mathbf{w}_j$ und $\mathbf{w}_i$ folgt direkt $\mathbf{w}_{ji} \perp \Delta\mathbf{w}_i$. $\square$

Satz 2. *Aus den durch Gleichung 3.60 und Gleichung 3.62 definierten Lernregeln folgt, dass die Länge der Kante e_{ji} beziehungsweise des Richtungsvektors $(\mathbf{w}_i - \mathbf{w}_j)$ für eine unendliche Anzahl t an Lernschritten gegen unendlich strebt. Es gilt $\lim_{e \to \infty} \left\|\mathbf{w}_i(t) - \mathbf{w}_j(t)\right\| \to \infty$.*

Beweis. Wie aus Abbildung 3.24 hervorgeht, wächst $\left\|\mathbf{w}_i(t) - \mathbf{w}_j(t)\right\|$, wenn $\Delta\mathbf{w}_i \neq \Delta\mathbf{w}_j$ beziehungsweise $\alpha(t) \neq 0.5$ gilt. Es kann angenommen werden, dass zumindest eine Situation oder ein Zeitpunkt t^* existiert, für den $\alpha(t^*) \neq 0.5$ gilt, was für jede sinnvolle Anwendung der gSOM im Bezug zur Posenbestimmung wahr ist.

Aus Satz 1 geht hervor, dass die Anpassungsvektoren $\Delta\mathbf{w}_j$ und $\Delta\mathbf{w}_i$ parallel verlaufen, was dazu führt, dass $\left\|\mathbf{w}_{ji}\right\|$ nur wachsen kann oder immer wächst, wenn $\left(\Delta\mathbf{w}_j - \Delta\mathbf{w}_i\right) \neq \mathbf{0}$ gilt.

$$\Delta\mathbf{w}_j - \Delta\mathbf{w}_i = \alpha \left(\mathbf{x} - \mathbf{w}_j\right) - \alpha \left(\mathbf{w}_i - \mathbf{w}_j\right) + \alpha^2 \left(\mathbf{w}_i - \mathbf{w}_j\right) \tag{3.67}$$

$$- (1 - \alpha) \left(\mathbf{x} - \mathbf{w}_j\right) + (1 - \alpha)^2 \left(\mathbf{w}_i - \mathbf{w}_j\right) \tag{3.68}$$

$$= \underbrace{(2\alpha - 1)}_{=0 \,\Leftrightarrow\, \alpha = 0.5} \left(\mathbf{x} - \mathbf{w}_j\right) + \underbrace{\left(2\alpha^2 - 3\alpha + 1\right)}_{=0 \,\Leftrightarrow\, \alpha \in \{0.5, 1\}} \left(\mathbf{w}_i - \mathbf{w}_j\right) \tag{3.69}$$

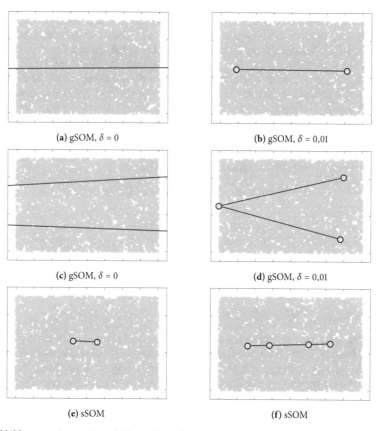

(a) gSOM, $\delta = 0$

(b) gSOM, $\delta = 0,01$

(c) gSOM, $\delta = 0$

(d) gSOM, $\delta = 0,01$

(e) sSOM

(f) sSOM

Abbildung 3.25: Lernen einer gleichverteilten rechteckigen zweidimensionalen Datenmenge mit einer gSOM und einer Topologie aus zwei Knoten (a) ohne und (b) mit Schrumpfungsterm. Lernen derselben Datenmenge mit einer gSOM und einer Kette aus drei Knoten als Topologie (c) ohne und (d) mit Schrumpfungsterm. Zum Vergleich das Lernen der Daten mithilfe einer sSOM und einer (e) Topologie aus zwei Knoten und (f) einer Kette aus vier Knoten als Topologie.

Da $(\mathbf{w}_i - \mathbf{w}_j)$ und $(\mathbf{x} - \mathbf{w}_j)$ nicht parallel verlaufen, verschwinden beide Terme nur für $\alpha = 0.5$, was zur Folge hat, dass $\|\mathbf{w}_{ji}\|$ für $\alpha \in [0,1] \wedge \alpha \neq 0.5$ stets wächst. $\qquad \square$

Es wurde gezeigt, dass die Anpassungsregeln aus Gleichung 3.60 und Gleichung 3.62 die Distanz zwischen einem Datenpunkt und der dichtesten Kante der gSOM reduzieren, deren Länge jedoch mit zunehmender Anzahl an Lernschritten gegen unendlich strebt.

Abbildung 3.25a zeigt das Resultat des Lernens einer gleichmäßig verteilten rechteckigen zweidimensionalen Datenmenge mithilfe einer gSOM und einer aus zwei miteinander durch eine Kante verbundenen Knoten bestehenden Topologie und den obigen Anpassungsregeln. Es ist deutlich zu erkennen, dass das Resultat der optimalen Repräsentation der Daten in Form von der Minimierung des Abstandes der Daten zur gSOM entspricht. Selbiges gilt für das Resultat des Lernens der Daten mit einer gSOM und einer Kette aus drei Neuronen als Topologie aus Abbildung 3.25a. Das optimale Ergebnis wäre hier die Abdeckung der Daten mittels zweier paralleler Geraden. In beiden Beispielen liegen die Gewichtsvektoren jedoch außerhalb der Datenmenge, was in Hinblick auf die Posenbestimmung nicht sinnvoll wäre. Aus diesem Grund wird der sogenannte Schrumpfungsterm $\delta \in [0,1]$ in die Lernregeln integriert und es gilt fortan

$$\Delta \mathbf{w}_j = \alpha \mathbf{x}_i - \alpha^2 (\mathbf{w}_j - \mathbf{w}_i) + \delta (\mathbf{w}_i - \mathbf{w}_j) \tag{3.70}$$

$$= \alpha \mathbf{x}_i - (\alpha^2 + \delta) \mathbf{w}_{ij} \ , \tag{3.71}$$

$$\Delta \mathbf{w}_i = (1-\alpha) \mathbf{x}_j - (1-\alpha)^2 \mathbf{w}_{ji} + \delta \cdot \mathbf{w}_{ij} \tag{3.72}$$

$$= (1-\alpha) \mathbf{x}_j - ((1-\alpha)^2 + \delta) \mathbf{w}_{ji} \ . \tag{3.73}$$

was zu den Anpassungsregeln

$$\mathbf{w}_j^{\text{neu}} = \mathbf{w}_j^{\text{alt}} + \varepsilon(e) \cdot (\alpha \mathbf{x}_i - (\alpha^2 + \delta) \mathbf{w}_{ij}) \ \text{ und } \tag{3.74}$$

$$\mathbf{w}_i^{\text{neu}} = \mathbf{w}_i^{\text{alt}} + \varepsilon(e) \cdot ((1-\alpha) \mathbf{x}_j - ((1-\alpha)^2 + \delta) \mathbf{w}_{ji}) \tag{3.75}$$

führt. Für den Schrumpfungsterm wurde empirisch ein Wert von $\delta = 0{,}01$ ermittelt. Die zu den vorherigen beiden Beispielen korrespondierenden Resultate sind in Abbildung 3.25b und Abbildung 3.25d dargestellt. Die Gewichtsvektoren liegen, wie gewünscht, innerhalb der Daten. Im Vergleich zu den Ergebnissen des Lernens derselben Datenmenge mit Hilfe einer sSOM und einer Topologie bestehend aus zwei miteinander verbundenen Neuronen aus Abbildung 3.30a werden die Daten deutlich besser repräsentiert. Um beispielsweise ein beinahe vergleichbares Resultat der gSOM auf diesen Daten zu Abbildung 3.25b zu erhalten, wäre eine, wie in Abbildung 3.30b dargestellte, sSOM mit einer Kette aus vier Neuronen als Topologie notwendig. Bisher wurden lediglich die Fälle betrachtete, in denen das dichteste Element der gSOM zum Datenpunkt eine Kante ist. Es gibt allerdings Situationen, wie beispielsweise in Abbildung 3.26a, in denen keine Kante als dichtestes Element zum Datenpunkt identifiziert werden kann. Diese sind dadurch gekennzeichnet, dass der Datenpunkt auf keine Kante projiziert werden kann und für alle Kanten $\alpha \notin [0,1]$ gilt oder ein Knoten dichter an dem Datenpunkt liegt, als jede Kante. Handelt es sich bei dem entsprechenden Knoten um einen Endpunkt einer Topologie, einem Knoten, der nur einen Nachbarn besitzt, wie es im Beispiel für $\mathbf{w}_0$ und $\mathbf{w}_2$ der Fall ist, so wird lediglich der korrespondierende Gewichtsvektor in Richtung des Datenpunktes entsprechen der Gleichung

$$\mathbf{w}_i^{\text{neu}} = \mathbf{w}_i^{\text{alt}} + \varepsilon(e) \cdot (\mathbf{x} - \mathbf{w}_i) \ , \tag{3.76}$$

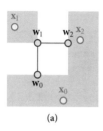 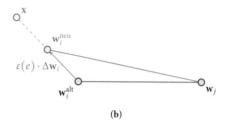

(a)   (b)

Abbildung 3.26: (a) Eine einfache aus drei in einer Linie angeordneten Knoten bestehende Topologie für die gSOM mit den Gewichtsvektoren $w_0,...,w_2$ (O) und den verbindenden Kanten (–). Es ist eine beispielhafte Situationen visualisiert in der für alle drei Datenpunkte $x_0,...,x_2$ (O) die Knoten die dichtesten Elemente der gSOM repräsentieren. (b) Sollte die Distanz zwischen x (O) und w_i^{neu} (O) kleiner sein als der Abstand von x zu den restlichen Gewichtsvektoren oder Kanten und es handelt sich bei den zu w_i^{alt} (O) korrespondierenden Knoten um einen Endknoten der Topologie, so wird nur dieser Gewichtsvektor in Richtung des Datenpunktes verschoben und der durch eine Kante (–) verbundene Gewichtsvektor w_j (O) des direkten Nachbarn bleibt unverändert. Der Lernschritt resultiert in w_i^{neu} (O) und der verbindenden Kante (–).

verschoben, wobei der Gewichtsvektor w_j unverändert bleibt. Dieser Adaptionsschritt ist in Abbildung 3.26b visualisiert. Sollte es sich wie bei w_1 um einen Knoten mit mehreren Nachbarn handeln, so erfolgt die Anpassung des Knotens und aller direkten Nachbarknoten an den Datenpunkt mit den Lernregeln der sSOM entsprechend Abbildung 3.10 mit den Anpassungsregeln aus Gleichung 3.24 und Gleichung 3.26. Der Grund für die Anwendung verschiedener Lernregeln für die Knoten liegt wie auch die Einführung der Schrumpfungsterme in der Idee, dass die SOM in der Art zusammengehalten werden soll, dass die Endknoten nicht aus den Daten wandern. Wie bei der sSOM erfolgt auch bei der gSOM die Unterteilung des Lernvorgangs in verschiedene Epochen e mit der maximalen Epochenzahl e_{max}, in denen der gSOM jeweils s zufällig aus der Datenmenge stammende Datenpunkte beziehungsweise Stimulusvektoren präsentiert werden. Das komplette Lernmodell der gSOM ist in Pseudocode 5 zusammenfassend dargestellt.

Nachfolgend wird die gSOM auf ihre Eigenschaften in Bezug zur Anwendung für die Posenbestimmung der Hand und des menschlichen Körpers untersucht und gegebenenfalls mit der sSOM verglichen. Ein erster Rückschluss auf die spätere Erstellung der Topologie lässt sich aus den bereits dargestellten Beispielen aus Abbildung 3.25 ziehen. Für das Lernen einer dem Oberkörper des Menschen entsprechenden Datenmenge mit der gSOM wäre eine Topologie aus zwei miteinander verbundenen Knoten ausreichend, wohingegen für die sSOM eine Gitterstruktur notwendig wäre.

Für die ersten Untersuchungen erfolgt das Lernen einer zweidimensionalen sinusförmigen Verteilung von Datenpunkten mit Hilfe einer gSOM und einer Kette aus zehn Neuronen als Topologie über 1.000 Epochen. Die Resultate sind in Abbildung 3.27 dargestellt. Die

---

Pseudocode 5 : Lernmodell der gSOM.

Eingabe : Eine gSOM S mit einer anwendungsspezifischen Topologie T, die initiale
Lernrate ε_{ini}, die finale Lernrate ε_{fin}, der Schrumpfungsterm δ, die Anzahl
an Epochen e_{max}, Anzahl an Stimulusvektoren je Epoche s und die
Datenmenge D.

Ausgabe : Die Gewichtsvektoren $\mathbf{w}_i$ der gSOM, die in Verbindung mit der Topologie
die Datenmenge repräsentieren.

Bestimmung der Nachbarschaft $\mathcal{N}_i$ für alle Neurone mithilfe von Gleichung 3.21 und
einem Nachbarschaftsradius von 1;

Initialisierung der Gewichtsvektoren (als zufällige Daten- beziehungsweise
Stimulusvektoren aus D oder auf Basis von Vorwissen);

for ($e = 1 : e_{\text{max}}$) **do**

    Berechnung der Lernrate $\varepsilon(e)$ mit Gleichung 3.63;

    for ($u = 1 : s$) **do**

        Wählen eines zufälligen Stimulusvektors $\mathbf{x}$ aus D;

        Bestimmung des Erregungszentrums z mit Gleichung 3.43;

        if z eine Kante **then**

            Anpassung der dichtesten Kante e_{ij} mit Gleichung 3.74 und
            Gleichung 3.75;

        else

            if dichtester Knoten $\mathbf{w}_i$ ist Endknoten **then**

                Anpassung von $\mathbf{w}_i$ mit Gleichung 3.76;

            else

                Anpassung von $\mathbf{w}_i$ und allen Nachbarn von z entsprechend des
                Lernmodells der sSOM mit Gleichung 3.24 und Gleichung 3.26;

            end

        end

    end

end

---

in Abbildung 3.27a visualisierte Initialisierung der Gewichtsvektoren erfolgt als zufällige
Teilmenge der Datenpunkte. In diesem Durchlauf zieht sich die Topologie bereits innerhalb von Epoche 0 zusammen. Dieser Zustand hält bis einschließlich Epoche 150 an. Bis
zu Epoche 200 beginnt sich die gSOM entsprechend Abbildung 3.27d zu entfalten. Wie
Abbildung 3.27f verdeutlicht, hat die gSOM bereits nach Epoche 350 ein der endgültigen,
in Abbildung 3.27h gezeigten, Verteilung der Gewichtsvektoren entsprechendes Resultat
erlernt. Das Lernverhalten lässt vermuten, dass eine dem endgültigen Resultat grob äh-
nelnde Initialisierung der Gewichtsvektoren genutzt werden kann, um den Lernprozess in
deutlich weniger Epochen durchführen zu können. Eine entsprechende Initialisierung
mit Vorwissen zeigt Abbildung 3.28a. Nach Epoche 0 repräsentiert das in Abbildung 3.28b
dargestellte Resultat die Daten deutlich genauer. Bereits nach Epoche 4 hat die gSOM die

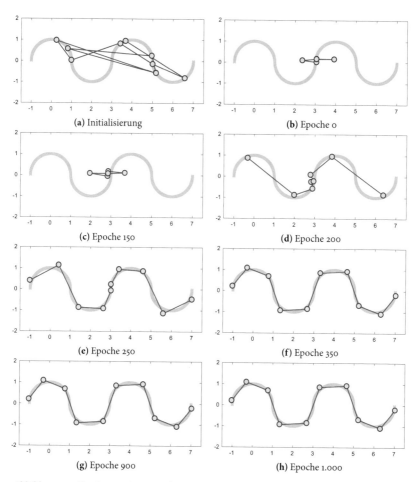

Abbildung 3.27: Das Lernen einer sinusförmigen Verteilung von zweidimensionalen Daten mit einer gSOM und einer Kette aus zehn Neuronen als Topologie. Die (a) Initialisierung erfolgt zufällig. Als Parameter wurden $e_{max} = 1000$, $\varepsilon_{ini} = 0{,}1$, $\varepsilon_{fin} = 0{,}01$, $s = 2000$ und $\delta = 0{,}01$ gewählt.

Gewichtsvektoren entsprechend Abbildung 3.28c gelernt, was dem Endresultat aus Abbildung 3.28d nach 1.000 Epochen beinahe gleicht. Folglich bringt die gSOM in Hinblick auf die Verarbeitung der Daten beziehungsweise die Posenbestimmung in Echtzeit die notwendige Möglichkeit der Reduzierung der Epochenzahl e_{max} zur Verringerung des Rechenaufwandes mit sich. Ferner ist aus qualitativen Tests zu schließen, dass auch die

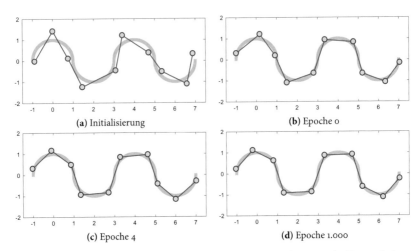

Abbildung 3.28: Das Lernen einer sinusförmigen Verteilung von zweidimensionalen Daten mit einer gSOM und einer Kette aus zehn Neuronen als Topologie. Die Initialisierung ähnelt grob der erwarteten Verteilung der Gewichtsvektoren, was der Initialisierung mit Vorwissen gleichkommt. Als Parameter wurden $e_{max} = 1000$, $\varepsilon_{ini} = 0{,}1$, $\varepsilon_{fin} = 0{,}01$, $s = 2000$ und $\delta = 0{,}01$ gewählt.

Tabelle 3.1: Vergleich der mittleren quadratischen Fehler zu den Datenpunkten von gSOM und sSOM korrespondierend zu den Resultaten aus den Abbildungen 3.29a-3.29h.

Anzahl Neurone	gSOM	sSOM
5	0,22	0,75
10	0,05	0,44
15	0,03	0,27
30	0,01	0,11

Anzahl an präsentierten Datenpunkten je Epoche auf rund ¼ der Anzahl an Datenpunkten ohne Einschränkungen für die Anwendung auf das Problem der Posenbestimmung reduziert werden kann.

In Hinblick auf die Erstellung der Topologie folgen Untersuchungen des Lernverhaltens und der Genauigkeit der Repräsentation der Daten der gSOM im Vergleich zur sSOM in Abhängigkeit von der Anzahl an Knoten innerhalb der als Topologie genutzten Kette aus Neuronen. Die Abbildungen 3.29a-3.29h zeigen die Ergebnisse des Lernens der zweidimensionalen sinusförmigen Datenmenge mit Hilfe der gSOM und der sSOM und einer Kette aus fünf, zehn, 15 und 30 Knoten als Topologie. Es ist zu erkennen, dass die sSOM

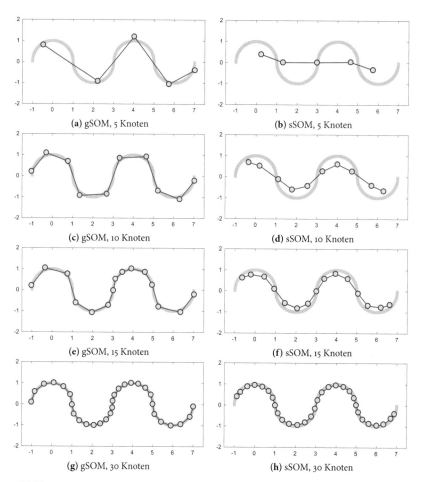

Abbildung 3.29: Das Lernen einer sinusförmigen Verteilung von zweidimensionalen Daten mit Hilfe einer gSOM (linke Spalte) im Vergleich zur sSOM (rechte Spalte) und einer Kette aus unterschiedlich vielen Neuronen als Topologie. Als Parameter wurden $e_{max} = 1000$, $\varepsilon_{ini} = 0{,}1$, $\varepsilon_{fin} = 0{,}01$ und $s = 2000$ verwendet. Im Falle der gSOM gilt zudem $\delta = 0{,}01$.

deutlich mehr Knoten benötigt, um die Daten rein qualitativ gut zu repräsentieren. Tabelle 3.1 präsentiert die zu den Abbildungen korrespondierenden mittleren quadratischen Fehler zwischen den Daten und den Lernergebnissen der SOMs. Aus Abbildung 3.29a und Abbildung 3.29b geht hervor, dass für beide SOMs eine Anzahl von fünf Knoten zu

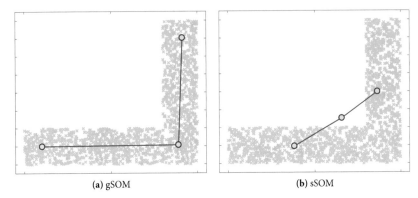

(a) gSOM   (b) ssOM

Abbildung 3.30: In Hinblick auf die Posenbestimmung sind die Resultate des Lernens einer dem rechtwinklig gebeugten Arm ähnelnden zweidimensionalen Datenverteilung mit der gSOM (a) und der sSOM (b) mit einer Kette aus drei Neuronen als Topologie dargestellt. Als Parameter wurden $e_{max} = 1000$, $\varepsilon_{ini} = 0,1$, $\varepsilon_{fin} = 0,01$ und $s = 2000$ sowie $\delta = 0,01$ im Falle der gSOM verwendet.

gering ist, um die Daten ausreichend genau zu lernen. Aus qualitativen Betrachtungen geht hervor, dass für die gSOM bereits zehn Knoten ausreichend sind, wohingegen die sSOM in diesem Vergleich erst mit 30 Knoten ein ausreichend gutes Ergebnis liefert. Auch quantitativ liefert die gSOM ab einer Kette von zehn Neuronen um den Faktor zehn bessere Ergebnisse als die sSOM. Abbildung 3.29g verdeutlicht im Vergleich zu Abbildung 3.29g zudem, dass die gSOM in der Lage ist, ihre Gewichtsvektoren deutlich dichter am Rand der Daten zu platzieren, was Abbildung 3.29c und Abbildung 3.29e unterstützend verdeutlichen. Diese Tatsache stellt einen Vorteil für die Anwendung der Posenbestimmung dar und muss bei Entwurf der Topologie Berücksichtigung finden. Diesbezüglich kann die Nachbildung eines gebeugten Arms mit Hilfe einer Kette aus drei Neuronen als Topologie gemäß Abbildung 3.30a erfolgen, wobei diese Topologie für sSOM nicht passend wäre, was Abbildung 3.30b verdeutlicht.

Unter Berücksichtigung dieser Untersuchungen sollte das Nachbilden von quadratischen oder rechteckigen Datenverteilungen mit Hilfe von einer oder mehreren verbundenen Ketten aus je zwei Neuronen und das von Gliedmaßen oder Fingern aus Ketten mit einer entsprechenden Anzahl an Neuronen erfolgen.

3.3.2 Bestimmung der Pose der menschlichen Hand

In diesem Abschnitt wird die zuvor in Abschnitt 3.3.1 definierte Generalisierte Selbstorganisierende Karte (englisch Generalized Self-Organizing Map (gSOM)) auf das Problem der Posenbestimmung der Hand angewendet. Als Ziel gilt die Bestimmung der einfachen

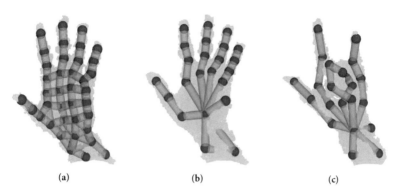

(a) (b) (c)

Abbildung 3.31: (a) Lernen der Daten einer offenen Hand mit der gSOM und der Verwendung der für die Handposenbestimmung genutzten Topologie der sSOM. Die Gewichtsvektoren der gSOM (●) sind zur besseren Veranschaulichung die durch die Adjazenzmatrix definierten Verbindungen zwischen den einzelnen Knoten als leicht transparente Zylinder (—) visualisiert. (b) Lernresultat der gSOM auf den Daten einer offenen Hand mit einer Topologie, in der für jedes Fingergelenk und den Fingerspitzen ein Knoten vorgesehen ist. (c) Resultat des Lernens auf den Daten einer die DZK Geste präsentierenden Hand mit der gSOM und der Topologie aus (b).

Handpose (eHP), die hier gemäß der Definition aus Abschnitt 2.1.2 aus der Position und Orientierung der Hand sowie der Position der Fingerspitzen der ausgestreckten Finger und des Mittelpunktes der Handfläche besteht.

Nach der Präsentation einer anwendungsspezifischen Topologie erfolgt die Vorstellung stabilisierender, robustheitsfördernder Kontroll- und Korrekturmechanismen zur Verbesserung der Posenbestimmung. Im Folgenden wird davon ausgegangen, dass die Punktwolke $\mathcal{H}$ der Hand bereits aus der mit Hilfe von Tiefenbildkameras bestimmten Gesamtszene extrahiert vorliegt, was unter anderen mit Hilfe eines der in Abschnitt 2.3 vorgestellten Verfahren realisiert werden kann. Ferner erfolgt die Beschreibung am Beispiel der linken Hand. Das gesamte Verfahren kann jedoch durch eine Spiegelung der Topologie um die von proximal nach distal verlaufenden Achse übertragen werden.

Für die Anwendung einer SOM ist die Topologie von essentieller Bedeutung. In Abbildung 3.31a erfolgt das Lernen der Daten einer offenen Hand mit einer gSOM als ein erster Test mit der in Abschnitt 3.2.2 von der sSOM für die Handposenbestimmung genutzten Topologie aus Abbildung 3.11a. Es ist zu erkennen, dass das Resultat die Daten wie gewünscht repräsentiert und die Gewichtsvektoren im Vergleich zur sSOM deutlich weiter am Rand der Daten positioniert werden. Um die Posenbestimmung in Echtzeit durchführen zu können, muss diese mit möglichst wenig Rechenaufwand realisierbar sein. Aus diesem Grund ist ein Ziel bei der Erstellung der Topologie der gSOM die Reduzierung der Anzahl an Knoten im Vergleich zur sSOM, um den höheren Rechenbedarf für die zusätzliche Berechnung der Distanzen eines Datenpunktes zu den Kanten zu kompensieren. Abbil-

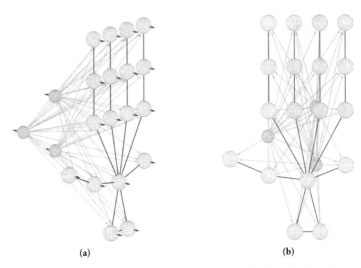

(a)   (b)

Abbildung 3.32: gSOM für die Posenbestimmung der Hand mit einer handähnlichen Topologie als (a) Seitenansicht und (b) Frontalansicht bestehend aus 18 Neuronen in der Ausgabeschicht (⊙). Die Eingabeschicht besteht aus drei Neuronen (⊙), da die sSOM zum Lernen der dreidimensionalen Datenpunkte der Hand genutzt wird.

dung 3.31b und Abbildung 3.31c zeigen die Resultate des Lernens der Daten einer die DZMRK beziehungsweise DZK Geste präsentierenden Hand mit einer Topologie, in der für jedes Fingergelenk und jede Fingerspitze ein Knoten sowie ein weiterer Knoten für das Handzentrum beziehungsweise die Handwurzel genutzt werden. Die Nachbildung des Armstumpfes erfolgt mit zwei Knoten und ein weiteres Neuron dient als Antagonist für den das MCP des Daumens nachbildenden Knoten. Die eHPs können erfolgreich gelernt werden und die Anzahl der Knoten und folglich auch Kanten ist deutlich geringer als im vorherigen Beispiel. In einem nächsten Schritt erfolgt die weitere Reduzierung der Knoten, die letztlich in der endgültigen in Abbildung 3.32 dargestellten Topologie resultiert. Jeder Finger wird mittels zweier Kanten und demzufolge drei Knoten nachgebildet. Die Daten der Handfläche sind durch die vom Handzentrum repräsentierenden Knoten zu den Grundknoten der Finger verlaufenden Kanten abgedeckt. Der Daumen ist ebenfalls mit dem Handzentrum verbunden und wird durch zwei Knoten dargestellt. Für die Abdeckung der Daten der ulnaren Handfläche wird ein zum Grundknoten des Daumens korrespondierender Gegenknoten mit dem Handzentrum verbunden. Den Handstumpf bilden zwei weitere mit dem Handzentrum verbundene Knoten. Abbildung 3.33a zeigt die angestrebte Verteilung der Gewichtsvektoren in Bezug zum Handskelett, wohingegen Abbildung 3.33c die mit der gSOM und der zuvor präsentierten Topologie erlernte eHP der offenen Hand zeigt.

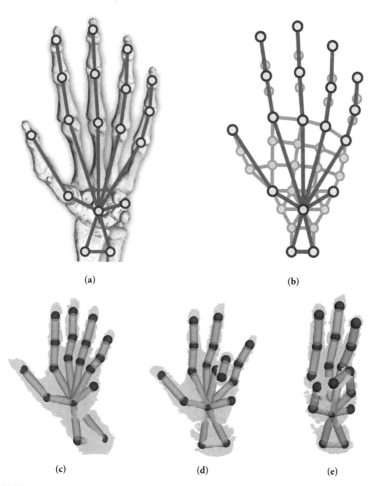

(a) (b)

(c) (d) (e)

Abbildung 3.33: (a) Angestrebte Verteilung der Knoten beziehungsweise Gewichtsvektoren der gSOM (○) in Bezug auf das Handskelett. (b) Initialisierung der Gewichtsvektoren der gSOM (○) mit Hilfe der aktuell erlernten Gewichtsvektoren der sSOM (◉). (c) Mit Hilfe der sSOM bestimmte Pose der offenen Hand. Es sind die 3D-Daten der Hand (◉), die Gewichtsvektoren der sSOM (●) und zur besseren Veranschaulichung die durch die Adjazenzmatrix definierten Verbindungen zwischen den einzelnen Knoten als leicht transparente Zylinder (–) visualisiert. Visualisierung der mit Hilfe der sSOM bestimmten Pose der Hand während der Präsentation der DZMK-Geste (d) und (e) der ZMR-Geste.

Die Initialisierung der gSOM kann auf zwei verschiedene Arten erfolgen. Zum einen ist eine Verschiebung der grob entsprechend Abbildung 3.33a angeordneten Gewichtsvektoren in das Zentrum der Punktwolke der Hand möglich. Dies hat den Vorteil, dass das Lernverfahren der gSOM komplett unabhängig von dem der sSOM erfolgen kann. Qualitative Tests zeigen allerdings, dass die gSOM im Gegensatz zur sSOM nicht oder nur langsam in der Lage ist, sich beispielsweise nach dem Lernen der Pose einer Faust bildenden Hand und der anschließenden Präsentation der DZMRK-Geste komplett zu entfalten beziehungsweise diese Pose korrekt zu erlernen. Aus diesem Grund erfolgt die alternative Initialisierung der gSOM auf Basis der aktuell mit Hilfe der sSOM erlernten Pose, indem die Werte der Gewichtsvektoren der gSOM entsprechend Abbildung 3.33b aus den der Gewichtsvektoren der sSOM extrahiert werden. Die Fingerspitzen werden direkt übernommen, wohingegen sich die mittleren Fingerknoten der gSOM aus den Mittelwerten, der beiden zu den PIPs und DIPs korrespondierenden Knoten der sSOM ergeben. Die Grundknoten der Finger entsprechen denen der MCPs. Das Zentrum ergibt sich aus dem zentralen Knoten der Handwurzel und die Punkte für den Armstumpf aus den korrespondierenden der sSOM. Als Grundknoten des Daumens wird der radiale Gewichtsvektor der proximalen Reihe des 4×4 Gitters der Handfläche übernommen. Dessen Antagonist ergibt den Wert für den Hilfsknoten. Ferner zeigen qualitative Tests, dass die gSOM während des Erlernens der eHPs für ausgestreckte Finger stabilere Resultate liefert, als die sSOM; bleibt ein Finger ausgestreckt, während sein Nachbar eingeknickt wird, so kommt es bei der sSOM häufiger vor, dass die den ausgestreckten Finger repräsentierenden Knoten nicht mehr korrekt gelernt werden, was bei der gSOM nicht der Fall ist. Beispielhaft zeigen Abbildung 3.33d und Abbildung 3.33e die mit Hilfe der gSOM erlernten Handposen für die DZMK- und ZMR-Geste, die über die Zeit der Präsentation stabil bleiben. Um diesen Vorteil zu nutzen, erfolgt die Initialisierung der gSOM auf Basis der sSOM nur beziehungsweise immer dann, wenn mit Hilfe derer Pose die sogenannte *Init-Geste* in Form DZMRK-Geste detektiert wird.

Wie auch bei der sSOM dienen einige Korrekturmechanismen zur Verbesserung der Lernergebnisse der gSOM. Eine ist die zuvor bereits erwähnte *Neuinitialisierung* auf Basis der gSOM bei Detektion der offenen Hand. Weiterhin erfolgen eine entsprechende *Distanzbeschränkung* der Kanten nach dem Lernen auf den Daten eines Bildes und der *Test auf Ausreißer*, die jeweils zum entsprechenden Zurückziehen eines Knotens in Richtung seines Ankers führen. Der Test auf Knoten, die außerhalb der in das 2D Bild rückprojizierten Daten liegen, wird zudem für die Kanten durchgeführt, indem sogenannte Dummy-Punkte auf der Kante entsprechend geprüft werden. Sollte einer dieser Punkte nicht innerhalb der Daten liegen, erfolgt eine Korrektur der Kante, indem beide Knoten beginnend bei dem dem Zentrum am nächsten Neuron zu ihrem jeweiligen Anker zurückgezogen werden. Als Dummy-Punkte werden der Mittelpunkt und jeweils die Punkte auf einem Viertel und drei Viertel der Strecke zwischen beiden Knoten der Kante gewählt. Sollte es dennoch vorkommen, dass in mehreren aufeinander folgenden Bildern Knoten außerhalb der Daten lokalisiert werden, erfolgt eine Neuinitialisierung anhand der sSOM. Die Detektion

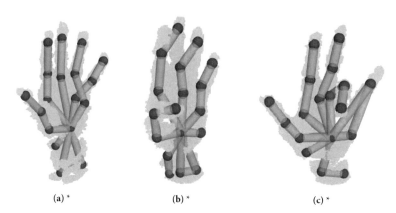

(a) *   (b) *   (c) *

Abbildung 3.34: Beispielhafte Reset-Gesten, die zur Neuinitialisierung der gSOM im nächsten Bild führen.
* Zum Erstellen der Grafiken wurden die Korrekturmechanismen deaktiviert, da die entsprechenden Probleme anderenfalls nur in sehr seltenen Fällen auftreten.

der *Reset-Gesten* gemäß Abschnitt 3.3.3, von denen drei beispielhaft in Abbildung 3.34 dargestellt sind, führt ebenfalls zur Neuinitialisierung der gSOM anhand der sSOM im Folgebild. Weitere Korrekturmchanismen werden von der sSOM nicht übernommen, da diese meist auf die Korrektur einer fehlerhaft gelernten DZMRK-Geste abzielen, die wiederum zur Neuinitialisierung der gSOM führt. Dies hat zudem zur Folge, dass solche Reset-Gesten wie beispielsweise die aus Abbildung 3.34a im Falle der parallelen Nutzung von sSOM und gSOM nicht notwendig für die alleinige Posenbestimmung mit der gSOM allerdings nutzbringend sind.

Die in den eHPs enthaltenen Positionsinformationen ergeben sich direkt aus den Werten der Gewichtsvektoren der die Fingerspitzen repräsentierenden Knoten und dem Wert des Neurons für das Handzentrum. Die Orientierung der Hand ist definiert als der Mittelwert der jeweiligen Differenzvektoren der Gewichtsvektoren der Fingerspitzen und dem Gewichtsvektor des Handzentrums sowie den sich aus Grundknoten der jeweiligen Finger und dem Handzentrum ergebenen Differenzvektoren. Der Daumen wird für die Berechnung der Orientierung nicht berücksichtigt.

3.3.3 Handgestenerkennung

Dieser Abschnitt beschreibt das Verfahren zur Erkennung von Handgesten auf Basis der mit Hilfe einer gSOM bestimmten eHP, welches letztlich mit dem in Abschnitt 3.2.3 beschriebenen Vorgehen für die sSOM übereinstimmt.

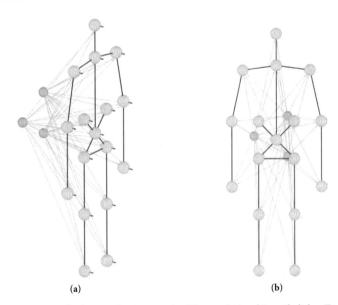

(a)   (b)

Abbildung 3.35: sSOM für die Posenbestimmung des Körpers mit einer körperähnlichen Topologie als Seitenansicht (a) und Frontalansicht (b) bestehend aus 54 Neuronen in der Ausgabeschicht (◦). Die Eingabeschicht besteht aus drei Neuronen (◉), da die sSOM zum Lernen der dreidimensionalen Datenpunkte des Körpers genutzt wird.

Die erlernten und vom Mittelwert befreiten Gewichtsvektoren für eine Handpose werden nach einer PCA in das durch die Hauptkomponenten definierte Koordinatensystem transformiert. Die Klassifikation der Handgesten auf Basis der transformierten Gewichtsvektoren erfolgt mit Hilfe einer SVM, die zuvor mit entsprechenden Handposen trainiert wurde.

3.3.4 Bestimmung der Pose des menschlichen Körpers

In diesem Abschnitt erfolgt die Bestimmung der gemäß Abschnitt 2.1.3 definierten einfachen Körperposen (eKPs) mit Hilfe der in Abschnitt 3.3.1 präsentierten gSOM. Im Folgenden wird davon ausgegangen, dass die Punktwolke des Körpers aus der mit Hilfe von Tiefenbildkameras bestimmten Gesamtszene extrahiert vorliegt.

Das Verfahren für die Posenbestimmung des menschlichen Körpers entspricht im Großen und Ganzen dem in Abschnitt 3.3.2 beschriebenen Vorgehen für die Posenbestimmung

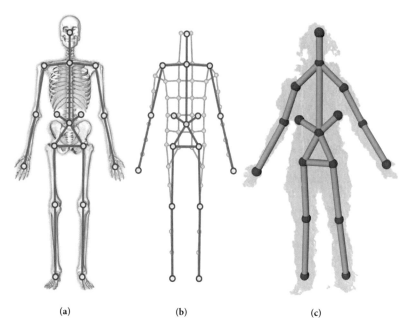

(a)   (b)   (c)

Abbildung 3.36: (a) Angestrebte Verteilung der Knoten beziehungsweise Gewichtsvektoren der gSOM (O) in Bezug auf das Skelett des menschliche Körpers. (b) Initialisierung der Gewichtsvektoren der gSOM anhand der Gewichtsvektoren der sSOM (●). (c) Mit Hilfe der gSOM bestimmte Pose des Körpers. Es sind die 3D-Daten des Körpers (●), die Gewichtsvektoren der gSOM (●) und zur besseren Veranschaulichung die durch die Adjazenzmatrix definierten Verbindungen zwischen den einzelnen Knoten als leicht transparente Zylinder (−) visualisiert.

der Hand unter Nutzung der in Abbildung 3.35 dargestellten anwendungsspezifischen Topologie.

Der Oberkörper wird mit Hilfe einer Kante vom Bauchnabel bis zum Halsansatz nachgebildet, an dem entsprechend eine Kante für den Kopf-Hals-Bereich und zwei Kanten für die Nachbildung des Schultergürtels angebracht sind. Die Arme sind direkt an den Schulterknoten angebracht und bestehen aus zwei Kanten, eine für den Ober- und eine für den Unterarm. Die Nachbildung des Becken- und Hüftbereichs erfolgt mit drei ein Dreieck bildenden Kanten. An den kaudalen Knoten setzen direkt die jeweils aus zwei Kanten bestehenden Beine an. Zur Stabilisierung des Rumpfes gehen zwei zusätzliche Kanten vom Knoten des Bauchnabels aus. Abbildung 3.36a stellt die erzielte Verteilung der Knoten und Kanten der gSOM im Bezug zum Skelett des menschlichen Körpers dar.

Die Initialisierung der Gewichtsvektoren für das Lernen mit den Daten des ersten Bildes kann auf zwei Arten erfolgen. Zum einen kann eine Verteilung der Neurone ähnlich der Anordnung innerhalb der Toplogie aus Abbildung 3.35 mit einem Kopf-Fuß-Abstand von 1,5 m in den Mittelwert der Punktwolke des Körpers geschoben werden. Mit dieser Methode kann die gSOM eigenständig für die Posenbestimmung genutzt werden. Beim zweiten Vorgehen erfolgt die Initialisierung auf Basis der aktuellen mit der sSOM gelernten Pose des Körpers gemäß der in Abbildung 3.36b dargestellten Zuordnung. Der Knoten für den Kopf wird im Mittelwert der entsprechenden Gewichtsvektoren der sSOM initialisiert. Die Knoten der Hände und Schultern sind direkt durch die der sSOM definiert, wohingegen die der Ellbogen aus den korrespondierenden Gewichtsvektoren der sSOM gemittelt werden. Der Halsansatz, die Hüften und die Knoten der beiden Hilfskanten ergeben sich jeweils aus den Mittelwerten der entsprechenden Gewichtsvektoren der sSOM. Die Füße und Knie werden direkt aus der sSOM übernommen. Der Bauchnabel ist als Mittelpunkt der vier den Nabel umgebenen Knoten der sSOM definiert. Wurde die gSOM einmal initialisiert, dient in den Folgebildern die zuvor erlernte Pose als Ausgangssituation.

Wie auch bei der Posenbestimmung der Hand mit Hilfe der gSOM dienen einige Korrekturmechanismen beziehungsweise Modifikationen zur Verbesserung der Verfahrens. Eine ist die zuvor bereits beschriebene *Initialisierung* auf Basis der sSOM unter der Annahme einer entsprechend korrekt erlernten eKP. Weiterhin erfolgen eine entsprechende *Distanzbeschränkung* der Kanten nach dem Lernen auf den Daten eines Bildes und der bereits in Abschnitt 3.3.2 entsprechend beschriebene *Test auf Ausreißer*, die zum Zurückziehen eines Knotens in Richtung seines Ankers führen. Sollte es dennoch vorkommen, dass in mehreren aufeinander folgenden Bildern Knoten außerhalb der Daten liegen oder definierte *Reset-Gesten*, von denen Abbildung 3.37 beispielhaft zwei zeigt, mit dem Verfahren aus Abschnitt 3.3.5 erkannt werden, erfolgt eine Neuinitialisierung anhand der sSOM.

Eine weitere bereits bekannte Modifikation ist die Detektion der sogenannten *Init-Geste* auf Basis der Posenbestimmung und Gestenerkennung für den menschlichen Körper mit Hilfe der sSOM. Als Init-Geste ist wie bei der sSOM auch die eKP einer korrekt erlernten Neutral-Null-Stellung mit in einem Winkel von rund 30° innerhalb der Frontalebene abduzierten Armen und hüftbreit auseinanderstehenden Beinen definiert. Die Init-Geste beziehungsweise Init-Pose entspricht der aus Abbildung 3.36c allerdings bestimmt anhand der sSOM. Im Falle der Erkennung dieser Körperpose erfolgt die oben beschriebene Neuinitialisierung der gSOM auf Basis der sSOM.

Abbildung 3.36c zeigt ein beispielhaftes Resultat des Erlernens der Körperpose mit Hilfe der sSOM.

Die einfache Körperpose (eKP) ergibt sich direkt aus den Gewichtsvektoren der Neurone der gSOM. Die Position des Körpers im Raum ist definiert als der Wert des Gewichtsvektors des Bauchnabelknotens, der ebenfalls Ausgangspunkt für den Orientierungsvektors des Körpers in Richtung Halsknoten ist.

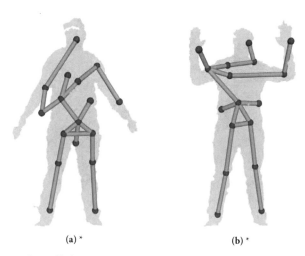

(a) *   (b) *

Abbildung 3.37: Beispielhafte Reset-Gesten, die zur Neuinitialisierung der gSOM im nächsten Bild führen.
* Zum Erstellen der Grafiken wurden die Korrekturmechanismen deaktiviert, da die entsprechenden Probleme anderenfalls nur in sehr seltenen Fällen auftreten.

3.3.5 Körpergestenerkennung

Dieser Abschnitt beschreibt das Verfahren zur Erkennung von Körpergesten auf Basis der mit Hilfe einer gSOM bestimmten eKP, welches letztlich mit dem in Abschnitt 3.2.5 beschriebenen Vorgehen für die sSOM übereinstimmt.

Die erlernten und vom Mittelwert befreiten Gewichtsvektoren werden nach einer PCA in das durch die Hauptkomponenten definierte Koordinatensystem transformiert. Die Klassifikation der Körpergesten auf Basis der transformierten Gewichtsvektoren erfolgt mit Hilfe einer SVM separat für jede Gliedmaße und kann im Anschluss beliebig zu einer Gesamtgeste kombiniert werden.

3.3.6 Gesamtverfahren für die Bestimmung der Pose der Hand

Dieser Abschnitt fasst das Gesamtverfahren für die Bestimmung der eHPs basierend auf dem sequentiellen Lernen mit den Daten einer Punktwolke der Hand mit der sSOM und gSOM unter Zuhilfenahme von Abbildung 3.38 zusammen.

Je Bild beziehungsweise Datenwolke einer mit Hilfe einer beliebigen Tiefenbildkamera aufgenommenen Szene erfolgt in einem ersten Schritt die Bestimmung der Punktwolke der

Abbildung 3.38: Zusammenfassung des gesamten Verfahrens für die Bestimmung von Handposen und -gesten auf Basis der sSOM und der gSOM. Ausgehend von der Ermittlung der Punktwolke der Hand aus der 3D-Szene findet die Verarbeitung eines Bildes sequentiell mit den im Uhrzeigersinn gegebenen Schritten statt.

Hand auf Basis eines der in Abschnitt 2.3 vorgestellten Verfahren, die die Grundlage des Lernens der eHP mit einer SOMs bildet. Sind die Daten der Hand aus der gesamten Szene segmentiert, erfolgt die Bestimmung der Handpose mit Hilfe der sSOM. Einige Modifikationen oder Korrekturmechanismen dienen dabei zur Verbesserung und Stabilisierung der Lernergebnisse. Hierbei ist zu beachten, dass stets davon ausgegangen wird, dass die erste präsentierte Handpose der offenen Hand beziehungsweise der DZMRK-Geste entspricht. Auf Basis der erlernten eHP wird die Handgeste klassifiziert und gegebenenfalls für die Initialisierung der gSOM genutzt. In einem vierten Schritt lernt die gSOM anhand der Punktwolke der Hand unter Verwendung von Korrekturmechanismen die eHP, die im Anschluss ebenfalls zur Klassifikation der Handgeste genutzt wird. Sollte mit Hilfe beider

Verfahren dieselbe Geste bestimmt worden sein, ist dies ein Indiz für die Korrektheit der Posenbestimmung und Gestenerkennung. Bei Ungleichheit hat die auf Basis der gSOM bestimmte Handgeste Vorrang, da das Verfahren ausgehend von der offenen Hand stabiler in den Daten liegt.

Als Hinweis sei hier erwähnt, dass jedes Verfahren einzeln für die Bestimmung der Pose der Hand genutzt werden kann, indem die entsprechenden Varianten der Initialisierung gewählt und die *Init-Gesten* nicht genutzt werden.

3.3.7 Gesamtverfahren für die Bestimmung der Pose des Körpers

Dieser Abschnitt fasst das Gesamtverfahren für die Bestimmung der eKPs mit Hilfe des sequentiellen Lernens der sSOM und der gSOM auf einer den Körper des Menschen repräsentierenden Punktwolke zusammen. Abbildung 3.39 gibt eine Überblick über den gesamten Ablauf der Verarbeitung eines Kamerabildes.

Für jedes Bild erfolgt im ersten Schritt die Bestimmung der Punktwolke des Körpers mit Hilfe eines einfachen Clippings oder einer Analyse der Gesamtszene entsprechend Abschnitt 2.4. Im Rahmen der in Kapitel 7 vorgestellten Entwicklung von Anwendungen werden weitere Verfahren für die Filterung der zum Körper korrespondierenden 3D-Datenpunkte aus der Gesamtszene vorgestellt, die in Abbildung 3.39 nicht Berücksichtigung finden. Die Bestimmung der Körperpose erfolgt zuerst mit der sSOM unter Berücksichtigung einiger Korrekturmechanismen. Ist die Pose bestimmt, kann diese zu einer Geste klassifiziert werden. Im Anschluss lernt die gSOM auf den Daten des Körpers. Auch hier dienen einige Kontroll- beziehungsweise Korrekturmechanismen der Stabilisierung des Verfahrens. In einem letzten Schritt wird die auf Basis der gSOM bestimmte Pose zu einer Geste klassifiziert. Stimmen die Gesten beider Verfahren überein, ist es ein Hinweis auf eine korrekt erlernte eKP. Qualitative Tests zeigen, dass die gSOM generell stabiler in den Daten liegt, was dazu führt, dass im Zweifel die auf Basis der gSOM detektierte Geste als Resultat genutzt wird.

Abbildung 3.39: Zusammenfassung des gesamten Verfahrens für die Bestimmung von Körperposen und -gesten auf Basis der sSOM und der gSOM. Ausgehend von der Ermittlung der Punktwolke des Körpers aus der 3D-Szene findet die Verarbeitung eines Bildes sequentiell mit den im Uhrzeigersinn gegebenen Schritten statt.

4 Posenbestimmung mit Hilfe eines kinematischen Modells

Dieses Kapitel beschreibt ein auf einem kinematischen Modell (kinMod) basierendes Verfahren für die Posenbestimmung der menschlichen Hand und des Körpers. Unter einem kinMod wird eine Beschreibung eines Objektes bestehend aus gelenkig miteinander verbundenen Teilkomponenten verstanden, die die kinematischen Eigenschaften in Form der Bewegungsmöglichkeiten nachbildet. Ausgehend von einem positions- und orientierungsbeschreibenden im zum Raum gehörenden Weltkoordinatensystem (WKS) platzierten Basiskoordinatensystem (BKS) des Objektes wird für jede Bewegungsachse der Gelenke ein eigenes Koordinatensystem (KS) definiert, dessen Pose stets innerhalb des vorherigen Gelenks angegeben ist, wobei der Parameter für die Bewegungsachse variabel bleibt. Die Positionsinformationen der einzelnen Gelenke können anhand dieses Modells und gegebener Gelenkwinkel bestimmt werden. Einer der gängigsten Verwendungszwecke ist in der Robotik zur Beschreibung von Industrierobotern zu finden, bei denen unter anderem anhand der kinMods abzufahrende Trajektorien und Positionen der Endeffektoren berechnet werden können.

In dieser Arbeit finden ein kinMod der Hand und eines des menschlichen Körpers für das Lösen des Problems der Posenbestimmung Anwendung. Diese werden in die zuvor aus der mit Hilfe einer Tiefenbildkamera aufgenommenen 3D-Szene bestimmten Punktwolken der Hand beziehungsweise des Körpers eingepasst. Die kinMods ermöglichen im Gegensatz zu den zuvor in Kapitel 3 beschriebenen, auf SOMs basierenden Verfahren die Bestimmung der vHPs und vKPs, die zusätzlich zu den Positionen definierter Hand- und Körpermerkmale, wie Fingerspitzen oder Fingergrundgelenke im Falle der Hand beziehungsweise Schultern, Ellbogen, Knie oder Füße im Falle des Körpers, die kompletten nachgebildeten kinematischen Informationen in Form der Stellungen respektive Winkel der Gelenke enthalten. Diese können wiederum für beliebige Anwendungen wie die Gestenerkennung oder Steuerung von Industrierobotern anhand der Bewegungen eines Armes verwendet werden.

Nach einer grundlegenden Einführung in das Themengebiet der kinMods anhand des Beispiels des Leichtbauroboterarms KUKA LBR iiwa[1] inklusive der Klärung der Begrifflichkeiten von Vorwärts- und inverser Kinematik folgt die Anwendung von kinMods auf

---

[1] https://www.kuka.com/en-de/products/robot-systems/industrial-robots/lbr-iiwa, Januar 2018

© Springer Fachmedien Wiesbaden GmbH, ein Teil von Springer Nature 2019
K. Ehlers, *Echtzeitfähige 3D Posenbestimmung des Menschen in der Robotik*,
https://doi.org/10.1007/978-3-658-24822-2_4

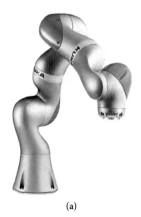
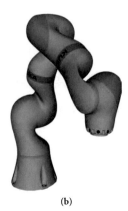

(a)   (b)

Abbildung 4.1: (a) Offizielles Pressefoto des Leichtbauroboters KUKA LBR iiwa mit sieben Gelenken[2]. (b) Das nachfolgend verwendete 3D-Modell des KUKA LBR iiwa aus dem kuka_experimental Paket[3] für das Robot Operating System (ROS)[4].

das Problem der Posenbestimmung. Zu diesem Zweck wird jeweils ein kinMod der Hand und eines für den Körper entworfen und in die korrespondierenden 3D-Daten eingepasst. Anhand der vHPs und vKPs werden entsprechend die Hand- oder Körpergesten bestimmt.

Teile der in diesem Kapitel präsentierten Verfahren wurden in [EK15], [EB16] und einem Patentantrag [EH14] publiziert.

4.1 Kinematische Modelle

In diesem Abschnitt wird eine Einführung in das Gebiet der kinMods und ihre Anwendung im Bereich der Industrierobotik gegeben. In einem ersten Schritt erfolgt beispielhaft die Erstellung eines kinMod des in Abbildung 4.1a dargestellten KUKA LBR iiwa und die Berechnung der Position und Orientierung seines Endeffektors mit Hilfe der Vorwärtskinematik. Für die Erstellung des kinMod werden die Denavit-Hartenberg-Konventionen verwendet, die anhand der regelbasierten Positionierung der einzelnen Koordinatensysteme in den Gelenken des Roboters die Beschreibung der Pose eines KS innerhalb eines anderen mit lediglich vier Parametern statt der sonstigen sechs Freiheitsgrade (englisch Degrees of freedom)s (DOFs) ermöglichen. Im Anschluss erfolgen Erläuterungen zur in-

---

2   https://www.kuka.com/de-de/presse/mediathek, Januar 2018
3   http://wiki.ros.org/kuka_experimental, Januar 2018
4   http://www.ros.org, Januar 2018

versen Kinematik, die die Bestimmung der anzufahrenden Gelenkstellungen des Roboters ermöglichen, um eine gewünschte Pose des Endeffektors einzunehmen.

4.1.1 Vorwärtskinematik

Dieser Abschnitt klärt die Begrifflichkeiten kinematische Kette sowie kinMod und beschreibt deren Erstellung unter Zuhilfenahme der Denavit-Hartenberg-Konventionen. Es erfolgt die Herleitung des kinMod des in Abbildung 4.1b als 3D-Modell dargestellten KUKA LBR iiwa. Ferner wird die als Vorwärtskinematik bezeichnete Berechnung der Gelenk- und Endeffektorposen auf Basis des kinMod und den gegebenen Gelenkwinkeln erläutert.

Unter einer kinematischen Kette wird eine sequentielle Anordnung von jeweils relativ zueinander positionierten Koordinatensystemen verstanden, die meist zu den Gelenken eines Objektes bestehend aus mehreren gelenkig miteinander verbundenen Teilkomponenten korrespondieren. Ausgehend von einem BKS erfolgt die Beschreibung der Pose eines KS_1 innerhalb des BKS. Die Pose eines weiteren KS_2 wird wiederum in Bezug zu KS_1 angegeben und so weiter. Die Beschreibung der Transformationen erfolgt mit Hilfe der Angabe von sechs zu den DOFs korrespondierenden Parametern, wobei das gängige Vorgehen den zur Bewegungsachse beziehungsweise Bewegung korrespondierenden Parameter als variabel definiert, um die entsprechenden kinematischen Eigenschaften durch Änderung dieses Parameters nachbilden zu können. Im Falle eines Industrieroboters wie dem KUKA LBR iiwa besteht die kinematische Kette aus einer Folge von Koordinatensystemen beginnend bei dem die Pose im Raum beschreibenden BKS gefolgt von jeweils einem KS je beweglicher Gelenkachse bis hin zum Endeffektor. Es ist zu beachten, dass sich die Bewegungen in einem Gelenk durch Änderung des bewegungsbeschreibenden Parameters auf die Position aller Folgegelenke auswirken. Im Falle eines Objektes, dessen kinematische Eigenschaften mit einer eben beschriebenen kinematischen Kette nachgebildet werden können, entspricht diese Kette dem kinMod des Objektes. Es gibt allerdings Objekte wie zum Beispiel die Hand, die ausgehend von einem BKS aus mehreren kinematischen Ketten bestehen und bei denen demzufolge die Gesamtheit aller für die Beschreibung der kinematischen Eigenschaften notwendigen kinematischen Ketten das kinMod bildet. Ferner sei hier erwähnt, dass nicht jedes KS eines kinMod eine Bewegung nachbilden muss, sondern auch lediglich eine starre Verbindung zwischen den Strukturen des Objektes repräsentieren kann.

Nachfolgend werden die sogenannten Denavit-Hartenberg-Konventionen vorgestellt, die einige Regeln definieren, um die Koordinatensysteme der Gelenke eines Industrieroboters zu positionieren sowie auszurichten und somit die Beschreibung der Transformationen zwischen den Koordinatensystemen mit einer geringeren Anzahl an Parametern ermöglichen.

Dernavit-Hartenberg-Konventionen

Im Allgemeinen erfolgt die Beschreibung von Transformationen zwischen Koordinatensystemen mit Hilfe von sechs DOFs; den drei Translationen entlang und den drei Rotationen um die Achsen des Referenzkoordinatensystems gemäß der in Abschnitt 2.1.1 vorgestellten Konventionen. Um die Anzahl an Parametern der Transformationen zwischen den Koordinatensystemen einer kinematischen Kette eines Industrieroboters zu reduzieren, bedient man sich der sogenannten Denavit-Hartenberg-Konventionen (DH-Konventionen), bei denen die Koordinatensysteme der Gelenke unter Berücksichtigung festgelegter Regeln in den Roboter gelegt werden. Dieses Vorgehen ermöglicht die Definition der Transformationen mit lediglich vier Parametern. Im Laufe der Zeit wurden verschiedene Versionen der DH-Konventionen vorgestellt [43], wobei sich die nachfolgenden Erläuterungen auf die ursprünglichen von Denavit und Hartenberg in [68] präsentierten Konventionen und den Ausführungen von Weber [69] beziehen.

In einem ersten Schritt werden die Koordinatensysteme entsprechend nachfolgender Regeln nummeriert und in den Roboter gelegt.

- Die N beweglichen beziehungsweise gelenkig miteinander verbundenen Komponenten k werden von 1 bis N durchnummeriert, wobei die ruhende Basis des Roboters, in der das die Pose des Roboters beschreibende BKS in Bezug zum WKS definiert wird, die Nummer 0 bekommt.

- Die N Gelenke j des Roboters mit je einer Rotations- beziehungsweise Bewegungsachse erhalten die Nummern 1 bis N, wobei das die Komponenten k_{i-1} und k_i verbindende Gelenk die Nummer i erhält.

Die Rotation innerhalb eines Gelenks erfolgt stets um die z-Achse des entsprechenden KS. Demzufolge werden die Koordinatensysteme innerhalb der Gelenke entsprechend der nachfolgenden Regeln definiert.

- Die z_i-Achse ist entlang der Bewegungsachse des Gelenks j_{i+1} orientiert.

- Die x_i-Achse steht senkrecht auf der z_{i-1} sowie z_i und ist gegebenenfalls in Richtung z_i orientiert.

- Die y_i-Achse vervollständigt das rechtshändige Koordinatensystem.

Zusätzlich zu diesen, die Orientierung der Koordinatensysteme bestimmenden, Regeln definieren die folgenden die Position des Koordinatenursprungs.

- Der Koordinatenursprung von KS_i liegt auf der Gelenkachse von j_{i+1}.

- Bei sich schneidenden Gelenkachsen von j_i und j_{i+1} ergibt sich der Koordinatenursprung aus dem Schnittpunkt beider Achsen.

- Bei parallel verlaufenden Gelenkachsen von j_i und j_{i+1} erfolgt erst die Definition von KS_{i+1}. Der Ursprung von KS_i wird anschließend so auf der Gelenkachse von j_{i+1} platziert, dass sich der minimale Abstand zwischen beiden Ursprüngen ergibt.

- Sind die Gelenkachsen weder parallel noch schneiden sie sich, ergibt sich der Koordinatenursprung von KS_i aus dem Schnittpunkt der gemeinsamen Normalen beider Gelenkachsen und der Achse von j_{i+1}.

Das BKS und das KS des Endeffektors bilden jeweils eine Ausnahme. Der Koordinatenursprung des BKS kann frei auf der Gelenkachse von j_1 positioniert werden. Die Ausrichtung der x_0-Achse kann frei gewählt werden. Die Ausrichtung des KS_N des Endeffektors ist in soweit frei, als dass es mit Hilfe der nachfolgend vorgestellten DH-Parameter möglich sein muss, KS_{N-1} in KS_N zu überführen.

Sind Koordinatensysteme nach den DH-Konventionen festgelegt worden, können sie mit zwei Translationen und zwei Rotationen ineinander überführt werden. Diese sogenannten DH-Parameter sind folgendermaßen definiert:

- Die Translation entlang z_{i-1} für die Minimierung des Abstandes der Koordinatenursprünge von KS_{i-1} und KS_i wird mit d_i bezeichnet.

- θ_i bezeichnet den absoluten Drehwinkel um Gelenk i respektive um die z_{i-1}-Achse um die x_{i-1}-Achse in die x_i-Achse zu überführen.

- Der Parameter a_i beschreibt die Translation entlang der x_i-Achse, um die Koordinatenursprünge von KS_{i-1} und KS_i ineinander zu überführen.

- Die Überführung von z_{i-1} in z_i erfolgt mit Hilfe der Rotation um die x_i-Achse um den Rotationswinkel α_i.

Die Überführung eines KS_{i-1} in das KS_i erfolgt mit Hilfe der durch die Reihenfolge der Parameter gegebenen sequentiellen Ausführung lokaler Transformationen. Als Überführungsmatrix beziehungsweise Transformationsmatrix $_{i-1}\mathbf{DH}^i$ ergibt sich folglich

$$_{i-1}\mathbf{DH}^i(d_i,\theta_i,a_i,\alpha_i) = \mathbf{Rot}_{z_{i-1}}(\theta_i) \cdot \mathbf{Trans}_{z_{i-1}}(d_i) \cdot \mathbf{Rot}_{x_i}(\alpha_i) \cdot \mathbf{Trans}_{x_i}(a_i) \quad (4.1)$$

$$= \begin{pmatrix} \cos(\theta_i) & -\sin(\theta_i)\cos(\alpha_i) & \sin(\theta_i)\sin(\alpha_i) & a_i\cos(\theta_i) \\ \sin(\theta_i) & \cos(\theta_i)\cos(\alpha_i) & -\cos(\theta_i)\sin(\alpha_i) & a_i\sin(\theta_i) \\ 0 & \sin(\alpha_i) & \cos(\alpha_i) & d_i \\ 0 & 0 & 0 & 1 \end{pmatrix} . \quad (4.2)$$

Die Überführung des BKS in das Endeffektorkoordinatensystem (EKS) ergibt sich aus der Hintereinanderausführung aller DH-Transformationen als Matrix

$$_{\mathrm{BKS}}\mathbf{T}^{\mathrm{EKS}}(_{\mathrm{KS}_0}\mathbf{dh}^{\mathrm{KS}_7},\theta_1,\ldots,\theta_7) = {_0}\mathbf{DH}^1 \cdot {_1}\mathbf{DH}^2 \cdot \ldots \cdot {_{N-1}}\mathbf{DH}^N \quad (4.3)$$

und ist unter Angabe der festen DH-Parameter $_{\mathrm{KS}_0}\mathbf{dh}^{\mathrm{KS}_7}$ eine Funktion in Abhängigkeit von den Gelenkwinkeln $\theta_1,\ldots,\theta_7$.

Tabelle 4.1: DH-Parameter des KUKA LBR iiwa entsprechend des in Abbildung 4.3 dargestellten kinMod. Die Indizierung der Gelenkwinkel θ_i korrespondiert zu den Gelenknummern. Die Maße des Roboters wurden [70] entnommen.

Transformation	d_i	θ_i	a_i	α_i
$_{KS_0}\mathbf{DH}^{KS_1}$	340 mm	θ_1	0	$90°$
$_{KS_1}\mathbf{DH}^{KS_2}$	0	θ_2	0	$-90°$
$_{KS_2}\mathbf{DH}^{KS_3}$	400 mm	θ_3	0	$-90°$
$_{KS_3}\mathbf{DH}^{KS_4}$	0	θ_4	0	$90°$
$_{KS_4}\mathbf{DH}^{KS_5}$	400 mm	θ_5	0	$90°$
$_{KS_5}\mathbf{DH}^{KS_6}$	0	θ_6	0	$-90°$
$_{KS_6}\mathbf{DH}^{KS_7}$	111 mm [7]	θ_7	0	0

Es folgt beispielhaft die Erstellung eines kinMod für den KUKA LBR iiwa und die Berechnung der Pose des Endeffektors unter der Annahme gegebener Parameter.

Kinematisches Modell für den KUKA LBR iiwa

Der bereits in Abbildung 4.1a gezeigte KUKA LBR iiwa ist ein von der Firma KUKA[5] hergestellter Leichtbauroboter (LBR) mit sieben Gelenken, der als sensitiver „intelligent industrial work assistant[6]" mit Traglasten von 7 kg bis 14 kg für den Einsatz im Bereich der MRK konzipiert wurde. Gerade für entsprechende industrielle Anwendung ist das präzise Anfahren definierter Posen in Abhängigkeit von der montierten Position des Roboters von essentieller Bedeutung. Dies macht die korrekte Erstellung von kinMods zu einer grundlegenden Voraussetzung.

Abbildung 4.2 stellt eine mögliche sequentielle Definition der Koordinatensysteme der kinematischen Kette auf Basis der DH-Konventionen für den KUKA LBR iiwa dar. Es ist zu beachten, dass die Richtungen der z-Achsen, die letztlich jeweils die Rotation innerhalb eines Gelenks repräsentieren, so ausgerichtet sind, dass die Rotationsrichtungen mit den angegebenen Spezifikationen des Roboters aus [70] übereinstimmen. Die Entwicklung des Modells erfolgt ausgehend vom mit dem BKS des Roboters übereinstimmenden KS_0 bis hin zu KS_7, welches hier die Pose des Montagepunktes des Endeffektors repräsentiert. In Abbildung 4.3 ist die sequentielle Definition des kinMod mit Hilfe von DH-Matrizen visualisiert. Die korrespondierenden DH-Parameter sind in Tabelle 4.1 zusammengefasst.

---

[5]   https://www.kuka.com/de-de, Januar 2018
[6]   https://www.kuka.com/de-de/produkte-leistungen/robotersysteme/industrieroboter/lbriiwa, Januar 2018
[7]   Dieser Wert ist vom montierten Medien-Flansch abhängig.

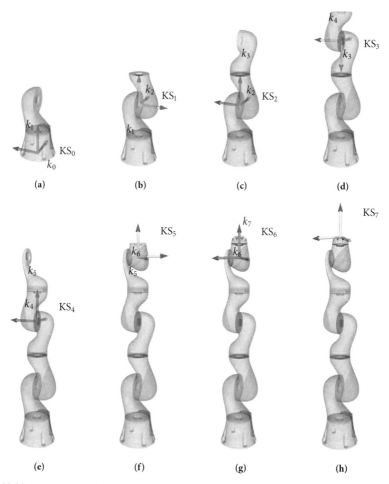

Abbildung 4.2: Sequentielle Posenfindung der Koordinatensysteme für das kinMod des KUKA LBR iiwa auf Basis der DH-Konventionen beginnend beim BKS KS_0 bis zu KS_7, welches die Pose des Montierungspunktes für den Endeffektor repräsentiert. Je Abbildung erfolgt die Hinzunahme eines neuen Gelenks und die Darstellung des korrespondierenden KS. Die z-Achse entspricht stets der Rotationsachse und ist durch eine rote Spitze (➤), die x-Achse durch eine orange Spitze (➤) und die y-Achse durch eine grüne Spitze (➤) gekennzeichnet. Bei der Erstellung wurde außerdem auf die Übereinstimmung mit den tatsächlichen Rotationsrichtungen des Roboters geachtet [70].

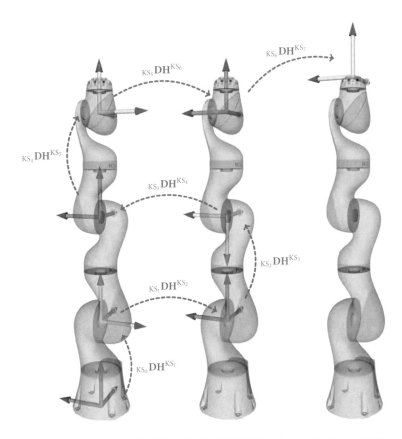

Abbildung 4.3: DH-Matrizen des kinMod für den KUKA LBR iiwa basierend auf den in Abbildung 4.2 definierten Koordinatensystemen. Die z-Achse ist durch eine rote Spitze (➤), die x-Achse durch eine orange Spitze (➤) und die y-Achse durch eine grüne Spitze (➤) gekennzeichnet. Tabelle 4.1 fasst die DH-Parameter zusammen.

Die kinematische Kette des Roboters beziehungsweise die Pose $_{KS_0}\mathbf{P}_7$ des Endeffektors innerhalb von KS_0 ist folglich in Abhängigkeit der DH-Parameter $_{KS_0}\mathbf{dh}^{KS_7}$ zur Überführung des KS_0 in das KS_7 und der aktuellen Gelenkwinkel $\theta_1, \ldots, \theta_7$ gegeben als

$$
\begin{aligned}
&_{KS_0}\mathbf{P}_7\big(_{KS_0}\mathbf{dh}^{KS_7}, \theta_1, \ldots, \theta_7\big) = \\
&_{KS_0}\mathbf{DH}^{KS_1}{}_{KS_1}\mathbf{DH}^{KS_2}{}_{KS_2}\mathbf{DH}^{KS_3}{}_{KS_3}\mathbf{DH}^{KS_4}{}_{KS_4}\mathbf{DH}^{KS_5}{}_{KS_5}\mathbf{DH}^{KS_6}{}_{KS_6}\mathbf{DH}^{KS_7} \quad .
\end{aligned} \tag{4.4}
$$

Es sei hier nochmal explizit erwähnt, dass $_{KS_0}\mathbf{dh}^{KS_7}$ zur Überführung des KS_0 in das KS_7 lediglich zu den Gelenkwinkeln korrespondierende Offsets enthält und die Gelenkwinkel selbst stets zusätzlich angegeben werden müssen. Um die Pose von KS_7 im WKS zu bestimmen, muss die des BKS des Roboters im WKS definiert und entsprechend Abschnitt 2.1.1 als Transformationsmatrix $_{WKS}\mathbf{T}^{BKS}$ in Abhängigkeit der drei Translationen entlang sowie der drei Rotationen um die Achsen des WKS unter Verwendung einer der vorgestellten Konventionen beschrieben werden. Die sechs entsprechenden Posenparameter seien durch den Vektor $_{WKS}\mathbf{t}^{BKS}$ definiert. Die Pose des Endeffektors im WKS ist folglich gegeben als

$$_{WKS}\mathbf{P}_7\left(_{WKS}\mathbf{t}^{BKS},_{KS_0}\mathbf{dh}^{KS_7},\theta_1,\ldots,\theta_7\right) =$$
$$_{WKS}\mathbf{T}^{BKS}{}_{KS_0}\mathbf{DH}^{KS_1}{}_{KS_1}\mathbf{DH}^{KS_2}{}_{KS_2}\mathbf{DH}^{KS_3}{}_{KS_3}\mathbf{DH}^{KS_4}{}_{KS_4}\mathbf{DH}^{KS_5}{}_{KS_5}\mathbf{DH}^{KS_6}{}_{KS_6}\mathbf{DH}^{KS_7} \quad (4.5)$$

und kann unter Angabe der DH-Parameter, der sechs Posenparameter sowie der aktuellen Gelenkwinkel entsprechend berechnet werden. Unter der Annahme, dass der Roboterarm fest im WKS positioniert ist und da die DH-Parameter des Roboters fest gegeben sind, hängt die Pose des Endeffektors lediglich von den sieben Gelenkwinkeln ab. Dies führt zu der nachfolgend genutzten Definition der Stellungsmatrix als reine Funktion der Gelenkwinkel in der Form

$$_{WKS}\mathbf{P}_7(\theta_1,\ldots,\theta_7) = {}_{WKS}\mathbf{P}_7\left(_{WKS}\mathbf{t}^{BKS},_{KS_0}\mathbf{dh}^{KS_7},\theta_1,\ldots,\theta_7\right) \ . \quad (4.6)$$

4.1.2 Inverse Kinematik

Dieser Abschnitt stellt verschiedene Ansätze für die inverse Kinematik beziehungsweise Rückwärtsrechnung vor, deren Ziel die Berechnung der von einem Roboter anzufahrenden Gelenkstellungen für das Einnehmen einer gewünschten Pose des Endeffektors ist. Nach einer Übersicht gängiger Lösungsmöglichkeiten erfolgt eine nähere Beschreibung zum Finden einer numerischen Lösung im Rahmen der inkrementellen inversen Kinematik, da diese für die in den nachfolgenden Abschnitten 4.2 und 4.3 vorgestellten Anwendungen eines kinMod für die Posenbestimmung der menschlichen Hand und des Körpers von bedeutenderer Relevanz ist. Die präsentierten Methoden basieren auf den für ausführlichere Recherchen empfohlenen Veröffentlichungen von Adams [44], Siciliano und Khatib [43] sowie Weber [69].

Bei der sogenannten expliziten Rückwärtsrechnung wird als Ziel das direkte Bestimmen der Gelenkparameter eines Roboters zum Einnehmen einer gegebenen Position und Orientierung des Endeffektors definiert. Das generelle Problem besteht darin, dass gerade bei Industrierobotern mit mehr als sechs Gelenken beziehungsweise DOFs die Pose des Endeffektors oft mehrdeutig ist respektive mit verschiedenen Gelenkkonfigurationen eingenommen werden kann. Ein typisches Beispiel ist die in Abbildung 4.4 visualisierte Elbow up/down Entscheidung; das Ellbogengelenk des Roboters kann für ein und dieselbe

(a) (b)

Abbildung 4.4: Beispielhafte Darstellung zweier Roboterkonfigurationen mit identischer Pose des Endeffektors mit gehobenem oder nicht gehobenem Ellbogen.

Pose des Endeffektors in zwei Richtungen gebeugt werden. Ferner ist zu berücksichtigen, dass nicht jede beliebige Stellung vom Roboter eingenommen werden kann, was zwar die zuvor erwähnte Mehrdeutigkeit einschränkt, jedoch zu unerreichbaren Posen führt.

Die zwei gängigsten Ansätze für die explizite Berechnung ergeben sich aus rein geometrischen Betrachtungen der Pose des Endeffektors im kartesischen BKS des Roboters, die je nach Blickrichtung Rückschlüsse auf einzelne Gelenkstellungen zulassen oder aus der direkten Gleichsetzung der posenbeschreibenden Stellungsmatrix des Endeffektors mit der sich aus der kinematischen Kette ergebenden Matrix. Im Falle des KUKA LBR iiwa und $_{KS_0}\mathbf{P}_7$ aus Gleichung 4.4 würden sich zwölf die trigonometrischen Funktionen enthaltene Gleichungen für sieben zu bestimmende Gelenkwinkel ergeben. Diese algebraische Lösung führt demnach zu mehreren Ergebnissen. Ein häufig genutzter Ansatz zur Vereinfachung ist die Trennung von Positions- und Orientierungsproblem, was in einfacheren Matrizen resultiert. Auch iterative numerische Lösungen mit Hilfe von Optimierungsverfahren sind denkbar, jedoch meist deutlich rechenintensiver.

Für das Abfahren einer definierten Trajektorie kann diese beispielsweise in mehrere jeweils nah beieinander liegende beziehungsweise ähnliche Posen unterteilt werden, wobei das Abfahren dieser Zwischenposen sequentiell erfolgt. Je nach Anwendung ist in solchen Fällen nicht die explizite Bestimmung der einzelnen Gelenkwinkel des Roboters von Bedeutung, sondern eher die Bewegung des Endeffektors aus der aktuellen Pose in Richtung der neuen Zwischenpose. Ein darauf basierender Ansatz zum Lösen der inversen Kinematik wird nachfolgend beschrieben. Der generelle Gedanke bei der Lösung dieses Problems liegt in der Linearisierung der trigonometrischen Funktionen im Definitionsbereich um 0°, was es erlaubt, die notwendigen Winkeländerungen zum Einnehmen der neuen, ähnlichen Pose mit Hilfe des Gradienten der die Pose des Endeffektors beschreibenden Stellungsmatrix

$$_{\text{WKS}}\mathbf{P}_7(\theta_1,\ldots,\theta_7) = \begin{pmatrix} p_{11} & p_{12} & p_{13} & p_{14} \\ p_{21} & p_{22} & p_{23} & p_{24} \\ p_{31} & p_{32} & p_{33} & p_{34} \\ 0 & 0 & 0 & 1 \end{pmatrix}$$ (4.7)

aus Gleichung 4.5 zu bestimmen. Ferner sei die Funktion $f_{\text{WKS}\mathbf{P}_7}$ definiert als

$$f_{\text{WKS}\mathbf{P}_7}(\theta_1,\ldots,\theta_7) = f_{\text{WKS}\mathbf{P}_7}(\Theta) = \begin{pmatrix} p_{11} \\ p_{21} \\ p_{31} \\ p_{12} \\ \vdots \\ p_{24} \\ p_{34} \end{pmatrix},$$ (4.8)

wobei Θ alle sieben Gelenkwinkel repräsentiert. Die Angabe der als nächstes zum Zeitpunkt $n+1$ anzufahrenden Teilpose $_{\text{WKS}}\mathbf{P}_7^{n+t}$ des Endeffektors innerhalb des WKS kann zwar direkt angegeben werden, jedoch ist es gängiger, die gewünschten Änderungen der Pose in Bezug zum WKS anzugeben und $_{\text{WKS}}\mathbf{P}_7^{n+1}$ entsprechend aus der aktuellen Pose $_{\text{WKS}}\mathbf{P}_7^n$ zu berechnen. Unter der Annahme kleiner Winkeländerungen, ist die zu realisierende Posenänderung $\text{d}_{\text{WKS}}\mathbf{P}_7$ definiert als

$$\text{d}_{\text{WKS}}\mathbf{P}_7 = {}_{\text{WKS}}\mathbf{P}_7^{n+1} - {}_{\text{WKS}}\mathbf{P}_7^n$$ (4.9)

und es gilt

$$\text{d}f_{\text{WKS}\mathbf{P}_7} = f_{\text{WKS}\mathbf{P}_7^{n+1}} - f_{\text{WKS}\mathbf{P}_7}(\Theta^n)$$ (4.10)

mit den aktuellen Gelenkwinkeln Θ^n. Die Berechnung von $f_{\text{WKS}\mathbf{P}_7}(\Theta^n)$ ist mit Hilfe der aktuellen Gelenkwinkel direkt möglich und $f_{\text{WKS}\mathbf{P}_7^{n+1}}$ ist durch die gewünschte Pose direkt gegeben. Es gilt weiterhin

$$\text{d}f_{\text{WKS}\mathbf{P}_7} \approx \mathbf{J}_{f_{\text{WKS}\mathbf{P}_7}}(\Theta^n)\text{d}\Theta$$ (4.11)

beziehungsweise

$$
\begin{pmatrix} \mathrm{d}p_{11} \\ \mathrm{d}p_{21} \\ \mathrm{d}p_{31} \\ \mathrm{d}p_{12} \\ \vdots \\ \mathrm{d}p_{24} \\ \mathrm{d}p_{34} \end{pmatrix} \approx \begin{pmatrix} \frac{\partial p_{11}}{\partial \theta_1}(\Theta^n) & \frac{\partial p_{11}}{\partial \theta_2}(\Theta^n) & \cdots & \frac{\partial p_{11}}{\partial \theta_7}(\Theta^n) \\ \frac{\partial p_{21}}{\partial \theta_1}(\Theta^n) & \frac{\partial p_{21}}{\partial \theta_2}(\Theta^n) & \cdots & \frac{\partial p_{21}}{\partial \theta_7}(\Theta^n) \\ \frac{\partial p_{31}}{\partial \theta_1}(\Theta^n) & \frac{\partial p_{31}}{\partial \theta_2}(\Theta^n) & \cdots & \frac{\partial p_{31}}{\partial \theta_7}(\Theta^n) \\ \frac{\partial p_{12}}{\partial \theta_1}(\Theta^n) & \frac{\partial p_{12}}{\partial \theta_2}(\Theta^n) & \cdots & \frac{\partial p_{12}}{\partial \theta_7}(\Theta^n) \\ \vdots & \vdots & \ddots & \vdots \\ \frac{\partial p_{24}}{\partial \theta_1}(\Theta^n) & \frac{\partial p_{24}}{\partial \theta_2}(\Theta^n) & \cdots & \frac{\partial p_{24}}{\partial \theta_7}(\Theta^n) \\ \frac{\partial p_{34}}{\partial \theta_1}(\Theta^n) & \frac{\partial p_{34}}{\partial \theta_2}(\Theta^n) & \cdots & \frac{\partial p_{34}}{\partial \theta_7}(\Theta^n) \end{pmatrix} \begin{pmatrix} \mathrm{d}\theta_1 \\ \mathrm{d}\theta_2 \\ \mathrm{d}\theta_3 \\ \mathrm{d}\theta_4 \\ \mathrm{d}\theta_5 \\ \mathrm{d}\theta_6 \\ \mathrm{d}\theta_7 \end{pmatrix}
\tag{4.12}
$$

wobei $\mathrm{d}\Theta$ die gesuchten zum Annähern an die gewünschte Pose vorzunehmenden Winkeländerungen repräsentiert. Die Berechnung von $\mathrm{d}\theta_1, \ldots, \mathrm{d}\theta_7$ kann entsprechend mit

$$
\mathrm{d}\Theta = \left(\mathbf{J}_{f_{\mathrm{WKS}\mathbf{P}_7}}(\Theta^n) \right)^{-1} \mathrm{d}f_{\mathrm{WKS}\mathbf{P}_7}
\tag{4.13}
$$

unter Verwendung der Inversen $\mathbf{J}_{f_{\mathrm{WKS}\mathbf{P}_7}}^{-1}$ von $\mathbf{J}_{f_{\mathrm{WKS}\mathbf{P}_7}}$ durchgeführt werden. Sollte diese nicht berechenbar sein, dient die Pseudoinverse als Behelf. Eine weitere Möglichkeit ist das Aufstellen und Lösen eines Gleichungssystems als Teilmenge der zwölf sich aus Gleichung 4.12 ergebenen Gleichungen zum Berechnen der sieben Gelenkwinkel.

Die neu anzufahrenden Gelenkwinkel Θ^{n+1} ergeben sich aus der Summe der aktuellen Gelenkwinkel Θ^n und den berechneten Winkeländerungen $\mathrm{d}\Theta$ gemäß

$$
\Theta^{n+1} = \Theta^n + \mathrm{d}\Theta \quad .
\tag{4.14}
$$

Da der Grundgedanke dieses Ansatzes die Bewegung des Roboters in die richtige Richtung war und eine einmalige Berechnung der Winkeländerung nicht zwangsweise eine ausreichend genaue Einnahme der gewünschten Endeffektorpose garantiert, kann diese Berechnung iterativ wiederholt werden, bis die Elemente von $\mathrm{d}f_{\mathrm{WKS}\mathbf{P}_7}$ einer in Form eines Schwellenwerts anzugebenden Genauigkeit genügen. Unter Berücksichtigen der Roboterkinematik sind als durch Θ^0 repräsentierte Ausgangssituation theoretisch beliebige Gelenkwinkel denkbar.

4.2 Bestimmung der Pose der menschlichen Hand

In diesem Abschnitt wird die Bestimmung der Pose der menschlichen Hand mit Hilfe eines selbst-skalierenden kinMod basierend auf einer Punktwolke der Hand vorgestellt. Es folgt das Erstellen eines sich am Skelett der Hand orientierenden kinMod bestehend aus mehreren kinematischen Ketten. Im Anschluss wird das Problem der Posenbestimmung auf das Lösen der inversen Kinematik reduziert. Im Gegensatz zu dem in Abschnitt 4.1.2 vorgestellten Verfahren als Lösungsansatz werden hier die Positionen aller zu den definierten Handmerkmalen korrespondierenden Koordinatensysteme des kinMod berücksichtigt und diese mit Hilfe eines nicht-linearen Optimierungsverfahrens iterativ gelöst. Gegensätzlich zu den vorherigen in Kapitel 3 vorgestellten SOM-basierenden Verfahren wird hier die sogenannte vHP bestimmt, die unter anderem zusätzlich zu den Positionsinformationen der einzelnen Handmerkmale wie den Fingerspitzen die Positionen aller modellierten Hand- beziehungsweise Fingergelenke und deren Gelenkwinkel beinhaltet.

Als eine generelle Vereinfachung wird der anatomische Abstand zwischen der Hautoberfläche und dem Skelett nicht berücksichtigt und das kinMod direkt an die die Hautoberfläche repräsentierende, zuvor mit den in Abschnitt 2.3 vorgestellten Verfahren bestimmte Punktwolke der Hand angepasst.

Im letzteren Teil dieses Abschnitts werden mögliche Erweiterungen des Verfahrens und die Anwendung bestimmter vHPs für die Gestenerkennung vorgestellt.

Der Inhalt dieses Abschnitts wurde teilweise in [EK15, EB16] und [GHKE16] veröffentlicht.

4.2.1 Kinematisches Modell

Wie bei den kinematischen Berechnungen für einen Industrieroboter ist das kinMod der Hand für die Posenbestimmung von essentieller Bedeutung. Es wird mit dem Ziel der möglichst exakten Nachbildung der kinematischen Eigenschaften der Hand auf Grundlage deren Skeletts und den DOFs der einzelnen Hand- und Fingergelenke unter Berücksichtigung der in Abschnitt 4.1.1 vorgestellten DH-Konventionen konstruiert.

Für ein besseres Verständnis erfolgt die Visualisierung des in Abbildung 4.5 dargestellten kinMod in Abbildung 4.5a mit Hilfe von Knoten und Kanten. Zu diesem Zweck werden für jedes im Modell betrachtete Gelenk, für die Fingerspitzen, das BKS und den sogenannten Armstumpf Knoten definiert, die jeweils im Ursprung des entsprechenden Merkmals positioniert werden. Die Knoten untereinander sind mit den die Knochen des Skeletts der Hand nachempfindenden Kanten verbunden. Der zentrale, die Position der Hand im Raum beschreibende Knoten wird im Handgelenk (Articulatio carpi (ACA)) positioniert und als Wurzel (englisch root (ROO)) bezeichnet. Ausgehend von diesem Knoten sind die Fingergrundgelenke (MCPs) der vier Finger mit je einer den entsprechenden Mittelhandknochen (Os metacarpale I-V (OMC I-V)) repräsentierenden Kante verbunden. Die Handwurzelknochen (Ossa carpi (OCA)) werden dabei nicht berücksichtigt. Ausgehend von den MCPs sind die Fingermittelgelenke (PIPs), die Fingerendgelenke (DIPs) und die Fingerspitzen (TIPs) miteinander über Kanten verbunden, die jeweils die Fingerknochen repräsentieren; das Fingergrundglied (Phalanx proximalis (PHP)), das Fingermittelglied (Phalanx media (PHM)) und das Fingerendglied (Phalanx distalis (PHD)). Die Nummerierung des Daumens und der Finger erfolgt wie in der Anatomie gebräuchlich mit Hilfe römischer Zahlen von I bis V beginnend beim Daumen bis hin zum kleinen Finger. Die Einfärbungen der einzelnen Hand- und Fingerknochen sowie der Kanten des Modells in Abbildung 4.5a verdeutlichen, dass der Daumen trotz seiner Sonderstellung durch den fehlenden mittleren Fingerknochen im Grunde wie die restlichen Finger modelliert wird, da die Bewegungsmöglichkeiten der einzelnen Gelenke einander weitestgehend entsprechen. Das Daumensattelgelenk wird im Modell als MCP, das Grundgelenk des Daumens als PIP und das Endgelenk als DIP aufgefasst, was die spätere Repräsentation mit Hilfe der gleichen kinematischen Kette wie die der Finger ermöglicht. Um die Bestimmung der Gelenkstellungen bezüglich der Bewegungen im Handgelenk zu realisieren, erfolgt die Definition zweier, die distalen Bereiche des Unterarms in Form von Radius und Ulna modellierender Knoten ULN und RAD.

Generell ist es erwünscht, dass die Posenbestimmung für die Hand unabhängig von der für den Körper und allein auf Basis der zuvor bestimmten, zu der Hand korrespondierenden Punktwolke arbeitet. Aus diesem Grund bildet das BKS nicht nur den zentralen Punkt respektive die Wurzel des kinMod der Hand innerhalb des Bereichs der Handwurzelknochen, sondern dient auch zur Angabe der Pose der Hand in Form von Position und Orientierung des BKS in Bezug zum WKS, welches hier als das um $-90°$ um die z-Achse des KKS rotierte KS angenommen wird. Die Angabe der Pose des BKS erfolgt mit Hilfe von sechs DOFs. Dazu gehören die drei Translationen entlang und die drei Rotationen um die Achsen des WKS. Die Beschreibung der Pose erfolgt, wie in Abbildung 4.5a dargestellt, gemäß der in Abschnitt 2.1.1 vorgestellten Roll-Pitch-Yaw-Konvention mit der Matrix $_{\text{KKS}}\mathbf{T}^{\text{BKS}}_{xyz}(\varphi,\omega,\psi,x,y,z)$.

Das kinMod der Hand setzt sich letztlich aus acht kinematischen Ketten zusammen, die jeweils ihren Ursprung in dem im ROO-Knoten positionierten BKS der Hand haben. In Abbildung 4.5b wird am Beispiel des Mittelfingers (Digitus manus III) exemplarisch der bis auf einzelne Parameter für jeden Finger identische Aufbau der kinematischen Kette vom BKS bis hin zum mit dessen Ursprung die Position der Fingerspitze repräsentierenden KS im TIP Knoten gezeigt. Es sei hier darauf hingewiesen, dass Abkürzungen wie BKS, DIP, PIP und TIP sowohl für die Bezeichnung der einzelnen Gelenke der Hand als auch für die Knoten des Modells sowie für die zu den Gelenken korrespondierenden Koordinatensysteme genutzt werden und ihre entsprechende Bedeutung dem Kontext zu entnehmen ist.

Ausgehend vom BKS erfolgt die Positionsbeschreibung des MCP_{III} beziehungsweise die des KS MAA_{III}, dessen z-Achse die Rotationsachse für die Modellierung der Ab- und Adduktionsbewegungen der Finger bildet (MCP Abduktion und Adduktion (MAA)), nicht mit einer DH-Matrix, sondern mit Hilfe der standardisierten Transformationsmatrix $_{\text{BKS}}\mathbf{T}^{\text{MAA}}_{xyz,\text{III}}((\varphi,\omega,\psi,x,y,z)_{\text{III}})$. Im Falle der vier Finger (Zeigefinger bis zum kleinen Finger oder Digiti manus II-V) werden sowohl die drei Rotationswinkel als auch die Translation entlang der z-Achse auf den Wert Null festgelegt. Die Position des MCP_{III} beziehungs-

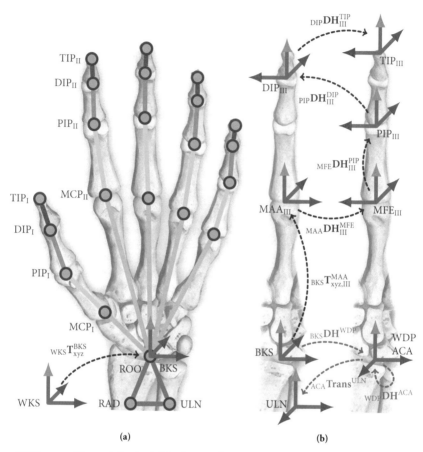

(a)   (b)

Abbildung 4.5: Kinematisches Modell für die Posenbestimmung der Hand aus palmarer Sicht. (a) Im Gegensatz zu einem Standard-kinMod werden die einzelnen Gelenke und deren Verbindungen zusätzlich in Form von Knoten (⊙) und Kanten (–) dargestellt. Der Daumen wird wie ein normaler Finger modelliert. Das PIP_I im Modell entspricht demzufolge dem realen MCP_I und das MCP_I im Modell dem realen CPCP. Das BKS ist im ROO Knoten positioniert und dient zur Positions- und Orientierungsbeschreibung der Hand innerhalb des WKS. (b) Repräsentative Darstellung der kinematischen Kette des Mittelfingers und der die Bewegungen im Handgelenk modellierenden Knoten ULN und RAD. Die x-Achse besitzt eine orange Spitze (→), die y-Achse eine grüne Spitze (→) und die z-Achse eine rote Spitze (→).

Tabelle 4.2: DH-Parameter zur Überführung des aktuellen Gelenks in das nachfolgende vom MAA bis zum TIP eines Fingers des kinMod der Hand.

Gelenk	d	θ	a	α
MAA	0	θ_{MAA}	0	$90°$
MFE	0	θ_{MFE}	a_{PHP}	0
PIP	0	θ_{PIP}	a_{PHM}	0
DIP	0	θ_{TIP}	a_{PHD}	0

weise des MAA_{III} innerhalb des BKS ergibt sich somit lediglich aus den Translationen x_{III} und y_{III} entlang der x- und y-Achse des BKS, die den entsprechenden OMCs und den korrespondierenden Teil der OCAs nachbilden. Die Handfläche wird demnach als vollkommen starr angenommen. Wie bereits erwähnt, erfolgt die Modellierung des Daumens als normaler Finger. Der Unterschied in der kinematischen Kette des Daumens zu denen der anderen Finger liegt in der Pose des MAA_I innerhalb des BKS. Im Gegensatz zu den restlichen Fingern erfolgt sowohl eine zusätzliche Verschiebung um den Wert z_I entlang der z-Achse des BKS und eine Rotation um 45° um die x-Achse des BKS, um die Hauptbewegungen des Daumensattelgelenks zu simulieren. Ausgehend vom MAA_{III} wird das zweite KS MFE_{III} innerhalb des MCP_{III} des Mittelfingers für das Nachempfinden der Flexions- und Extensionsbewegungen (MCP Flexion und Extension (MFE)) mit Hilfe der entsprechenden z-Achse wie in Abbildung 4.5b definiert und die Transformation vom MAA_{III} zum MFE_{III} erfolgt mit der DH-Matrix $_{MAA}\mathbf{DH}_{III}^{MFE}$, die letztlich die Abduktions- und Adduktionsbewegungen abbildet. Die DH-Matrix $_{MFE}\mathbf{DH}_{III}^{PIP}$ transformiert das MFE_{III} in das PIP_{III} und repräsentiert die Flexions- und Extensionsbewegungen im MCP_{III} sowie dem der Länge des PHM_{III} entsprechenden Abstand $a_{PHM_{III}}$ beider Koordinatensysteme. Die restlichen Bewegungen des Fingers sind ebenfalls Flexionen und Extensionen ausgeführt im PIP_{III} und DIP_{III}, wobei die Transformation zwischen beiden durch die DH-Matrix $_{PIP}\mathbf{DH}_{III}^{DIP}$ mit $a_{PHM_{III}}$ als Länge des PHM_{III} gegeben ist. Den Abschluss der Modellierung des Mittelfingers bildet die DH-Matrix $_{DIP}\mathbf{DH}_{III}^{TIP}$, die letztlich die Pose des TIP_{III} in Bezug zum DIP_{III} mit der Länge $a_{PHD_{III}}$ des PHD_{III} angibt. Mit Hilfe der zuvor konstruierten kinematischen Kette erfolgt die Bestimmung der Position der Fingerspitze des Mittelfingers im KKS respektive WKS als Vektor $_{WKS}\mathbf{TIP}_{III}$, der letztlich die Position des Koordinatenursprungs von TIP_{III} repräsentiert, entsprechend der in der Kurzschreibweise angegebenen Gleichung

$$_{WKS}\mathbf{TIP}_{III} = {}_{WKS}\mathbf{T}_{xyz}^{BKS}\,{}_{BKS}\mathbf{T}_{xyz,III}^{MAA}\,{}_{MAA}\mathbf{DH}_{III}^{MFE}\,{}_{MFE}\mathbf{DH}_{III}^{PIP}\,{}_{PIP}\mathbf{DH}_{III}^{DIP}\,{}_{DIP}\mathbf{DH}_{III}^{TIP}\,(0,0,0,1)^T.$$
(4.15)

Die DH-Parameter für die Überführung des MAA ins TIP eines Fingers sind in Tabelle 4.2 zusammengefasst und erlauben die Definition der allgemeinen für alle Finger inklusive des

Tabelle 4.3: Parameter der einzelnen Finger des kinMod der Hand. Die Längenangaben erfolgen in mm.

Finger	Index	x_i	y_i	z_i	φ_i	a_{PHP_i}	a_{PHM_i}	a_{PHD_i}
Daumen	I	5	-24	-5	45°	39	30	17
Zeigefinger	II	74	-26	0	0°	40	24	17
Mittelfinger	III	77	0	0	0°	47	30	18
Ringfinger	IV	68	21	0	0°	46	28	18
Kleiner Finger	V	55	43	0	0°	34	21	17

Daumens gültigen kinematischen Kette in Abhängigkeit der entsprechenden Parameter als

$$
\begin{aligned}
{}_{\mathrm{WKS}}&\mathbf{TIP}_i((\varphi,\omega,\psi,x,y,z),(\varphi,x,y,z)_i,(\theta_{\mathrm{MAA}},\theta_{\mathrm{MFE}},\theta_{\mathrm{PIP}},\theta_{\mathrm{DIP}})_i,(a_{\mathrm{PHP}},a_{\mathrm{PHM}},a_{\mathrm{PHD}})_i) \\
&= \mathbf{T}_{\mathrm{xyz}}(\varphi,\omega,\psi,x,y,z) \cdot \mathbf{T}_{\mathrm{xyz}}(\varphi_i,0,0,x_i,y_i,z_i) \cdot \mathbf{DH}(0,\theta_{\mathrm{MAA}_i},0,90°) \cdot \\
&\quad \mathbf{DH}(0,\theta_{\mathrm{MFE}_i},a_{\mathrm{PHP}_i},0) \cdot \mathbf{DH}(0,\theta_{\mathrm{PIP}_i},a_{\mathrm{PHM}_i},0) \cdot \mathbf{DH}(0,\theta_{\mathrm{DIP}_i},a_{\mathrm{PHD}_i},0) \cdot (0,0,0,1)^T
\end{aligned}
\tag{4.16}
$$

mit $i \in \{\mathrm{I},\ldots,\mathrm{V}\}$. Für jeden Finger müssen im Vorfeld die Längen a_{PHP_i}, a_{PHM_i} und a_{PHD_i} der einzelnen Fingerknochen sowie die Parameter φ_i, x_i, y_i und z_i zur Beschreibung des entsprechenden Anteils an der Handfläche bestimmt werden, was dazu führt, dass für die Positionsberechnung der Fingerspitzen die Funktion

$$
\begin{aligned}
{}_{\mathrm{WKS}}&\mathbf{TIP}_i((\varphi,\omega,\psi,x,y,z),(\theta_{\mathrm{MAA}},\theta_{\mathrm{MFE}},\theta_{\mathrm{PIP}},\theta_{\mathrm{DIP}})_i) \\
&= {}_{\mathrm{WKS}}\mathbf{TIP}_i((\varphi,\omega,\psi,x,y,z),(\varphi,x,y,z)_i,(\theta_{\mathrm{MAA}},\theta_{\mathrm{MFE}},\theta_{\mathrm{PIP}},\theta_{\mathrm{DIP}})_i,(a_{\mathrm{PHP}},a_{\mathrm{PHM}},a_{\mathrm{PHD}})_i)
\end{aligned}
\tag{4.17}
$$

definiert werden kann, die lediglich von den sechs Parametern der allgemeinen Pose der Hand im WKS und den Gelenkwinkeln der einzelnen Gelenke des entsprechenden Fingers abhängig ist. Die sich aus der Vermessung einer MRT-Aufnahme der rechten Hand eines männlichen Erwachsenen ergebenen und für die Posenbestimmung der Hand Verwendung findenden Werte für die festzulegenden Parameter sind in Tabelle 4.3 zusammengefasst. Um das Modell für die rechte Hand zu erhalten, werden lediglich die y_i-Werte und der Rotationswinkel φ_{I} negiert.

In Hinblick auf die Bestimmung der vHP der Hand gemäß Abschnitt 2.1.2 mit Hilfe des kinMod sind nicht nur die Position der Fingerspitze, sondern auch die der anderen Merkmale der Hand wie MCP, PIP und DIP von Interesse. Die Gleichungen für die entsprechenden Berechnungen des Mittelfingers lassen sich direkt aus der kinematischen

Kette aus Gleichung 4.15 herleiten, indem einzelne Transformationen weggelassen werden. Somit folgen für die Position des DIP_{III}

$$_{WKS}\mathbf{DIP}_{III} = {}_{WKS}\mathbf{T}_{xyz}^{BKS} \, {}_{BKS}\mathbf{T}_{xyz,III}^{MAA} \, {}_{MAA}\mathbf{DH}_{III}^{MFE} \, {}_{MFE}\mathbf{DH}_{III}^{PIP} \, {}_{PIP}\mathbf{DH}_{III}^{DIP} \, (0,0,0,1)^T \, , \quad (4.18)$$

für die des PIP_{III}

$$_{WKS}\mathbf{PIP}_{III} = {}_{,WKS}\mathbf{T}_{xyz}^{BKS} \, {}_{BKS}\mathbf{T}_{xyz,III}^{MAA} \, {}_{MAA}\mathbf{DH}_{III}^{MFE} \, {}_{MFE}\mathbf{DH}_{III}^{PIP} \, (0,0,0,1)^T \quad (4.19)$$

und für die Position des MCP_{III} die Gleichung

$$_{WKS}\mathbf{MCP}_{III} = {}_{WKS}\mathbf{T}_{xyz}^{BKS} \, {}_{BKS}\mathbf{T}_{xyz,III}^{MAA} \, (0,0,0,1)^T \, . \quad (4.20)$$

Diese Berechnungsvorschriften gelten ebenfalls für die entsprechenden Gelenke der restlichen Finger und des Daumens. Die Pose der Hand selbst in Form von Position und Orientierung bezüglich des WKS ist durch die Pose des BKS beschrieben.

Abgesehen von den bisher erwähnten Merkmalen der Hand und den Gelenkwinkeln der Finger soll die Posenbestimmung der Hand mittels des kinMod in der Lage sein, die möglichen Bewegungen im Handgelenk gemäß Abschnitt 2.1.2 nachzuempfinden. Aus diesem Grund erfolgt die Modellierung des ACA mit Hilfe zweier kinematischer Ketten, die letztlich die Pose der in den Knoten ULN und RAD gemäß Abbildung 4.5b definierten gleichnamigen Koordinatensysteme bezüglich des BKS beschreiben. Am Beispiel von ULN wird die entsprechende kinematische Kette vorgestellt, die bis auf einen zu definierenden Parameter der für RAD gleicht.

Ausgehend vom BKS erfolgt die Transformation in das KS WDP, dessen z-Achse die Rotationsachse der Dorsalextension und Palmarflexion der Hand (Wrist Dorsalextension und der Palmarflexion (WDP)) um den Winkel θ_{WDP} bildet, mit der DH-Matrix $_{BKS}\mathbf{DH}^{WDP}$. Die z-Achse des BKS entspricht in diesem Fall direkt der Rotationsachse für die Radial- und Ulnarabduktion der Hand um den Winkel θ_{WRU} (Wrist Radial- und Ulnarabduktion (WRU)). Die Pose des Hilfskoordinatensystems ACA bezüglich des WDP wird durch die DH-Matrix $_{WDP}\mathbf{DH}^{ACA}$ angegeben. Bis zum ACA entsprechen die kinematischen Ketten von ULN und RAD einander. Die entgültige Pose von ULN in Bezug zu ACA wird mit der reinen Translationsmatrix $_{ACA}\mathbf{Trans}^{ULN}$ bestimmt. Hierbei erfolgen im ACA lediglich die Translationen entlang der x-Achse um den Wert x_{ULN} und entlang der z-Achse um den Wert z_{ULN}. Für die korrespondierenden Werte von RAD gilt $x_{RAD} = x_{ULN}$ und $z_{RAD} = -z_{ULN}$. Für die Berechnung der Position von ULN im WKS ergibt sich die kinematische Kette repräsentierende Gleichung

$$_{WKS}\mathbf{ULN} = {}_{WKS}\mathbf{T}_{xyz}^{BKS} \, {}_{BKS}\mathbf{DH}^{WDP} \, {}_{WDP}\mathbf{DH}^{ACA} \, {}_{ACA}\mathbf{Trans}^{ULN} \, (0,0,0,1)^T \, , \quad (4.21)$$

die sich ausführlich in Abhängigkeit von zehn Parametern darstellen lässt als

$$\begin{aligned}
_{WKS}\mathbf{ULN}&((\varphi,\omega,\psi,x,y,z),(\theta_{WRU},\theta_{WDP}),(x_{ULN},z_{ULN}))\\
&=\mathbf{T}_{xyz}(\varphi,\omega,\psi,x,y,z) \cdot \mathbf{DH}(0,\theta_{WRU},0,-90°) \cdot \mathbf{DH}(0,\theta_{WDP},0,0)\cdot\\
&\quad\mathbf{Trans}(x_{ULN},0,z_{ULN}) \cdot (0,0,0,1)^T \, ,
\end{aligned} \quad (4.22)$$

wobei x_{ULN} und z_{ULN} beziehungsweise x_{RAD} und z_{RAD} fest definiert werden.

Das kinMod der Hand besteht folglich aus sieben kinematischen Ketten deren gemeinsamer Ursprung das BKS der Hand ist; je Fingerspitze eine Kette und hinzu kommen die beiden für die Modellierung des Handgelenks. Die Teilketten zur Bestimmung der Positionen der einzelnen Gelenke werden hier außen vor gelassen. Je Finger besitzt das kinMod die vier Gelenkwinkel als Parameter. Hinzu kommen die zwei Gelenkwinkel für das Handgelenk sowie die sechs Parameter zur Beschreibung der Pose des BKS innerhalb des WKS. Folglich hat das Modell 28 DOFs beziehungsweise zur Definition einer Pose der Hand sind insgesamt 28 Parameter notwendig und es ist gegeben als

$$
\begin{aligned}
f_{\mathrm{kin}}\big((\varphi,\omega,\psi,x,y,z),\boldsymbol{\theta}_{\mathrm{I}},\ldots,\boldsymbol{\theta}_{\mathrm{V}},\theta_{\mathrm{WRU}},\theta_{\mathrm{WDP}}\big) &= f_{\mathrm{kin}}\big(\mathbf{p}_{\mathrm{kin}}\big) \\
&= ({}_{\mathrm{WKS}}\mathbf{TIP}_{\mathrm{I}},{}_{\mathrm{WKS}}\mathbf{DIP}_{\mathrm{I}},{}_{\mathrm{WKS}}\mathbf{PIP}_{\mathrm{I}},{}_{\mathrm{WKS}}\mathbf{MCP}_{\mathrm{I}},\ldots, \\
&\quad {}_{\mathrm{WKS}}\mathbf{TIP}_{\mathrm{V}},{}_{\mathrm{WKS}}\mathbf{DIP}_{\mathrm{V}},{}_{\mathrm{WKS}}\mathbf{PIP}_{\mathrm{V}},{}_{\mathrm{WKS}}\mathbf{MCP}_{\mathrm{V}},{}_{\mathrm{WKS}}\mathbf{BKS},{}_{\mathrm{WKS}}\mathbf{ULN},{}_{\mathrm{WKS}}\mathbf{RAD})^{T} \ . \quad (4.23)
\end{aligned}
$$

Hierbei steht $\boldsymbol{\theta}_i$ für den die vier Gelenkwinkel des Fingers $i \in \{\mathrm{I},\ldots,\mathrm{V}\}$ enthaltenen Vektor $(\theta_{\mathrm{MAA}},\theta_{\mathrm{MFE}},\theta_{\mathrm{PIP}},\theta_{\mathrm{DIP}})_i$ und beschreibt $\mathbf{p}_{\mathrm{kin}}$ den Vektor, der alle 28 Parameter des kinMod enthält. Unter der Annahme, dass alle Gelenkwinkel der Fingergelenke und des Handgelenks sowie die Pose des BKS in Bezug zum WKS gegeben sind, ermöglicht das zuvor definierte kinMod die Berechnung der Positionen sämtlicher Fingerspitzen und Fingergelenke im WKS. Die Belegung aller Gelenkwinkel der Finger mit einem Wert von 0° entspricht der Nullstellung der Hand.

4.2.2 Inverse Kinematik

Das im vorherigen Abschnitt 4.2.1 definierte kinMod der Hand ermöglicht bei gegebener Pose des BKS der Hand im WKS und gegebenen Gelenkwinkeln die Berechnung der Position aller Merkmale der Hand. Im Gegensatz dazu ist das Ziel der inversen Kinematik die Bestimmung der 28 Parameter in der Art, dass eine gewünschte Pose der Hand beschrieben wird.

Im Fall der inversen Kinematik des KUKA LBR iiwa aus Abschnitt 4.1.2 sollte die Bestimmung der sieben Gelenkwinkel so erfolgen, dass der Roboter eine definierte Pose des Endeffektors anfährt. Eine direkte Übertragung auf das Problem der Posenbestimmung ist nicht problemlos möglich, da der präsentierte Lösungsansatz auf der vollständigen Pose des Endeffektors inklusive Orientierung basiert, die letztlich Informationen beinhaltet, die im Falle der Posenbestimmung der Hand nicht vorliegen respektive bestimmt werden sollen. Ferner beschränkte sich die inverse Kinematik auf das Bestimmen der Gelenkwinkel für das Einnehmen der Pose des Endeffektors. Im Falle der Fingerspitzen der Hand würde es sich jedoch um mehrere Endeffektoren handeln. Das Verfahren ist demzufolge nicht eins zu eins übertragbar und es ist ein anderer Ansatz zu wählen.

Im Folgenden wird angenommen, dass die gewünschte Position und Orientierung der Hand und die Positionen der einzelnen Fingergelenke sowie die der beiden Knoten ULN und RAD bekannt sind, obwohl dies unter anderem Informationen sind, die mit Hilfe der Posenbestimmung ermittelt werden sollen. Die Orientierung der einzelnen Koordinaten-systeme wird ignoriert. Als gewünschte Position eines Merkmals sei der Punkt im WKS bezeichnet, an dem sich das Merkmal befindet, wenn das kinMod die Pose der Hand zu 100 % korrekt nachbilden würde; alle Gelenkstellungen der Finger entsprächen in diesem Fall den realen Gelenkwinkeln der vor der Kamera präsentierten Hand. Das kinMod der Hand besteht insgesamt aus 23 wesentlichen Merkmalen; den fünf Fingerspitzen, den Gelenken jedes Fingers, dem Handgelenk sowie den beiden Knoten ULN und RAD. Der Vektor $_{\text{WKS}}\mathbf{pos}$ repräsentiert die gewünschten Positionen der Merkmale entsprechend der Gleichung

$$\begin{aligned}
_{\text{WKS}}\mathbf{pos} = (\,&(x,y,z)_{\text{TIP}_\text{I}},(x,y,z)_{\text{DIP}_\text{I}},(x,y,z)_{\text{PIP}_\text{I}},(x,y,z)_{\text{MCP}_\text{I}},\dots,\\
&(x,y,z)_{\text{TIP}_\text{V}},(x,y,z)_{\text{DIP}_\text{V}},(x,y,z)_{\text{PIP}_\text{V}},(x,y,z)_{\text{MCP}_\text{V}},\\
&(x,y,z)_{\text{BKS}},(x,y,z)_{\text{ULN}},(x,y,z)_{\text{RAD}}\,)^T \;,
\end{aligned} \tag{4.24}$$

wobei sich die einzelnen Koordinaten x, y und z jeweils auf das WKS beziehen.

Die Gleichungen 4.15 bis 4.22 sind in Gleichung 4.23 vereint und ermöglichen die Positi-onsberechnungen der einzelnen Fingergelenke sowie der beiden Knoten ULN und RAD bei gegebenen Parametern $\mathbf{p}_{\text{kin}}$. Ziel der inversen Kinematik ist nun die Bestimmung des Parametervektors $\mathbf{p}_{\text{kin}}$ in der Art, dass

$$_{\text{WKS}}\mathbf{pos} = f_{\text{kin}}(\mathbf{p}_{\text{kin}}) \tag{4.25}$$

gilt, was dem Lösen eines überbestimmten Gleichungssystems entspricht.

Die Posenbestimmung erfolgt in Form eines Trackings, dass heißt der Nachverfolgung der Pose der Hand von Bild zu Bild. Es wird davon ausgegangen, dass die Pose der Hand zu einem Zeitpunkt t bekannt ist und die Änderungen der Pose zum Zeitpunkt $t+1$ gering ausfallen, was bei aufeinanderfolgenden Bildern einer Kamera mit einer Bildfrequenz von 30 fps selbst bei schnelleren Bewegungen der Hand normalerweise der Fall ist. Diese Annahme und die vorangegangenen Betrachtungen ermöglichen es, die Posenbestimmung als ein nicht-lineares kleinste-Quadrate-Optimierungsproblem (nonlinear least-squares problem) zu formulieren und es iterativ mit Hilfe der Levenberg-Marquardt-Methode als ein Standard Lösungsansatz zu lösen [71]. Für die Berechnung des Parametervektors $\mathbf{p}_{\text{kin}}^{t+1}$ im nächsten Schritt $t+1$ ausgehend vom aktuellen Vektor $\mathbf{p}_{\text{kin}}^{t}$ zum Zeitpunkt t ergibt sich die Berechnungsvorschrift

$$\mathbf{p}_{\text{kin}}^{t+1} = \mathbf{p}_{\text{kin}}^{t} - (\mathbf{H}_{f_{\text{kin}}}(\mathbf{p}_{\text{kin}}^{t}) + \text{diag}[\mathbf{H}_{f_{\text{kin}}}(\mathbf{p}_{\text{kin}}^{t})])^{-1} \cdot \mathbf{J}_{f_{\text{kin}}}(\mathbf{p}_{\text{kin}}^{t})^T \cdot e(\mathbf{p}_{\text{kin}}^{t}) \tag{4.26}$$

mit der Hesse-Matrix $\mathbf{H}$, der Jacobi-Matrix $\mathbf{J}$ und der Fehlerfunktion e. Als gängige Nähe-rung wird die Hesse-Matrix nicht explizit berechnet, sondern als $\mathbf{H} = \mathbf{J}^T \cdot \mathbf{J}$ angenommen.

Als Fehlerfunktion wird die Differenz der gewünschten Positionen und der aktuellen Positionen in Form von

$$e(\mathbf{p}_{\text{kin}}^t) = f_{\text{kin}}(\mathbf{p}_{\text{kin}}^t) - {}_{\text{WKS}}\mathbf{pos} \tag{4.27}$$

definiert. Die Anwendung eines solchen Adaptionsschrittes genügt häufig nicht, um die gewünschte Genauigkeit zu erreichen, weshalb die Anpassung an eine neue gewünschte Position über mehrere Iterationen durchgeführt wird.

Für ein besseres Verständnis späterer Modifikationen des Verfahrens soll hier der prinzipielle Aufbau der Jacobi-Marix $\mathbf{J}_{f_{\text{kin}}}(\mathbf{p}_{\text{kin}}^t)$ verdeutlicht werden. Für eine Funktion $f : \mathbb{R}^m \rightarrow \mathbb{R}^n, 1 \leqslant k \leqslant m$ und $a \in \mathbb{R}^m$ gelte die Bezeichnung

$$\mathbf{J}_{f,(x_1,\ldots,x_k)}(a) = \mathbf{J}_{x_1,\ldots,x_k}^{f(a)} = \begin{pmatrix} \frac{\partial f_1}{\partial x_1}(a) & \frac{\partial f_1}{\partial x_2}(a) & \ldots & \frac{\partial f_1}{\partial x_k}(a) \\ \vdots & \vdots & \ddots & \vdots \\ \frac{\partial f_n}{\partial x_1}(a) & \frac{\partial f_n}{\partial x_2}(a) & \ldots & \frac{\partial f_n}{\partial x_k}(a) \end{pmatrix}, \tag{4.28}$$

die zu den Definitionen der Jacobi-Matrizen eines Fingers $i \in \{I, \ldots, V\}$

$$\mathbf{J}_{\varphi,\omega,\psi,x,y,z}^{i(\mathbf{p}_{\text{kin}}^t)} = \begin{pmatrix} \mathbf{J}_{\varphi,\omega,\psi,x,y,z}^{\text{TIP}_i(\mathbf{p}_{\text{kin}}^t)} \\ \mathbf{J}_{\varphi,\omega,\psi,x,y,z}^{\text{DIP}_i(\mathbf{p}_{\text{kin}}^t)} \\ \mathbf{J}_{\varphi,\omega,\psi,x,y,z}^{\text{PIP}_i(\mathbf{p}_{\text{kin}}^t)} \\ \mathbf{J}_{\varphi,\omega,\psi,x,y,z}^{\text{MCP}_i(\mathbf{p}_{\text{kin}}^t)} \end{pmatrix} \tag{4.29}$$

und

$$\mathbf{J}_{\theta_i}^{i(\mathbf{p}_{\text{kin}}^t)} = \begin{pmatrix} \mathbf{J}_{(\theta_{\text{MAA}},\theta_{\text{MFE}},\theta_{\text{PIP}},\theta_{\text{DIP}})_i}^{\text{TIP}_i(\mathbf{p}_{\text{kin}}^t)} \\ \mathbf{J}_{(\theta_{\text{MAA}},\theta_{\text{MFE}},\theta_{\text{PIP}})_i}^{\text{DIP}_i(\mathbf{p}_{\text{kin}}^t)} & 0 \\ \mathbf{J}_{(\theta_{\text{MAA}},\theta_{\text{MFE}})_i}^{\text{PIP}_i(\mathbf{p}_{\text{kin}}^t)} & 0 & 0 \\ 0 & 0 & 0 & 0 \end{pmatrix} \tag{4.30}$$

sowie

$$\mathbf{J}_i(\mathbf{p}_{\text{kin}}^t) = \begin{pmatrix} \mathbf{J}_{\varphi,\omega,\psi,x,y,z}^{i(\mathbf{p}_{\text{kin}}^t)} & \mathbf{J}_{\theta_i}^{i(\mathbf{p}_{\text{kin}}^t)} \end{pmatrix} \tag{4.31}$$

führt und die Beschreibung der Jacobi-Matrix als Ganzes mit

$$
\mathbf{J}_{f_{\mathrm{kin}}}(\mathbf{p}_{\mathrm{kin}}^{t}) =
\begin{pmatrix}
\mathbf{J}_{\varphi,\omega,\psi,x,y,z}^{\mathrm{I}(\mathbf{p}_{\mathrm{kin}}^{t})} & \mathbf{J}_{\theta_{\mathrm{I}}}^{\mathrm{I}(\mathbf{p}_{\mathrm{kin}}^{t})} & 0 & 0 & 0 & 0 & 0 \\
\mathbf{J}_{\varphi,\omega,\psi,x,y,z}^{\mathrm{II}(\mathbf{p}_{\mathrm{kin}}^{t})} & 0 & \mathbf{J}_{\theta_{\mathrm{II}}}^{\mathrm{II}(\mathbf{p}_{\mathrm{kin}}^{t})} & 0 & 0 & 0 & 0 \\
\mathbf{J}_{\varphi,\omega,\psi,x,y,z}^{\mathrm{III}(\mathbf{p}_{\mathrm{kin}}^{t})} & 0 & 0 & \mathbf{J}_{\theta_{\mathrm{III}}}^{\mathrm{III}(\mathbf{p}_{\mathrm{kin}}^{t})} & 0 & 0 & 0 \\
\mathbf{J}_{\varphi,\omega,\psi,x,y,z}^{\mathrm{IV}(\mathbf{p}_{\mathrm{kin}}^{t})} & 0 & 0 & 0 & \mathbf{J}_{\theta_{\mathrm{IV}}}^{\mathrm{IV}(\mathbf{p}_{\mathrm{kin}}^{t})} & 0 & 0 \\
\mathbf{J}_{\varphi,\omega,\psi,x,y,z}^{\mathrm{V}(\mathbf{p}_{\mathrm{kin}}^{t})} & 0 & 0 & 0 & 0 & \mathbf{J}_{\theta_{\mathrm{V}}}^{\mathrm{V}(\mathbf{p}_{\mathrm{kin}}^{t})} & 0 \\
\mathbf{J}_{\varphi,\omega,\psi,x,y,z}^{\mathrm{BKS}(\mathbf{p}_{\mathrm{kin}}^{t})} & 0 & 0 & 0 & 0 & 0 & 0 \\
\mathbf{J}_{\varphi,\omega,\psi,x,y,z}^{\mathrm{ULN}(\mathbf{p}_{\mathrm{kin}}^{t})} & 0 & 0 & 0 & 0 & 0 & \mathbf{J}_{\theta_{\mathrm{WRU}},\theta_{\mathrm{WDP}}}^{\mathrm{ULN}(\mathbf{p}_{\mathrm{kin}}^{t})} \\
\mathbf{J}_{\varphi,\omega,\psi,x,y,z}^{\mathrm{RAD}(\mathbf{p}_{\mathrm{kin}}^{t})} & 0 & 0 & 0 & 0 & 0 & \mathbf{J}_{\theta_{\mathrm{WRU}},\theta_{\mathrm{WDP}}}^{\mathrm{RAD}(\mathbf{p}_{\mathrm{kin}}^{t})}
\end{pmatrix}
\tag{4.32}
$$

zulässt.

4.2.3 Posenbestimmung

Ziel der Posenbestimmung ist die Anpassung des in Abschnitt 4.2.1 konstruierten kinMod auf Basis der die Hand repräsentierenden Punktwolke. Die konkrete Aufgabe besteht in der Ermittlung des Parametervektors $\mathbf{p}_{\mathrm{kin}}$, der die 28 DOFs der Hand repräsentiert, in der Art, dass das Modell die Pose der realen, sich vor der Kamera befindenden Hand möglichst genau widerspiegelt; die ermittelten Winkel der Fingergelenke und des Handgelenks stimmen mit den realen Winkeln sowie die ermittelte Position und Orientierung des BKS mit der der Hand überein.

Eine der größten Herausforderungen bei dieser Aufgabe ist der sich trotz einer eventuellen Diskretisierung aus den 28 DOFs ergebende enorm große Lösungsraum. Brute-Force-Ansätze, die diesen komplett durchsuchen beziehungsweise jede mögliche Lösung testen, um die beste zu ermitteln, sind in der gewünschten Echtzeit, die in dieser Arbeit als die Bildwiederholfrequenz der verwendeten Kameras definiert ist und entsprechend den Ausführungen aus Abschnitt 2.2 bei 30 fps liegt, oder gar schneller auf Systemen mit schwächerer Rechenleistung ohne entsprechende hochleistungsfähige Grafikkarte nicht denkbar. Aus diesem Grund wird auf die Idee zurückgegriffen, die Handposen in möglichst kurzen Abständen zu verfolgen und das Modell an die entsprechend kleinen Änderungen anzupassen. Als Basis für einen solchen Adaptionsschritt wird das Ergebnis aus dem vorherigen Schritt als Vorwissen übernommen. Der große Vorteil dieses Vorgehens liegt in der deutlichen Einschränkung des Lösungsraums, wohingegen es den Nachteil mit sich bringt, dass die Bestimmung der korrekten Pose anhand der Daten eines einzelnen Bildes und schlechtem Vorwissen meist nicht erfolgreich verläuft, was letztlich zur Notwendigkeit einer möglichst genauen Initialisierung des kinMod zu Beginn des Verfahrens führt.

Als Ansatz für die Posenbestimmung wird die in Abschnitt 4.2.2 vorgestellte Formulierung der Aufgabe der Bestimmung der Parameter des kinMod als nicht-lineares kleinste-Quadrate-Optimierungsproblem mit dem Lösungsansatz von Levenberg-Marquardt gewählt. Für die Übertragung dieses Vorgehens auf die Posenbestimmung sind zwei wesentliche Probleme zu lösen. Zum einen ist das Modell auf die vermessene Hand zugeschnitten. Da jedoch jede Hand sowohl eine individuelle Größe als auch Proportionen aufweist, muss die Möglichkeit bestehen, die vorher festgelegten Längenparameter des kinMod zur Laufzeit an die entsprechenden Daten zu adaptieren. Zum anderen setzt der Ansatz voraus, dass die gewünschten Positionen der einzelnen Merkmale der Hand bekannt sind. Dies ist nicht der Fall beziehungsweise setzt Teile der Informationen voraus, deren Ermittlung Ziel der Posenbestimmung ist. Für diese Probleme werden nachfolgend Lösungen präsentiert und das sich daraus ergebende Gesamtverfahren für die Posenbestimmung der Hand mit Hilfe eines kinMod vorgestellt.

Im Rahmen der Lösung des Problems der Anpassung des kinMod an die individuellen Eigenschaften einer Hand wird zur Vereinfachung nur die Größe der Hand berücksichtigt und die Proportionen vorerst vernachlässigt. Die generelle Möglichkeit, die Größe der Hand zu verändern wird mit Hilfe eines globalen Skalierungsfaktors α realisiert, mit dem jeder die Größe des Modells beschreibende Parameter als Vorfaktor versehen wird. Es erfolgt eine Erweiterung der Gleichung 4.23 beziehungsweise des Parametervektors $\mathbf{p}_{\mathrm{kin}}$ zu

$$f_{\mathrm{kin}_\alpha}\left((\varphi,\omega,\psi,x,y,z),\boldsymbol{\theta}_{\mathrm{I}},\ldots,\boldsymbol{\theta}_{\mathrm{V}},\theta_{\mathrm{WRU}},\theta_{\mathrm{WDP}},\alpha\right) = f_{\mathrm{kin}}\left(\mathbf{p}_{\mathrm{kin}_\alpha}\right) \;, \qquad (4.33)$$

indem alle Vorkommen von x_i, y_i, z_i, a_{PHP_i}, a_{PHM_i} und a_{PHD_i} mit $i \in \{\mathrm{I},\ldots,\mathrm{V}\}$ sowie x_{ULN}, z_{ULN} beziehungsweise x_{RAD} und z_{RAD} in den entsprechenden Gleichungen mit dem Vorfaktor α multipliziert werden; x_i ergibt sich beispielsweise zu αx_i. Demzufolge wirkt sich eine Änderung von α auf die gesamte Hand aus. Allein dieser Vorfaktor würde die manuelle Anpassung des Modells an die entsprechende Handgröße ermöglichen. Die Automatisierung dieses Vorgangs erfolgt, indem α zudem als anpassbarer Parameter des kinMod im Rahmen der Optimierung angesehen wird, die durch die Erweiterung des Parametervektors um α nun auf 29 DOFs des Modells erfolgt.

Dieses Vorgehen führt zu den entsprechenden Erweiterungen der Matrizen $\mathbf{J}^{i(\mathbf{p}^t_{\mathrm{kin}})}_{\varphi,\omega,\psi,x,y,z}$ und $\mathbf{J}^{i(\mathbf{p}^t_{\mathrm{kin}})}_{\boldsymbol{\theta}_i}$ aus Gleichung 4.29 und Gleichung 4.30 um den Faktor α, aus denen die Matrizen $\mathbf{J}^{i(\mathbf{p}^t_{\mathrm{kin}_\alpha})}_{\varphi,\omega,\psi,x,y,z}$ und $\mathbf{J}^{i(\mathbf{p}^t_{\mathrm{kin}_\alpha})}_{\boldsymbol{\theta}_i}$ folgen. Ferner kann die Matrix

$$\mathbf{J}^{i(\mathbf{p}^t_{\mathrm{kin}_\alpha})}_\alpha = \begin{pmatrix} \mathbf{J}^{\mathrm{TIP}_i(\mathbf{p}^t_{\mathrm{kin}_\alpha})}_\alpha \\ \mathbf{J}^{\mathrm{DIP}_i(\mathbf{p}^t_{\mathrm{kin}_\alpha})}_\alpha \\ \mathbf{J}^{\mathrm{PIP}_i(\mathbf{p}^t_{\mathrm{kin}_\alpha})}_\alpha \\ \mathbf{J}^{\mathrm{MCP}_i(\mathbf{p}^t_{\mathrm{kin}_\alpha})}_\alpha \end{pmatrix} \qquad (4.34)$$

definiert und $\mathbf{J}_i(\mathbf{p}_{\mathrm{kin}}^t)$ zu

$$\mathbf{J}_i(\mathbf{p}_{\mathrm{kin}_\alpha}^t) = \left(\mathbf{J}_{\varphi,\omega,\psi,x,y,z}^{i(\mathbf{p}_{\mathrm{kin}_\alpha}^t)} \quad \mathbf{J}_{\theta_i}^{i(\mathbf{p}_{\mathrm{kin}_\alpha}^t)} \quad \mathbf{J}_{\alpha}^{i(\mathbf{p}_{\mathrm{kin}_\alpha}^t)} \right) \tag{4.35}$$

erweitert werden. Die sich aus diesen Schritten ergebende und für einen Iterationsschritt des Levenberg-Marquardt-Verfahrens genutzte Jacobi-Matrix ist folglich definiert als

$$\mathbf{J}_{f_{\mathrm{kin}}}(\mathbf{p}_{\mathrm{kin}_\alpha}^t) =$$

$$\begin{pmatrix}
\mathbf{J}_{\varphi,\omega,\psi,x,y,z}^{\mathrm{I}(\mathbf{p}_{\mathrm{kin}_\alpha}^t)} & \mathbf{J}_{\theta_{\mathrm{I}}}^{\mathrm{I}(\mathbf{p}_{\mathrm{kin}_\alpha}^t)} & 0 & 0 & 0 & 0 & 0 & \mathbf{J}_{\alpha}^{\mathrm{I}(\mathbf{p}_{\mathrm{kin}_\alpha}^t)} \\
\mathbf{J}_{\varphi,\omega,\psi,x,y,z}^{\mathrm{II}(\mathbf{p}_{\mathrm{kin}_\alpha}^t)} & 0 & \mathbf{J}_{\theta_{\mathrm{II}}}^{\mathrm{II}(\mathbf{p}_{\mathrm{kin}_\alpha}^t)} & 0 & 0 & 0 & 0 & \mathbf{J}_{\alpha}^{\mathrm{II}(\mathbf{p}_{\mathrm{kin}_\alpha}^t)} \\
\mathbf{J}_{\varphi,\omega,\psi,x,y,z}^{\mathrm{III}(\mathbf{p}_{\mathrm{kin}_\alpha}^t)} & 0 & 0 & \mathbf{J}_{\theta_{\mathrm{III}}}^{\mathrm{III}(\mathbf{p}_{\mathrm{kin}_\alpha}^t)} & 0 & 0 & 0 & \mathbf{J}_{\alpha}^{\mathrm{III}(\mathbf{p}_{\mathrm{kin}_\alpha}^t)} \\
\mathbf{J}_{\varphi,\omega,\psi,x,y,z}^{\mathrm{IV}(\mathbf{p}_{\mathrm{kin}_\alpha}^t)} & 0 & 0 & 0 & \mathbf{J}_{\theta_{\mathrm{IV}}}^{\mathrm{IV}(\mathbf{p}_{\mathrm{kin}_\alpha}^t)} & 0 & 0 & \mathbf{J}_{\alpha}^{\mathrm{IV}(\mathbf{p}_{\mathrm{kin}_\alpha}^t)} \\
\mathbf{J}_{\varphi,\omega,\psi,x,y,z}^{\mathrm{V}(\mathbf{p}_{\mathrm{kin}_\alpha}^t)} & 0 & 0 & 0 & 0 & \mathbf{J}_{\theta_{\mathrm{V}}}^{\mathrm{V}(\mathbf{p}_{\mathrm{kin}_\alpha}^t)} & 0 & \mathbf{J}_{\alpha}^{\mathrm{V}(\mathbf{p}_{\mathrm{kin}_\alpha}^t)} \\
\mathbf{J}_{\varphi,\omega,\psi,x,y,z}^{\mathrm{BKS}(\mathbf{p}_{\mathrm{kin}_\alpha}^t)} & 0 & 0 & 0 & 0 & 0 & 0 & 0 \\
\mathbf{J}_{\varphi,\omega,\psi,x,y,z}^{\mathrm{ULN}(\mathbf{p}_{\mathrm{kin}_\alpha}^t)} & 0 & 0 & 0 & 0 & 0 & \mathbf{J}_{\theta_{\mathrm{WRU}},\theta_{\mathrm{WDP}}}^{\mathrm{ULN}(\mathbf{p}_{\mathrm{kin}_\alpha}^t)} & \mathbf{J}_{\alpha}^{\mathrm{ULN}(\mathbf{p}_{\mathrm{kin}_\alpha}^t)} \\
\mathbf{J}_{\varphi,\omega,\psi,x,y,z}^{\mathrm{RAD}(\mathbf{p}_{\mathrm{kin}_\alpha}^t)} & 0 & 0 & 0 & 0 & 0 & \mathbf{J}_{\theta_{\mathrm{WRU}},\theta_{\mathrm{WDP}}}^{\mathrm{RAD}(\mathbf{p}_{\mathrm{kin}_\alpha}^t)} & \mathbf{J}_{\alpha}^{\mathrm{RAD}(\mathbf{p}_{\mathrm{kin}_\alpha}^t)}
\end{pmatrix} .$$

$$\tag{4.36}$$

Die bisherigen Ausführungen beschreiben ein Verfahren zur Bestimmung der Pose der Hand unter der Voraussetzung der Kenntnis der gewünschten Positionen von den Handmerkmalen innerhalb des WKS bezüglich einer gegebenen Punktwolke der Hand. Diese Positionen sind nicht bekannt und müssen für jede Situation bestimmt werden, um als Basis des Verfahrens die Posenbestimmung zu ermöglichen. Aus diesem Grund wird die gewünschte Position eines Merkmals m zu einer Punktwolke $\mathcal{H} \subset \mathbb{R}^3$ als der Mittelpunkt aller ihm zugeordneten Datenpunkte definiert. Die Zuordnung eines Punktes zu einem Merkmal erfolgt immer, wenn der euklidische Abstand des Datenpunktes zum Merkmal m kleiner ist als zu den restlichen Merkmalen der Hand. Demzufolge ergibt sich die Menge $\mathcal{D}_m$ der m zugeordneten Datenpunkte als

$$\mathcal{D}_m = \left\{ \mathbf{h} \,\middle|\, \mathbf{h} \in \mathcal{H} \wedge m = \arg\min_{n \in \mathcal{M}} \| \mathbf{h} - \mathbf{p}_n \|_2 \right\} , \tag{4.37}$$

wobei $\mathcal{M}$ die Menge aller Merkmale m beziehungsweise deren aktuelle Positionen $\mathbf{p}_m \in \mathbb{R}^3$ im WKS repräsentiert und folglich die Elemente ULN, RAD, ROO sowie MCP_i, PIP_i, DIP_i, und TIP_i mit $i \in \{\mathrm{I},\dots,\mathrm{V}\}$ enthält. Die gewünschte Position $\mathbf{t}_m$ eines Merkmals m ist somit definiert als

$$\mathbf{t}_m = \frac{1}{|\mathcal{D}_m|} \sum_{\mathbf{h} \in \mathcal{D}_m} \mathbf{h} . \tag{4.38}$$

Abbildung 4.6 fasst den Vorgang der Anpassung des Modells an eine Punktwolke der Hand zusammen. In jedem Iterationsschritt wird die bisherige mit dem kinMod bestimmte Pose

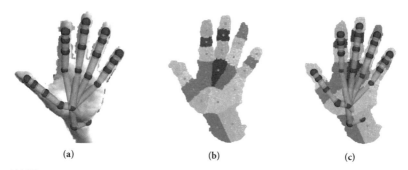

Abbildung 4.6: Beispielhafte Darstellung der Zuordnung der Datenpunkte zu den Merkmalen des kinMod und die daraus resultierende Anpassung auf Basis der sich ergebenen gewünschten Positionen der Merkmale. (a) Aktuelle Punktwolke der Hand und die mit Hilfe des kinMod bestimmte vorherige Pose. Das Modell wird mit Hilfe von Knoten (●) und Kanten (–) visualisiert. (b) Zuordnung der Datenpunkte und die sich jeweils ergebenen gewünschten Positionen der Merkmale (●). (c) Resultat der Anpassung des Modells auf Basis der gewünschten Positionen.

der Hand, wie Abbildung 4.6a beispielhaft zeigt, in die aktuelle Punktwolke gelegt und bildet die Ausgangslage für die anschließende Punktezuordnung inklusive der Bestimmung der gewünschten Positionen der Merkmale aus Abbildung 4.6b gefolgt von der Anpassung unter Nutzung des beschriebenen Vorgehens der Formulierung als kleinste-Quadrate-Optimierungsproblem. Das Ergebnis eines Iterationsschritts der Anpassung an die gegebenen Punktwolke ist in Abbildung 4.6c dargestellt. Auf Basis empirischer Versuche erfolgt die Anpassung mit 20 Iterationen je Punktwolke nach dem Ansatz von Levenberg-Marquardt, wobei die Punktezuordnung alle vier Iterationen wiederholt wird.

Sollte es keine vorherige Position geben, wie es beispielsweise zu Beginn der Posenbestimmung für die erste Punktwolke der Fall ist, wird das kinMod mit der Nullstellung initialisiert, in den Mittelpunkt der Punktwolke oder das im Rahmen des in Abschnitt 2.3 beschriebenen Verfahrens zur Detektion der Hand ermittelte Zentrum der Handfläche verschoben, indem die Parameter x, y, und z entsprechend festgelegt werden. Ferner erfolgt die initiale Rotation des Modells um die z-Achse der Kamera durch Festlegung des Wertes von ψ.

Kann für ein Merkmal m keine Zuordnung von Datenpunkten erfolgen, was sich in $\mathcal{D}_m = \varnothing$ äußert, so werden dieses und die korrespondierenden Parameter bei der Optimierung außen vor gelassen. Unter anderem ermöglicht dieser Schritt dem Verfahren das Bestimmen von Handposen unter spitzen Kamerawinkeln oder gar die Verfolgung kompletter Rotation um die verschiedenen Achsen sowie die Bestimmung der Pose mit einem zur Kamera ausgerichteten Handrücken. Entsprechende mit Hilfe des kinMod bestimmte Posen sind in Abbildung 4.7 dargestellt. Die Abbildungen 4.7a-4.7d zeigen einzelne Posen der Rotation der Hand um die Longitudinalachse. In den Abbildungen 4.7e-4.7j sind die

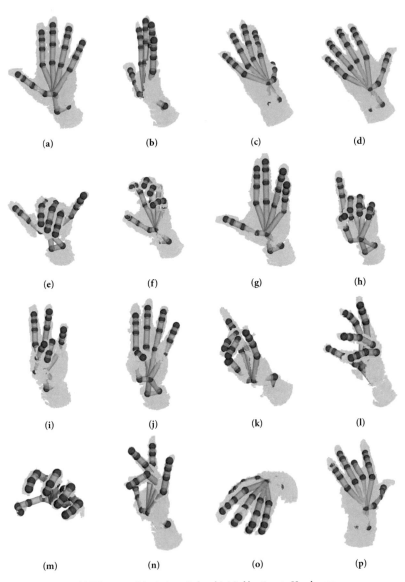

(a)   (b)   (c)   (d)

(e)   (f)   (g)   (h)

(i)   (j)   (k)   (l)

(m)   (n)   (o)   (p)

Abbildung 4.7: Schwierige mit dem kinMod bestimmte Handposen.

verschiedenen Handgesten DK, das Nachbilden einer Kralle, der sogenannte vulkanische Gruß, Z, ZMK sowie ZMRK in Form der korrespondierenden Punktwolken dargestellt und die entsprechenden bestimmten Handposen visualisiert. Die restlichen Abbildungen 4.7k-4.7p zeigen beispielhafte Situationen, in denen Posen mit einem spitzen Winkel zur Kamera präsentiert werden und gar der Handrücken zur Kamera gerichtet ist.

Eine weitere Notwendigkeit ist die Verschiebung des zu der vorherigen Punktwolke mit dem Mittelpunkt $\mathbf{m}^{alt}$ korrespondierenden und als Basis für die Posenbestimmung mit Hilfe der aktuellen Punktwolke dienenden kinMod durch Anpassung der die Translationen im Raum beschreibenden Parameter x, y und z um die entsprechenden Einträge des Differenzvektors

$$\delta = \mathbf{m}^{akt} - \mathbf{m}^{alt} \tag{4.39}$$

mit $\mathbf{m}^{akt}$ als Mittelpunkt der aktuellen Punktwolke. Diese Verschiebung ermöglicht das Verfolgen von aufeinanderfolgenden Posen mit größeren Distanzen ihrer Mittelpunkte, wie

---

Pseudocode 6 : Verfahren zur Bestimmung der Pose der Hand mit Hilfe eines kinMod.

Eingabe : Kinematisches Modell mit den Merkmalen $\mathcal{M}$ und der alten Pose in Form des Parametervektors $\mathbf{p}^{alt}_{kin}$ sowie die Punktwolke der Hand mit dem korrespondierenden Mittelpunkt $\mathbf{m}^{akt}$ und der Mittelpunkt $\mathbf{m}^{alt}$ der vorherigen Punktwolke. Anzahl t_{max} an Iterationen und Anzahl a an Adaptionsschritte je Punktzuordnung.

Ausgabe : Zur Punktwolke der Hand korrespondierende Pose des kinMod in Form von $\mathbf{p}^{neu}_{kin}$.

if $\mathbf{p}^{alt}_{kin}$ entspricht Nullstellung mit $x = y = z = 0$ **then**

    Initialisierung der Parameter x, y, z und ψ in $\mathbf{p}^{alt}_{kin}$ mit der groben Position und Orientierung auf Basis der Handdetektion;

else

    Verschiebe Modell um den Differenzvektor der Mittelpunkte $\mathbf{m}^{akt} - \mathbf{m}^{alt}$ durch Anpassung von $\mathbf{p}^{alt}_{kin}$;

end

$\mathbf{p}^{t}_{kin} = \mathbf{p}^{alt}_{kin}$;

for $(t = 1 : t_{max})$ **do**

    if $i \bmod a == 1$ **then**

        Datenpunktezuordnung und Bestimmung der gewünschten Positionen $\mathbf{t}_m$ für alle Merkmale $m \in \mathcal{M}$ nach Gleichung 4.37 und Gleichung 4.38;

    end

    Adaptionsschritt nach Levenberg-Marquardt durch Berechnung von $\mathbf{p}^{t+1}_{kin}$ mit Gleichung 4.26;

end

$\mathbf{p}^{neu}_{kin} = \mathbf{p}^{t}_{kin}$;

sie beispielsweise bei schnellen Handbewegungen oder geringen Bildwiederholfrequenzen der Kamera auftreten können.

Pseudocode 6 fasst das Verfahren zur Bestimmung der Pose der Hand mit Hilfe eines kinMod zusammen und Abbildung 4.8 zeigt mehrere Iterationsschritte für die Anpassung des die Pose aus Abbildung 4.8a repräsentierenden kinMod an die in Abbildung 4.8b dargestellte Punktwolke. Bei der zu dem in die Punktwolke gelegten Modell korrespondierenden Punktezuordnung kann für die Fingerspitze des Zeigefingers keine gewünschte Position bestimmt werden. Aus diesem Grund erfolgt während der ersten vier Iterationen in den Abbildungen 4.8b bis 4.8e hauptsächlich die Bewegung des DIP des Zeigefingers in die entsprechende Richtung, was sich gleichzeitig auf die Position des TIP auswirkt. Bei der erneuten Punktezuordnung nach den ersten vier Iterationen wird auch für die Fingerspitze eine neue Zielposition bestimmt, die direkt das korrekte Einpassen des gesamten Zeigefingers innerhalb der nachfolgenden Iteration fünf aus Abbildung 4.8f bewirkt. In den Iterationen sechs bis zwölf erfolgt entsprechend den Abbildungen 4.8g bis 4.8h die korrekte Anpassung des Mittelfingers an die Punktwolke und die Pose unterscheidet sich nur noch marginal vom Ergebnis aus Abbildung 4.8i.

Die definierten Freiheiten der DOFs des kinMod lassen auch unnatürliche Posen zu. Um diese einzudämmen, werden die einzelnen Gelenkwinkel beschränkt, sodass am Beispiel der Gelenke der Finger keine dorsale Flexion erfolgen kann.

Das in diesem Abschnitt beschriebene Vorgehen wird als Basisverfahren der Handposenbestimmung mit Hilfe eines selbst-skalierenden kinMod definiert und kann eigenständig für diese Aufgabe verwendet werden. Wie auch bei den SOM-basierten Verfahren wird davon ausgegangen, dass die erste Punktwolke eine offene Hand repräsentiert, was sich für die in dieser Arbeit beschriebenen Anwendungen als praktikabel erwiesen hat.

4.2.4 Erweiterungen des Verfahrens

Dieser Abschnitt beschreibt Erweiterungen des in Abschnitt 4.2.3 vorgestellten Verfahrens zur Bestimmung der Pose einer Hand auf Basis eines selbst-skalierenden kinematischen Handmodells. Im ersten Teil erfolgt die Einführung von Hilfs- und Dummy-Knoten, um die Posenbestimmung zu stabilisieren. Der zweite Teil stellt einen ersten Ansatz für die Anpassung des Modells an beliebige Handproportionen vor.

Um die Berechnungen übersichtlicher zu halten, das gegebenenfalls notwendige außen vor Lassen einzelner Merkmale bei der Optimierung zu erleichtern, ein späteres Hinzufügen einzelner Knoten zu vereinfachen und die Erweiterung um eine 2D Optimierung zu

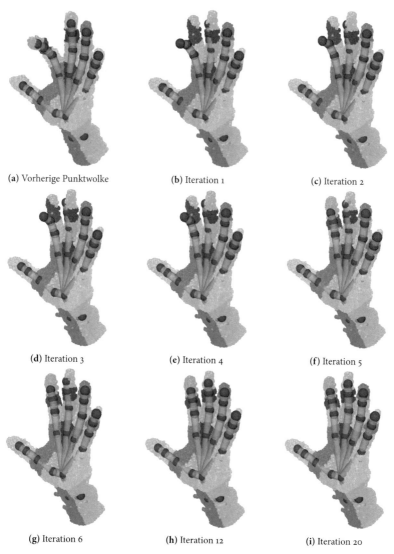

(a) Vorherige Punktwolke (b) Iteration 1 (c) Iteration 2

(d) Iteration 3 (e) Iteration 4 (f) Iteration 5

(g) Iteration 6 (h) Iteration 12 (i) Iteration 20

Abbildung 4.8: Beispielhafte Adaption des kinMod an eine neue Punktwolke, die sich zur vorherigen hauptsächlich in den den Zeigefinger repräsentierenden Datenpunkten unterscheidet. Es sind jeweils die Punktwolke nach der Punktezuordnung, die gewünschten Positionen der Merkmale und das aktuelle Modell dargestellt. (a) Vorherige Punktwolke und korrespondierende Pose des kinMod. (b) Ergebnis und Punktezuordnung des ersten Adaptionsschrittes. (c) - (h) Weitere Adaptionsschritte. (i) Ergebnis der Adaption an die aktuelle Punktwolke.

erleichtern, erfolgt die Neuformulierung von Gleichung 4.26 in Anlehnung an Tagliasacchi et al. [11] als

$$\mathbf{p}_{kin}^{t+1} = \mathbf{p}_{kin}^t - \left(\sum_{m \in \mathcal{M}} \mathbf{H}_m(\mathbf{p}_{kin}^t) + \text{diag}[\mathbf{H}_m(\mathbf{p}_{kin}^t)] \right)^{-1} \cdot \left(\sum_{m \in \mathcal{M}} \mathbf{J}_m(\mathbf{p}_{kin}^t)^T \cdot e_m(\mathbf{p}_{kin}^t) \right) \quad (4.40)$$

wobei $\mathbf{H}_m$, $\mathbf{J}_m$ und e_m die merkmalsspezifische Hesse- und Jacobi-Matrix sowie die Fehlerfunktion des Merkmals beschreiben. Diese ergeben sich direkt aus den Gleichungen 4.28 bis 4.31 unter Berücksichtigung einer einheitlichen Reihenfolge der abgeleiteten Parameter und das dazu notwendige Auffüllen der Matrizen mit Nullen. Die Definition der Fehlerfunktion entspricht der aus Gleichung 4.27 in der auf das Merkmal reduzierten Form.

Entsprechend des Basisverfahrens aus Abschnitt 4.2.3 werden Merkmale, denen kein Datenpunkt zugeordnet werden kann, bei der Optimierung nicht berücksichtigt, was bisher durch das Setzen des zum Merkmal korrespondierenden Teils des Fehlers $e_{f_{kin}}(\mathbf{p}_{kin}^t) = 0$ realisiert wurde. Erfolgt die Definition der Merkmalsmenge als

$$\mathcal{M}' = \mathcal{M} \smallsetminus \{m \mid \mathcal{D}_m = \varnothing\} \quad , \quad (4.41)$$

ergibt sich direkt aus Gleichung 4.40 die Vorschrift

$$\mathbf{p}_{kin}^{t+1} = \mathbf{p}_{kin}^t - \left(\sum_{m \in \mathcal{M}'} \mathbf{H}_m(\mathbf{p}_{kin}^t) + \text{diag}[\mathbf{H}_m(\mathbf{p}_{kin}^t)] \right)^{-1} \cdot \left(\sum_{m \in \mathcal{M}'} \mathbf{J}_m(\mathbf{p}_{kin}^t)^T \cdot e_m(\mathbf{p}_{kin}^t) \right) \quad ,$$
$$(4.42)$$

welche die entsprechenden Merkmale nicht berücksichtigt.

Hilfs- und Dummy-Knoten

Ein Resultat der herkömmlichen Punktezuordnung als Teilschritt der Posenbestimmung ist in Abbildung 4.9a dargestellt. Es ist zu erkennen, dass die Zielpunkte für einen Großteil der Merkmale den anatomisch erwarteten Positionen entsprechen und nach der Optimierung auch die Positionen der Merkmale mit ihnen übereinstimmen. Es gibt allerdings Merkmale, bei denen eine größere Differenz zu ihren Zielpositionen verbleibt. Dies trifft beispielhaft für die Knoten des Armstumpfes und auch für die Knoten von MCP_{II}, MCP_{IV} und MCP_V zu. Da die Zielpositionen proximal orientiert sind, kann es passieren, dass die Hand bei entsprechend schnellen Bewegung eher in Richtung des Unterarms wandert. Um dieses Problem einzudämmen und die Handfläche stabiler in den Daten zu halten, werden dem Modell fünf sogenannte Hilfsknoten hinzugefügt, vier jeweils im Mittelpunkt der Kanten vom Wurzelknoten ROO und den Knoten der MCPs sowie einer als Antagonist des MCP des Daumens. Diese Hilfsknoten fließen wie die Merkmale selbst in die Optimierung mit

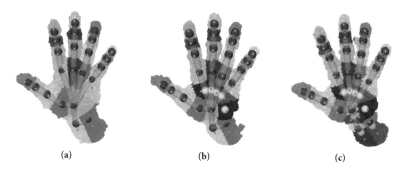

Abbildung 4.9: (a) Herkömmliche Punktezuordnung unter Berücksichtigung aller Merkmale der Hand. Das kinMod ist in Form von Knoten (●) und Kanten (–) dargestellt. Die einzelnen Cluster sind eingefärbt, wobei die entsprechenden Zentren (●) die Zielpositionen der Merkmale repräsentieren. (b) Punktezuordnung inklusive Hilfs-Knoten (●). (c) Punktezuordnung inklusive Hilfs- und Dummy-Knoten (●).

ein. Abbildung 4.9b zeigt eine entsprechende Punktezuordnung unter Berücksichtigung der Hilfsknoten, die in deutlich besser gelegenen Zielpositionen für die Merkmale und Hilfsknoten resultiert.

Würde dieses Vorgehen zudem im Falle der Knoten RAD und ULN des Armstumpfes Anwendung finden, indem zusätzliche Hilfsknoten in Richtung Unterarm platziert würden, hätte das lediglich eine Verschiebung des Problems zur Folge. Aus diesem Grund erfolgt das Hinzufügen sogenannter Dummy-Knoten, deren Funktion lediglich im Herausfiltern von Daten besteht. Dies geschieht, indem sie zwar bei der Punktezuordnung Berücksichtigung finden, jedoch nicht in die direkte Optimierung für die Posenbestimmung mit einfließen. Insgesamt werden vier Dummy-Knoten genutzt. Zwei Knoten sind auf den Kanten zwischen ROO und RAD beziehungsweise ULN positioniert. Die beiden anderen liegen ausgehend von den beiden Knoten des Armstumpfes in Richtung Unterarm. Entsprechend Abbildung 4.9c dienen die Dummy-Knoten im Falle einer geöffneten Hand der Verschiebung der Zielpositionen der entsprechenden Merkmale in Richtung Fingerspitzen, da gerade im Falle des Unterarms ein Großteil der unerwünschten Daten herausgefiltert wird. Die Zielpositionen der Knoten des Armstumpfes liegen nun an der gewünschten Position.

Adaption an die Handproportionen

Dieser Abschnitt beschreibt einen ersten Ansatz für die Anpassung der einzelnen Längen der die Knochen des Handskeletts repräsentierenden Strukturen des kinMod.

Das Basisverfahren aus Abschnitt 4.2.3 ermöglicht die Posenbestimmung für Hände verschiedenster Größen ohne vorherige manuelle Anpassungen, indem der eingeführte, globale, jeden größenbeschreibenden Parameter im selben Verhältnis beeinflussende Skalierungsfaktor α bei der nicht linearen kleinste-Quadrate-Optimierung wie die restlichen Parameter des Modells Berücksichtigung findet. Dieser Fähigkeit liegen die festgelegten, durch die Vermessung einer MRT-Aufnahme der rechten Hand eines männlichen Erwachsenen bestimmten Längen der einzelne Knochen des Skeletts zugrunde, die je nach Mensch individuelle Ausmaße annehmen. Es findet demzufolge keine Berücksichtigung der unterschiedlichen Proportionen menschlicher Hände in Bezug auf die Länge der Knochen und beispielsweise der daraus folgenden Längen einzelner Finger oder der Höhe und Breite der Hand statt. Dieser Abschnitt beschreibt ein mögliches Vorgehen beziehungsweise notwendige Anpassungen des Grundverfahrens, um die automatisierte Adaption an verschiedenste Handproportionen zu ermöglichen.

In einem ersten Schritt erfolgt die zusätzliche Einführung von je einem Skalierungsfaktor für die längen- beziehungsweise größenbeschreibenden Parameter x_i, y_i, z_i, a_{PHP_i}, a_{PHM_i} und a_{PHD_i}. Folglich ergeben sich für jeden Finger die sechs korrespondierenden Skalierungsfaktoren $\alpha_{\mathrm{x},i}$, $\alpha_{\mathrm{y},i}$, $\alpha_{\mathrm{z},i}$, $\alpha_{\mathrm{p},i}$, $\alpha_{\mathrm{m},i}$ und $\alpha_{\mathrm{d},i}$ mit $i \in \{\mathrm{I},\ldots,\mathrm{V}\}$, wobei die ersten drei Faktoren die Skalierung des Bereiches der Mittelhandknochen und die letzten drei entsprechend die der proximalen, medialen und distalen Fingerknochen repräsentieren. Dieses Vorgehen erhöht die Anzahl an DOFs um 30 auf insgesamt 59 DOFs und resultiert in einem deutlich komplexeren Optimierungsproblem. Das Basisverfahren bleibt an sich unverändert. Die Unterschied liegt in der für die Optimierung genutzten Jacobi-Matrix, die sich aus der Erweiterung von $\mathbf{J}^{i(\mathbf{p}^{t}_{\mathrm{kin}_\alpha})}_{\varphi,\omega,\psi,x,y,z}$ und $\mathbf{J}^{i(\mathbf{p}^{t}_{\mathrm{kin}_\alpha})}_{\theta_i}$ als $\mathbf{J}^{i(\mathbf{p}^{t}_{\mathrm{kin}_\alpha})}_{\varphi,\omega,\psi,x,y,z}$ und $\mathbf{J}^{i(\mathbf{p}^{t}_{\mathrm{kin}_\alpha})}_{\theta_i}$ durch entsprechendes Hinzufügen der korrespondierenden Vorfaktoren zu den längenbeschreibenden Parametern ergeben. Ferner erfolgt die Definition der Matrix $\mathbf{J}^{i(\mathbf{p}^{t}_{\mathrm{kin}_\alpha})}_{\alpha_i}$ unter Verwendung des Skalierungsvektors $\boldsymbol{\alpha}_i$ als $(\alpha_\mathrm{x},\alpha_\mathrm{y},\alpha_\mathrm{z},\alpha_\mathrm{p},\alpha_\mathrm{m},\alpha_\mathrm{d})_i$, der die fingerspezifischen Skalierungsfaktoren enthält, als

$$
\mathbf{J}^{i(\mathbf{p}^{t}_{\mathrm{kin}_\alpha})}_{\boldsymbol{\alpha}_i} = \begin{pmatrix} \mathbf{J}^{\mathrm{TIP}_i(\mathbf{p}^{t}_{\mathrm{kin}_\alpha})}_{(\alpha_\mathrm{x},\alpha_\mathrm{y},\alpha_\mathrm{z},\alpha_\mathrm{p},\alpha_\mathrm{m},\alpha_\mathrm{d})_i} \\ \mathbf{J}^{\mathrm{DIP}_i(\mathbf{p}^{t}_{\mathrm{kin}_\alpha})}_{(\alpha_\mathrm{x},\alpha_\mathrm{y},\alpha_\mathrm{z},\alpha_\mathrm{p},\alpha_\mathrm{m})_i} \quad 0 \\ \mathbf{J}^{\mathrm{PIP}_i(\mathbf{p}^{t}_{\mathrm{kin}_\alpha})}_{(\alpha_\mathrm{x},\alpha_\mathrm{y},\alpha_\mathrm{z},\alpha_\mathrm{p})_i} \quad 0 \quad 0 \\ \mathbf{J}^{\mathrm{MCP}_i(\mathbf{p}^{t}_{\mathrm{kin}_\alpha})}_{(\alpha_\mathrm{x},\alpha_\mathrm{y},\alpha_\mathrm{z})_i} \quad 0 \quad 0 \quad 0 \end{pmatrix} . \tag{4.43}
$$

Die Jacobi-Matrix eines Fingers erweitert sich folglich zu

$$
\mathbf{J}_i(\mathbf{p}^{t}_{\mathrm{kin}_\alpha}) = \begin{pmatrix} \mathbf{J}^{i(\mathbf{p}^{t}_{\mathrm{kin}_\alpha})}_{\varphi,\omega,\psi,x,y,z} & \mathbf{J}^{i(\mathbf{p}^{t}_{\mathrm{kin}_\alpha})}_{\theta_i} & \mathbf{J}^{i(\mathbf{p}^{t}_{\mathrm{kin}_\alpha})}_{\alpha} & \mathbf{J}^{i(\mathbf{p}^{t}_{\mathrm{kin}_\alpha})}_{\alpha_i} \end{pmatrix} . \tag{4.44}
$$

Dieser Matrix können direkt die Jacobi-Matrizen der einzelnen Merkmale entnommen werden, die jedoch entsprechend mit Nullen aufgefüllt und gegebenenfalls umsortiert

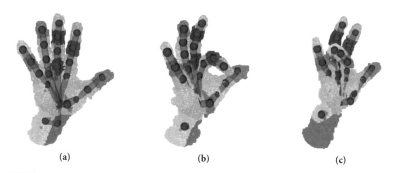

(a) (b) (c)

Abbildung 4.10: Mit einem vollständig skalierbarem kinMod bestimmte Handposen. Das Modell ist in Form von Knoten (●) und Kanten (-) dargestellt.

werden müssen, um sie direkt für das auf die Summation umgestellte Verfahren aus Gleichung 4.40 zu nutzen. Betrachtungen der ursprünglichen Jacobi-Matrix aus Gleichung 4.36, die hier in der um die Skalierungsfaktoren der einzelnen längenbeschreibenden Parameter erweiterten Variante mit Hilfe von $J'_{f_{kin}}(\mathbf{p}^t_{kin_\alpha})$ dargestellt wird, führen zu der sich durch die Integration der Skalierungsfaktoren in die Optimierung für das Levenberg-Marquardt-Verfahren ergebenden neuen Jacobi-Matrix $J_{f_{kin}}(\mathbf{p}^t_{kin_\alpha})$ als

$$
J_{f_{kin}}(\mathbf{p}^t_{kin_\alpha}) = J'_{f_{kin}}(\mathbf{p}^t_{kin_\alpha})
\begin{pmatrix}
J^{I(\mathbf{p}^t_{kin_\alpha})}_{\alpha_I} & 0 & 0 & 0 & 0 \\
0 & J^{II(\mathbf{p}^t_{kin_\alpha})}_{\alpha_{II}} & 0 & 0 & 0 \\
0 & 0 & J^{III(\mathbf{p}^t_{kin_\alpha})}_{\alpha_{III}} & 0 & 0 \\
0 & 0 & 0 & J^{IV(\mathbf{p}^t_{kin_\alpha})}_{\alpha_{IV}} & 0 \\
0 & 0 & 0 & 0 & J^{V(\mathbf{p}^t_{kin_\alpha})}_{\alpha_V} \\
0 & 0 & 0 & 0 & 0 \\
0 & 0 & 0 & 0 & 0 \\
0 & 0 & 0 & 0 & 0
\end{pmatrix} . \quad (4.45)
$$

Die beispielhaften qualitativen Tests aus Abbildung 4.10 zeigen die generelle Funktionalität dieses Ansatzes. Bei der geöffneten Hand in Abbildung 4.10a ist das erwartete Verhalten zu erkennen, dass sich die Fingerknoten beinahe äquidistant verteilen und gerade bei ausgestreckten Fingern nicht an den gewünschten Positionen liegen. Werden die Finger allerdings eingeknickt, wie es in Abbildung 4.10b und Abbildung 4.10c jeweils der Fall ist, passen sich die Längen der Kanten an, repräsentieren die entsprechenden Positionen der Merkmale und führen zu qualitativ korrekten Winkeln der Fingergelenke.

Je nach Bewegungsgeschwindigkeit kann es aufgrund des Auslassens von Knoten aus der Optimierung, denen kein Datenpunkt zugeordnet werden konnte, dazu kommen,

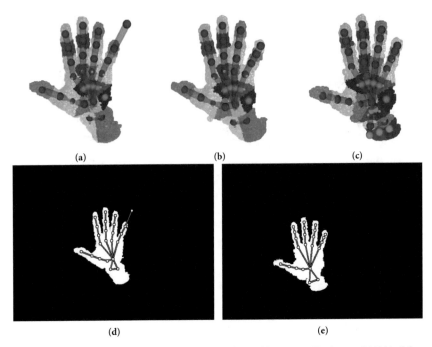

(a)   (b)   (c)

(d)   (e)

Abbildung 4.11: Mit einem vollständig skalierbarem kinMod bestimmte Handposen. (a) Fehlerfall mit einem Knoten außerhalb der Daten. (b) Korrekt erlernte Pose auf Basis des Zurückziehens von außerhalb liegenden Knoten zu ihren Ankern. (c) Erweiterung des Verfahrens um Dummy-Knoten und eine Beeinflussung durch die SOMs. Das Modell ist in Form von Knoten (●), Hilfs-Knoten (●) sowie Dummy-Knoten (●) und Kanten (–) dargestellt und die jedem Knoten zugeordneten Daten sind entsprechend eingefärbt. (d) Maske und rückprojizierte Merkmale mit Ausreißer. (e) Maske und rückprojizierte Merkmale.

dass Knoten aus den Daten wandern, wie es in Abbildung 4.11a exemplarisch für den kleinen Finger der Fall ist. Um dieses Problem zu reduzieren, erfolgt eine Prüfung der Lage der Knoten bezüglich der Daten der Hand, indem entsprechend Abbildung 4.11d eine Rückprojektion der Merkmale in das zweidimensionale Maskenbild mit anschließender Lageprüfung erfolgt. Liegt ein Merkmal außerhalb des weißen Bereichs, befindet er sich nicht innerhalb der Daten. Für alle diese Punkte wird als Zielposition im Rahmen der Optimierung die Zielposition ihres Ankerknotens definiert, was ein Zurückziehen der Knoten in die Daten zur Folge hat. Als Anker eines einzelnen Fingerknotens ist jeweils der proximale Nachbarknoten und für die MCPs sowie für die verbleibenden Knoten der Wurzelknoten definiert. Die auf Basis dieser Anpassung bestimmte, korrekte Pose ist in Abbildung 4.11b und das Maskenbild mit den rückprojizierten Merkmalen in Abbildung 4.11e dargestellt. Der Test auf Ausreißer erfolgt sowohl für die einzelnen Merkmale als auch für die Mittelpunkte der Kanten, dessen Lage außerhalb der Daten ein Zurückziehen des distalen Knotens der Kante zur Folge hat. Qualitative Tests zeigen, dass im Rahmen der Posenbestimmung mit Hilfe des vollständig skalierbaren kinMod nach der Initialisierung des öfteren ein Verrutschen des Modells in den Arm respektive in die Daten des Arms auftritt. Um diese Tendenz zu unterdrücken, erfolgt auch hier die Erweiterung des Modells um entsprechende Dummy-Knoten gemäß Abbildung 4.11c. Es ist weiterhin zu beobachten, dass schnelle Translationen der Hand im Laufe der Posenbestimmung zum Vertauschen einzelner Finger führen können. Diesem wird durch das Reduzieren der Flexibilität mittels des Entfernens der lokalen Skalierungen für die Knochen der Handfläche zu Gunsten der Stabilität vorgebeugt.

Ein weiterer Ansatz Ausreißer einzudämmen ist die an Tagliasacchi et al. [11] angelehnte Erweiterung des Verfahrens um eine 2D Optimierung. In diesem Fall erfolgt ebenfalls die Lageprüfung für jedes Merkmal. Sollte eines außerhalb der Daten liegen, wird die zusätzliche 2D Optimierung für dieses Merkmal durchgeführt. Ausgangssituation ist die zweidimensionale Position $\mathbf{pos}_{m,2D} = (x,y)^T$ des Merkmals innerhalb des Maskenbildes, die sich gemäß der Rückprojektion auf Basis kameraspezifischen Brennweite $[f_x, f_y]$ als

$$\mathbf{pos}_{m,2D} = \begin{pmatrix} x \\ y \end{pmatrix} = \begin{pmatrix} \frac{X}{Z}f_x + c_x \\ \frac{Y}{Z}f_y + c_y \end{pmatrix} \tag{4.46}$$

ergibt, wobei $[c_x, c_y]$ den Bildmittelpunkt beschreibt und die dreidimensionale Position des Merkmals im KKS als $\mathbf{pos}_{m,3D} = (X,Y,Z)^T$ in Kombination mit den in Abschnitt 4.2.1 vorgestellten Gleichungen für die Berechnung der Position eines Merkmals in Abhängigkeit von den aktuellen Parametern des kinMod definiert ist. Für die Levenberg-Marquardt-Optimierung der Positionen der Merkmale im zweidimensionalen Raum und der darauf aufbauenden Anpassung des Parametervektors gilt entsprechend Gleichung 4.40

$$\mathbf{p}_{kin}^{t+1} = \mathbf{p}_{kin}^{t} - \left(\sum_{n \in \mathcal{N}} \mathbf{H}_{n,2D} + \text{diag}[\mathbf{H}_{n,2D}] \right)^{-1} \cdot \left(\sum_{n \in \mathcal{N}} \mathbf{J}_{n,2D}^T \cdot e_{n,2D} \right) , \tag{4.47}$$

mit der Hesse-Matrix $\mathbf{H}_{m,2D}$ und der Jacobi-Matrix $\mathbf{J}_{m,2D}$ sowie dem zweidimensionalen Fehler $e_{m,2D}$, die allesamt vom aktuellen Parametervektor $\mathbf{p}_{kin}^t$ abhängen. Die Hesse-Matrix wird mit $\mathbf{H}_{m,2D} = \mathbf{J}_{m,2D}^T \cdot \mathbf{J}_{m,2D}$ approximiert. Als Fehlerfunktion dient die euklidische Distanz zwischen der aktuellen Merkmalsposition $\mathbf{pos}_{m,2D}$ im Bild und der gewünschten Position $\mathbf{t}_{m,2D}$ des Merkmals, die hier als der Punkt auf der Kontur der Handdaten im Maskenbild definiert ist, der den kleinsten Abstand zum Merkmal aufweist. Die zweidimensionale Optimierung wird nur für Merkmale durchgeführt, die außerhalb der Daten liegen, welche als Merkmalsmenge $\mathcal{N}$ gegeben sind. Die Jacobi-Matrix eines Merkmals entspricht

$$\mathbf{J}_{m,2D} = \mathbf{J}_p \cdot \mathbf{J}_{m,3D} = \begin{pmatrix} \frac{f_x}{Z} & 0 & -\frac{X}{Z}f_x \\ 0 & \frac{f_y}{Z} & -\frac{Y}{Z}f_y \end{pmatrix} \cdot \mathbf{J}_m \tag{4.48}$$

mit der bisherigen merkmalsspezifischen Jacobi-Matrix $\mathbf{J}_{m,3D}$ der Optimierung im drei-dimensionalen Raum, die sich den Gleichungen 4.28 bis 4.31 entnehmen lässt und der bisherigen Matrix $\mathbf{J}_m$ entspricht. Folglich ergibt sich als Gesamtgleichung für die Anpassung des Parametervektors auf Basis der 3D-und 2D-Optimierung

$$
\mathbf{p}_{kin}^{t+1} = \mathbf{p}_{kin}^{t} - \left(\sum_{m \in \mathcal{M}'} \mathbf{H}_{m,3D} + \text{diag}[\mathbf{H}_{m,3D}] + \sum_{n \in \mathcal{N}} \mathbf{H}_{n,2D} + \text{diag}[\mathbf{H}_{n,2D}] \right)^{-1} \tag{4.49}
$$
$$
\cdot \left(\sum_{m \in \mathcal{M}'} \mathbf{J}_{m,3D}^{T} \cdot e_{m,3D} + \sum_{n \in \mathcal{N}} \mathbf{J}_{n,2D}^{T} \cdot e_{n,2D} \right) .
$$

Da jedoch die Komplexität des Verfahrens für die Posenbestimmung durch die individuelle Skalierung der einzelnen Knochen deutlich erhöht wird und in den praktischen Anwendungen dieser Arbeit eine komplette Anpassung an die Handproportion nicht erforderlich ist, findet die vollständige Skalierung keine weitere Verwendung. Als eine effizientere Alternative wäre eine Anpassung des Modells an die Proportionen der Hand basierend auf einer SOM entsprechend des in Abschnitt 5.2 beschriebenen Ansatzes für den Körper denkbar.

4.2.5 Handgestenerkennung

Das Ziel der Handgestenerkennung auf Basis einer mit Hilfe des kinMod bestimmten vollständige Handpose (vHP) ist die Zuordnung dieser zu einer zuvor definierten Klasse von Handposen, was einer Beschränkung auf die Bestimmung statischer Handgesten entspricht. Für jede Klasse sind beispielhafte vHPs aufzuzeichnen und als Grundlage für das Training einer SVM zu nutzen, die nachfolgend für die Klassifikation Verwendung findet. Im Gegensatz zu den bisherigen Verfahren, die auf den mit einer SOM bestimmten eHPs basieren, dienen der SVM nicht die einzelnen Positionen der Merkmale nach Überführung in translations- und rotationsunabhängiges KS als Informationen, sondern lediglich die Gelenkwinkel der Finger, die von Natur aus nicht den entsprechenden Einflüssen unterliegen.

4.3 Bestimmung der Pose des menschlichen Körpers

In diesem Abschnitt wird die Bestimmung der Pose des menschlichen Körpers mit Hilfe eines kinMod basierend auf einer den Körper repräsentierenden Punktwolke vorgestellt. Hinsichtlich dieser Anwendung erfolgt die Erstellung eines sich am Skelett des menschlichen Körpers orientierenden und aus mehreren kinematischen Ketten bestehenden kinMod, welches entsprechend des in Abschnitt 4.2 beschriebenen Vorgehens für das

Problem der Posenbestimmung in auf das Lösen der inversen Kinematik reduzierter Form angewendet wird.

Im Gegensatz zu den vorherigen in Kapitel 3 vorgestellten SOM-basierenden Verfahren wird hier die sogenannte vKP bestimmt, die unter anderem zusätzlich zu den Positionsinformationen der einzelnen Körpermerkmale wie Schulter, Ellbogen oder Hand die Positionen aller modellierten Körpergelenke und deren Gelenkwinkel beinhaltet.

Als eine generelle Vereinfachung wird auch hier der anatomische Abstand zwischen der Hautoberfläche und dem Skelett nicht berücksichtigt und das kinMod direkt an die die Hautoberfläche repräsentierende, zuvor mit den in Abschnitt 2.4 vorgestellten Verfahren bestimmte Punktwolke des Körpers angepasst.

Im Anschluss erfolgt die Verwendung der vKPs für die Erkennung von Körpergesten.

Erste Untersuchungen bezüglich der Bestimmung der Pose des menschlichen Körpers mit dem in Abschnitt 4.2 vorgestellten Ansatz für die Posenbestimmung der Hand erfolgten im Rahmen einer Masterarbeit [Kra16].

4.3.1 Kinematisches Modell

In diesem Abschnitt erfolgt die Definition des für die Posenbestimmung des Menschen genutzten kinMod, welches in Abbildung 4.12 visualisiert ist.

Für ein besseres Verständnis und die Visualisierung wird in jedem betrachteten Gelenk ein repräsentativer Knoten definiert. Das Modell besitzt demzufolge 15 Knoten, drei je Arm für Hand (englisch hand (HAN)), Ellbogen (englisch elbow (ELB)) und Schulter (englisch shoulder (SHO)), drei je Bein für Fuß (englisch foot (FOO)), Knie (englisch knee (KNE)) und Hüfte (englisch hip (HIP)), sowie ROO, den Knoten am Halsansatz (englisch neck (NEC)) und einen für den Kopf (englisch head (HEA)). Die Modellierung der knöchernen Strukturen zwischen den einzelnen Gelenken erfolgt mit Hilfe die korrespondierenden Knoten verbindenden Kanten.

Das BKS des Modells wird an der Stelle des Bauchnabels positioniert und dient zur Beschreibung von Position und Orientierung des Oberkörpers im WKS mit Hilfe der Transformationsmatrix $_{\text{WKS}}\mathbf{T}^{\text{BKS}}_{\text{xyz}}$. Es bildet zudem den Anker des kinMod, von dem sämtliche kinematischen Ketten ausgehen. Nachfolgend werden exemplarisch die kinematischen Ketten für die Positionsberechnung der Gelenke des linken Arms, des linken Beins sowie des Kopfes in der Kurzschreibweise definiert.

Um das Problem der Posenbestimmung zu vereinfachen, wird der Oberkörper trotz möglicher Flexionen oder Extensionen in der Sagittalebene, Lateralflexionen innerhalb der Frontalebene sowie Rotationen um die Longitudinalachse in der Wirbelsäule als starr angenommen.

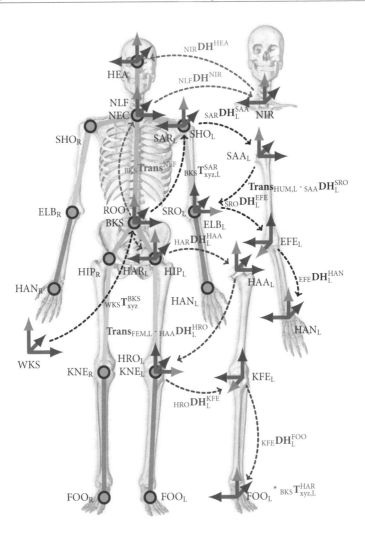

Abbildung 4.12: Kinematisches Modell für die Posenbestimmung des Körpers aus frontaler Sicht. Im Gegensatz zu einem Standard kinMod werden die einzelnen Gelenke und deren Verbindungen zusätzliche in Form von Knoten (●) und Kanten (–) dargestellt. Das BKS ist im Bereich des Bauchnabels positioniert und dient zur Positions- und Orientierungsbeschreibung des Körpers innerhalb des WKS. Es erfolgt eine repräsentative Darstellung der kinematischen Kette des linken Arms und des Hals-Kopfbereiches. Die x-Achse besitzt eine orange Spitze (➤), die y-Achse eine grüne Spitze (➤) und die z-Achse eine rote Spitze (➤).

Demzufolge lässt sich die Position des Kopfes innerhalb des WKS als

$$_{\text{WKS}}\textbf{HEA} = {}_{\text{WKS}}\textbf{T}^{\text{BKS}}_{\text{xyz}}\,{}_{\text{BKS}}\textbf{Trans}^{\text{NLF}}\,{}_{\text{NLF}}\textbf{DH}^{\text{NIR}}\,{}_{\text{NIR}}\textbf{DH}^{\text{HEA}}\,(0,0,0,1)^{T} \quad (4.50)$$

angegeben, wobei $_{\text{BKS}}\textbf{Trans}^{\text{NLF}}$ die Translation vom BKS in das KS NLF (englisch neck lateral flexion) beschreibt, dessen z-Achse die Rotationsachse für die Lateralflexionen im Hals um den Winkel θ_{NLF} bildet. Die DH-Matrix $_{\text{NLF}}\textbf{DH}^{\text{NIR}}$ entspricht der Überführung des NLF in das NIR (englisch neck inclination and reclination), dessen z-Achse als Rotationsachse für die Modellierung von Inklinations- und Reklinationsbewegungen um den Winkel θ_{NIR} mit Hilfe der HWS dient. Die Stellung von HEA innerhalb von NIR ist durch $_{\text{NIR}}\textbf{DH}^{\text{HEA}}$ bestimmt. Die Rotation um die Longitudinalachse wird nicht berücksichtigt. Aus Gleichung 4.50 folgt durch Weglassen der entsprechenden Matrizen direkt die Berechnungsvorschrift für die Position des Halsansatzes als

$$_{\text{WKS}}\textbf{NEC} = {}_{\text{WKS}}\textbf{T}^{\text{BKS}}_{\text{xyz}}\,{}_{\text{BKS}}\textbf{Trans}^{\text{NLF}}\,(0,0,0,1)^{T}\ . \quad (4.51)$$

Mit Hilfe der vollständigen kinematischen Kette des Arms lässt sich die Position der Hand ermitteln. Beispielhaft ergibt sich die Gleichung für die Berechnung der linken Hand als

$$_{\text{WKS}}\textbf{HAN}_{\text{L}} = {}_{\text{WKS}}\textbf{T}^{\text{BKS}}_{\text{xyz}}\,{}_{\text{BKS}}\textbf{T}^{\text{SAR}}_{\text{xyz,L}}\,{}_{\text{SAR}}\textbf{DH}^{\text{SAA}}_{\text{L}}\,(\textbf{Trans}_{\text{HUM,L}} \cdot {}_{\text{SAA}}\textbf{DH}^{\text{SRO}}_{\text{L}})\,{}_{\text{SRO}}\textbf{DH}^{\text{EFE}}_{\text{L}}$$
$$_{\text{EFE}}\textbf{DH}^{\text{HAN}}_{\text{L}}\,(0,0,0,1)^{T}\ . \quad (4.52)$$

Ausgehend vom BKS erfolgt die Posenbeschreibung des KS SAR (englisch shoulder anterversion and retroversion), dessen z-Achse die Rotationsachse der Ante- und Retroversion des Arms im Schultergelenk um den Winkel θ_{SAR} modelliert, mit Hilfe der Transformationsmatrix $_{\text{BKS}}\textbf{T}^{\text{SAR}}_{\text{xyz,L}}$. Die z-Achse des KS SAA (englisch shoulder abduction and adduction) bildet die Rotationsachse für die Ab- und Adduktionsbewegungen im Schultergelenk um den Winkel θ_{SAA} und dessen Pose in Bezug zu SAR ist in Form der DH-Matrix $_{\text{SAR}}\textbf{DH}^{\text{SAA}}_{\text{L}}$ gegeben. Der dritte Freiheitsgrad des Schultergelenks wird in das Ellbogengelenk verlagert und durch das KS SRO (englisch shoulder rotation) repräsentiert, dessen z-Achse die Rotationsachse um die Längsachse des Humerus bildet. Die entsprechende Posenbeschreibung in Bezug auf das KS SAA erfolgt durch $\textbf{Trans}_{\text{HUM,L}} \cdot {}_{\text{SAA}}\textbf{DH}^{\text{SRO}}_{\text{L}}$ und θ_{SRO} bezeichnet den entsprechenden Rotationswinkel. Die zusätzliche Translation um die Länge des Humerus entkoppelt den dritten Freiheitsgrad der Schulter. Die Flexions- und Extensionsbewegungen im Ellbogengelenk ergeben sich aus der Rotation um den Winkel θ_{EFE} um die z-Achse des KS EFE (englisch elbow flexion and extension). Die DH-Matrix $_{\text{SRO}}\textbf{DH}^{\text{EFE}}_{\text{L}}$ beschreibt die Stellung von EFE innerhalb vom KS SRO. Letztlich repräsentiert der Koordinatenursprung des KS HAN, dessen Pose bezüglich EFE durch die DH-Matrix $_{\text{EFE}}\textbf{DH}^{\text{HAN}}_{\text{L}}$ definiert ist, die Position der Hand in Bezug zum Ursprung vom KS EFE. Aus Gleichung 4.52 lassen sich direkt die Gleichungen zur Positionsberechnung der restlichen zum Arm gehörenden Merkmale herleiten. Für den Ellbogen ergibt sich

$$_{\text{WKS}}\textbf{ELB}_{\text{L}} = {}_{\text{WKS}}\textbf{T}^{\text{BKS}}_{\text{xyz}}\,{}_{\text{BKS}}\textbf{T}^{\text{SAR}}_{\text{xyz,L}}\,{}_{\text{SAR}}\textbf{DH}^{\text{SAA}}_{\text{L}}\textbf{Trans}_{\text{HUM,L}}\,(0,0,0,1)^{T} \quad (4.53)$$

und für die Schulter

$$_{\text{WKS}}\mathbf{SHO}_L = {}_{\text{WKS}}\mathbf{T}^{\text{BKS}}_{xyz}\,{}_{\text{BKS}}\mathbf{T}^{\text{SAR}}_{xyz,L}\,(0,0,0,1)^T\ . \tag{4.54}$$

Dieselben kinematischen Ketten finden für den rechten Arm Verwendung.

Der Entwurf der kinematischen Kette des linken Beins orientiert sich direkt am obigen Vorgehen für den linken Arm. Ausgehend vom BKS erfolgt die Posenbeschreibung des KS HAR (englisch hip anterversion and retroversion), dessen z-Achse die Rotationsachse der Ante- und Retroversion des Beins im Schultergelenk um den Winkel θ_{HAR} modelliert, mit Hilfe der Transformationsmatrix $_{\text{BKS}}\mathbf{T}^{\text{HAR}}_{xyz,L}$. Die z-Achse des KS HAA (englisch hip abduction and adduction) bildet die Rotationsachse für die Ab- und Adduktionsbewegungen im Hüftgelenk um den Winkel θ_{HAA} und dessen Pose in Bezug zum KS HAR in Form der DH-Matrix $_{\text{HAR}}\mathbf{DH}^{\text{HAA}}_L$ gegeben ist. Der dritte Freiheitsgrad des Hüftgelenks wird entsprechend in das Kniegelenk verlagert und durch das KS HRO (englisch hip rotation) repräsentiert, dessen z-Achse die Rotationsachse um die Längsachse des Femurs bildet. Die Pose in Bezug zum KS HAA wird durch $\mathbf{Trans}_{\text{FEM},L} \cdot {}_{\text{HAA}}\mathbf{DH}^{\text{HRO}}_L$ nachgebildet. Hierbei ist darauf hinzuweisen, dass die zusätzliche Translation um die Länge des Femurs zur Entkopplung des dritten Freiheitsgrades der Hüfte dient und θ_{HRO} den entsprechenden Rotationswinkel bezeichnet. Die Flexions- und Extensionsbewegungen im Kniegelenk ergeben sich aus der Rotation um den Winkel θ_{KFE} um die z-Achse des KS KFE (englisch knee flexion und extension). Die DH-Matrix $_{\text{HRO}}\mathbf{DH}^{\text{KFE}}_L$ beschreibt die Stellung von KFE innerhalb von HRO. Letztlich repräsentiert der Koordinatenursprung des KS FOO, dessen Pose bezüglich des KS KFE durch die DH-Matrix $_{\text{KFE}}\mathbf{DH}^{\text{FOO}}_L$ definiert ist, die Position des Fußes in Bezug zum Ursprung von KFE. Demzufolge ergibt sich die kinematische Kette zur Berechnung der Position des Fußes innerhalb des WKS als

$$_{\text{WKS}}\mathbf{FOO}_L =_{\text{WKS}}\mathbf{T}^{\text{BKS}}_{xyz}\,{}_{\text{BKS}}\mathbf{T}^{\text{HAR}}_{xyz,L}\,{}_{\text{HAR}}\mathbf{DH}^{\text{HAA}}_L\,\left(\mathbf{Trans}_{\text{FEM},L}\cdot{}_{\text{HAA}}\mathbf{DH}^{\text{HRO}}_L\right){}_{\text{HRO}}\mathbf{DH}^{\text{KFE}}_L$$
$$_{\text{KFE}}\mathbf{DH}^{\text{FOO}}_L\,(0,0,0,1)^T\ . \tag{4.55}$$

Aus Gleichung 4.55 folgt direkt die kinematische Kette des Knies als

$$_{\text{WKS}}\mathbf{KNE}_L = {}_{\text{WKS}}\mathbf{T}^{\text{BKS}}_{xyz}\,{}_{\text{BKS}}\mathbf{T}^{\text{HAR}}_{xyz,L}\,{}_{\text{HAR}}\mathbf{DH}^{\text{HAA}}_L\mathbf{Trans}_{\text{FEM},L}\,(0,0,0,1)^T \tag{4.56}$$

sowie die der Hüfte als

$$_{\text{WKS}}\mathbf{KNE}_L = {}_{\text{WKS}}\mathbf{T}^{\text{BKS}}_{xyz}\,{}_{\text{BKS}}\mathbf{T}^{\text{HAR}}_{xyz,L}\,(0,0,0,1)^T\ . \tag{4.57}$$

Dieselbe kinematische Kette wird für das rechte Bein genutzt. Sämtliche Parameter für die Definition des kinMod sind in Tabelle 4.4 aufgeführt. Es erfolgen lediglich die Angaben für die linken Extremitäten, welche jedoch für die rechte Seite entsprechend übernommen werden. Das in dieser Form definierte kinMod besitzt 18 größenbeschreibende Parameter. Darunter befinden sich die Distanz vom Bauchnabel zum Halsansatz x_{NEC} sowie der Abstand von diesem zum den Kopf repräsentierenden Knoten HEA l_{NEC}. Für jede obere

Tabelle 4.4: Parameter des kinMod des Körpers. Es erfolgen unter anderem die Angaben für den linken Arm und das linke Bein, welche entsprechend für die rechte Seite übernommen werden. Alle Längenangaben erfolgen in cm.

Matrix	φ / α	ω / β	ψ / θ	x / a	y	z / d
$_{\text{WKS}}\mathbf{T}^{\text{BKS}}_{\text{xyz}}(\varphi,\omega,\psi,x,y,z)$	φ	ω	ψ	x	y	z
$_{\text{BKS}}\mathbf{Trans}^{\text{NLF}}(x,y,z)$	-	-	-	x_{NEC}	0	0
$_{\text{NLF}}\mathbf{DH}^{\text{NIR}}(d,\theta,a,\alpha)$	90°	-	θ_{NLF}	0	-	0
$_{\text{NIR}}\mathbf{DH}^{\text{HEA}}(d,\theta,a,\alpha)$	0	-	θ_{NIR}	$-l_{\text{NEC}}$	-	0
$_{\text{BKS}}\mathbf{T}^{\text{SAR}}_{\text{xyz,L}}(\varphi,\omega,\psi,x,y,z)$	90°	0	0	$x_{\text{SHO,L}}$	$y_{\text{SHO,L}}$	0
$_{\text{SAR}}\mathbf{DH}^{\text{SAA}}_{\text{L}}(d,\theta,a,\alpha)$	−90°	-	$\theta_{\text{SAR,L}}$	0	-	0
$\mathbf{Trans}_{\text{HUM,L}}(x,y,z)$	-	-	-	$-l_{\text{BRA,L}}$	0	0
$_{\text{SAA}}\mathbf{DH}^{\text{SRO}}_{\text{L}}(d,\theta,a,\alpha)$	90°	-	$\theta_{\text{SAA,L}}+90°$	0	-	0
$_{\text{SRO}}\mathbf{DH}^{\text{EFE}}_{\text{L}}(d,\theta,a,\alpha)$	90°	-	$\theta_{\text{SRO,L}}-90°$	0	-	0
$_{\text{EFE}}\mathbf{DH}^{\text{HAN}}_{\text{L}}(d,\theta,a,\alpha)$	0°	-	$\theta_{\text{EFE,L}}+90°$	$-l_{\text{ANT,L}}$	-	0
$_{\text{BKS}}\mathbf{T}^{\text{HAR}}_{\text{xyz,L}}(\varphi,\omega,\psi,x,y,z)$	90°	0	0	$x_{\text{HIP,L}}$	$y_{\text{HIP,L}}$	0
$_{\text{HAR}}\mathbf{DH}^{\text{HAA}}_{\text{L}}(d,\theta,a,\alpha)$	−90°	-	$\theta_{\text{HAR,L}}$	0	-	0
$\mathbf{Trans}_{\text{FEM,L}}(x,y,z)$	-	-	-	$-l_{\text{FEM,L}}$	0	0
$_{\text{HAA}}\mathbf{DH}^{\text{HRO}}_{\text{L}}(d,\theta,a,\alpha)$	90°	-	$\theta_{\text{HAA,L}}+90°$	0	-	0
$_{\text{HRO}}\mathbf{DH}^{\text{KFE}}_{\text{L}}(d,\theta,a,\alpha)$	90°	-	$\theta_{\text{HRO,L}}-90°$	0	-	0
$_{\text{KFE}}\mathbf{DH}^{\text{FOO}}_{\text{L}}(d,\theta,a,\alpha)$	0°	-	$\theta_{\text{KFE,L}}+90°$	$-l_{\text{CRU,L}}$	-	0

Tabelle 4.5: Größenbeschreibende Parameter des kinMod des Körpers.

Körperteil	x_{SHO} / x_{HIP} / x_{NEC}	y_{SHO} / y_{HIP}	l_{BRA} / l_{FEM} / l_{NEC}	l_{ANT} / l_{CRU}
linker Arm	50 cm	16 cm	35 cm	35 cm
rechter Arm	50 cm	16 cm	35 cm	35 cm
linkes Bein	−15 cm	12 cm	45 cm	40 cm
rechtes Bein	−15 cm	−12 cm	45 cm	40 cm
Hals-Kopf	50 cm	-	20 cm	-

Extremität gibt es vier Parameter. Die Position der Schulterknoten SHO innerhalb des BKS ist durch die zwei Translationen x_{SHO} und y_{SHO} entlang der entsprechenden Achsen des BKS definiert. Die Parameter l_{BRA} und l_{ANT} definieren jeweils die Längen des Ober- beziehungsweise Unterarms. Da die kinematischen Ketten der unteren Extremitäten denen der oberen entsprechen, besitzen diese ebenfalls je vier längenbeschreibende Parameter. Die Position eines Hüftknotens HIP innerhalb des BKS ist durch die zwei Translationen x_{HIP} und y_{HIP} entlang der entsprechenden Achsen des BKS definiert. Weiterhin geben die Parameter l_{FEM} und l_{CRU} die Längen des Ober- beziehungsweise des Unterschenkels an. Nach der beispielhaft in Tabelle 4.5 präsentierten Festsetzung dieser zuvor zu definierenden, die Größe des Modells beschreibenden Parameter, ergibt sich ein kinMod mit 24 Freiheitsgraden, welches für die Posenbestimmung des Körpers Verwendung findet. Es ermöglicht die Bestimmung der zwei Rotationswinkel in der HWS, der vier Rotationswinkel je Extremität sowie die grundlegende Posenbeschreibung des Körpers in Form der Pose des BKS im WKS mit Hilfe dreier Translationen und dreier Rotationen.

4.3.2 Posenbestimmung

Dieser Abschnitt beschreibt das Vorgehen bei der Posenbestimmung des Körpers auf Basis des zuvor in Abschnitt 4.3.1 vorgestellten kinMod. Ziel ist die Bestimmung der 24 Freiheitsgrade in der Art, dass das kinMod die aktuelle vom Menschen eingenommen Pose nachbildet, indem eine Anpassung an die mit Hilfe einer Tiefenbildkamera aufgenommene, die Oberfläche des Menschen repräsentierende Punktwolke vollzogen wird. Das Vorgehen entspricht der bereits für die Posenbestimmung der Hand in Abschnitt 4.2.3 vorgestellten Herangehensweise. Demzufolge wird hier lediglich ein kurzer Überblick über das zu Grunde liegende Lösungsprinzip gegeben.

Für jedes Merkmal erfolgt anhand der aktuellen Punktwolke die Punktezuordnung, deren Resultat die neuen Zielpositionen der Merkmale sind. Die Differenz zu den tatsächlichen Positionen der Merkmale ist als Fehlerfunktion definiert, deren Minimierung das Ziel der nicht-linearen Optimierung mit Hilfe des Levenberg-Marquardt-Ansatzes bildet. Je Kamerabild werden diese Schritte mehrfach wiederholt. Im Gegensatz zur Bestimmung der Handpose findet hier keine Berücksichtigung eines Skalierungsfaktors statt, was dazu führt, dass das kinMod stets im Vorfeld an die Größe des Menschen angepasst werden muss. Ein Lösungsansatz für dieses Problem wird in Abschnitt 5.2 präsentiert.

Die herkömmliche Punktezuordnung, bei der entsprechend Gleichung 4.37 jeder Punkt der Punktwolke dem Knoten des Modells zugeordnet wird, dessen Abstand zum Datenpunkt am geringsten ist, liefert für die Posenbestimmung des Körpers unzureichende Resultate. Abbildung 4.13a zeigt die Punktezuordnung im herkömmlichen Sinne, bei der jedes Merkmal des Körpers Berücksichtigung findet. Es ist deutlich zu erkennen, dass die sich als Mittelwert der zugeordneten Datenpunkte ergebenen Zielpositionen entspre-

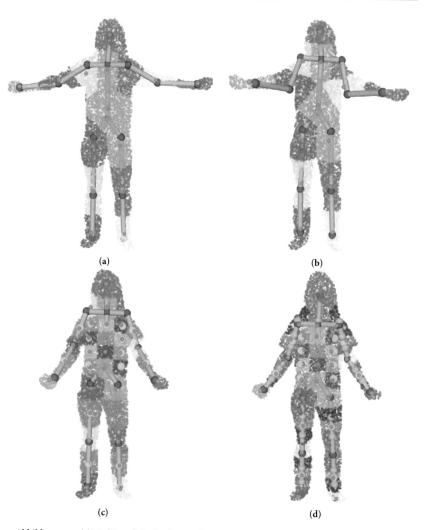

(a)

(b)

(c)

(d)

Abbildung 4.13: (a) Herkömmliche Punktezuordnung unter Berücksichtigung aller definierten Merkmale des Körpers. Das kinMod ist in Form von Knoten (●) und Kanten (−) dargestellt. Die einzelnen Cluster sind eingefärbt, wobei die entsprechenden Zentren (●) die Zielpositionen der Merkmale repräsentieren. (b) Aufgrund der Punktezuordnung fehlerhaft bestimmte Pose. (c) Punktezuordnung inklusive Hilfs-Knoten (●). Die den Hilfsknoten zugeordneten Punkte sind bläulich dargestellt. (d) Punktezuordnung inklusive Hilfs- und Dummy-Knoten (●). Die den Dummy-Knoten zugeordneten Punkte sind rötlich dargestellt.

chende Distanzen zu den Merkmalen aufweisen respektive nicht an den gewünschten Positionen liegen. Beispielsweise sind die Zielpositionen der Schulterknoten zu weit in Richtung Bauchnabel gelegen, wohingegen die Zielposition des korrespondierenden Knotens zu stark in Richtung Kopf tendiert. Ferner liegen die Zielpositionen der Hüftknoten zu weit distal und die der Füße zu sehr proximal. Auch wenn die Positionen der Handknoten mit deren bestimmten Zielpositionen übereinstimmen, wäre eine weiter distal gelegene Position wünschenswert. Generell entspricht die bestimmte Pose der durch die Punktwolke repräsentierten. Ungünstig gelegene Zielpositionen führen dazu, dass bei der sogenannten T-Pose trotz ausgestreckter Arme, das Verfahren eine Beugung der Ellbogen bestimmt. Es kann sogar vorkommen, dass die Zielpositionen eine fehlerhafte beziehungsweise gar unrealistische Pose mit deformierten Körperproportionen repräsentieren, sollten die Merkmale mit diesen theoretisch zu 100 % in Deckung gebracht werden. Abbildung 4.13b zeigt beispielhaft eine bestimmte Pose unter Nutzung der herkömmlichen Punktezuordnung. Das Hauptproblem liegt darin, dass leicht gebeugte Arme zu einer Zuordnung von dem Oberkörper zugehörigen Datenpunkten zu den Knoten der Ellbogen führen, die Arme des Modells weiter gebeugt werden und letztlich das gesamte Modell kranial verschoben wird, was in einer fehlerhaften Körperpose resultiert. Die Ursache dieser fehlerhaften Posenbestimmung liegt in dem Gedanken, einen einzelnen Knoten des kinMod einen möglichst großen Bereich der Daten abdecken zu lassen. Dieser Ansatz ist für das Beispiel der Posenbestimmung der Hand aufgrund der Knotendichte in Bezug zu den Daten größtenteils praktikabel, sodass in Abschnitt 4.2.4 lediglich die Handfläche um zusätzliche Hilfsknoten erweitert wurde. Im Falle der Proportionen des Körpers entstehen allerdings weitere Probleme. So führt eine entsprechende Punktezuordnung für ein lediglich die Merkmale des Körpers wie Hände, Ellbogen, Schultern und Füße, Knie, Hüfte sowie Bauchnabel, Halsansatz und Kopf repräsentierendes kinMod wie im Beispiel des Handknotens dazu, dass dieser große Teile des Unterarms, die Hüftknoten Teile des Unterbauchs oder entsprechend die Knoten für die Füße einen Teil des Unterschenkels mit abdecken müssen und folglich stärker in Richtung Ellbogen, Bauchnabel beziehungsweise Knie wandern.

Um dieses Problem zu lösen, werden auch hier zusätzlich zu den Knoten der Merkmale Hilfsknoten zur Stabilisierung eingefügt. Der Oberkörper erhält ein 4×3 Gitter aus äquidistant verteilten Hilfsknoten beginnend auf Höhe des Bauchnabels bis unter die Knoten der Schultern und des Halsansatzes. Ferner erhalten sowohl Ober- und Unterarm als auch Ober- und Unterschenkel je einen im Mittelpunkt der Kante zwischen den jeweiligen Knoten der Hand und des Ellbogens, des Ellbogens und der Schulter sowie des Fußes und des Knies als auch des Knies und der Hüfte. Ein entsprechendes Resultat der Punktezuordnung und Posenbestimmung ist in Abbildung 4.13c dargestellt. Es ist zu erkennen, dass die Arme nicht mehr in Richtung Oberkörper wandern und die Ellbogen gebeugt werden, da der gesamte Oberkörper durch Merkmale und Hilfsknoten abgedeckt wird. Auch die Zielpositionen der Knoten der Arme und Beine entsprechen eher den gewünschten Positionen. Als verbleibende Probleme sind zum einen die kraniale Tendenz des Modells und zum anderen die noch immer leicht proximal liegenden Zielpositionen der Hände und Füße anzusehen. Die Lösung hierfür bilden die Dummy-Knoten, die lediglich zur Filterung der Daten der Punktwolke dienen. Das Modell erhält entsprechend Abbildung 4.13d je Extremität vier Dummy-Knoten, die jeweils mittig auf der Kante zwischen einem Hilfsknoten und einem benachbarten Merkmalsknoten positioniert werden. Zudem bewirken drei oberhalb der Schulterknoten und des Halsknotens positionierte Dummy-Knoten, dass die kraniale Tendenz des Modells entfällt.

Für die korrekte Posenbestimmung ist es von essentieller Bedeutung, dass die erste durch die Punktwolke repräsentierte Pose sich nicht zu stark von der Grundpose des kinMod unterscheidet. Als entsprechende Initialposen für das Modell haben sich die sogenannte T-Posen, bei der die Arme seitlich horizontal vom Körper abduziert sind, oder die Neutral-Null-Stellung mit leicht abduzierten Armen bewährt, da im Falle der in dieser Arbeit betrachteten anwendungsspezifischen Interaktionen mit einem System oder Roboter der Mensch meist in einer diesen Posen ähnlichen Körperhaltung vor die Kamera tritt.

Wie auch bei der Handposenbestimmung erfolgt das Eindämmen unnatürlicher Posen durch eine simple Beschränkung der Gelenkwinkel des kinMod wie beispielsweise der Flexion im Ellbogengelenk.

4.3.3 Körpergestenerkennung

Das Vorgehen für die Bestimmung statischer Körpergesten auf Basis der mit Hilfe eines kinMod ermittelten vKP entspricht dem für die Handgestenerkennung aus Abschnitt 4.2.5. Es erfolgt das Training einer SVM mit zuvor in Klassen unterteilten und somit die Gesten repräsentierenden vKPs. Die Klassifikation basiert entsprechend auf den durch die Gelenkwinkel des Körpers repräsentierten Informationen.

5 Posenbestimmung mit Hilfe eines kombinierten Verfahrens

In diesem Abschnitt der Arbeit wird die Kombination der in Kapitel 3 vorgestellten, auf SOMs basierenden Verfahren für die Posenbestimmung der menschliche Hand und des Körpers mit dem Verfahren aus Kapitel 4, in dem ein kinMod für die Posenbestimmung Verwendung findet, vorgestellt. Ziel ist die Entwicklung eines kombinierten, die Vorteile der Ansätze vereinenden Verfahrens, indem jedes Vorgehen auf die Informationen des anderen zugreifen und diese entsprechend für die Posenbestimmung nutzen kann. Ferner erfolgt die Entwicklung eines hybriden Ansatzes für die Posenbestimmung der Hand.

5.1 Posenbestimmung der Hand

Dieser Abschnitt beschreibt die sich aus dem SOM-basierten Ansatz und dem auf einem kinMod basierenden Vorgehen entwickelte Methode für die Posenbestimmung der menschlichen Hand. Im ersten Teil des Abschnitts erfolgt die Beschreibung der Kombination aller Verfahren durch die gegenseitige Bereitstellung der bestimmten Posen der einzelnen Verfahren. Im Anschluss wird eine Hybridisierung des kinMod durch das Anbringen sogenannter SOM-Finger vorgestellt.

Gegenseitige Beeinflussung

Erfolgt eine separate Betrachtung der SOM-Verfahren, so existieren drei teilweise aufeinander aufbauende Methoden für die Posenbestimmung; die sSOM, die gSOM und das kinMod. Rein qualitative Betrachtungen zeigen, dass jedes Verfahren Vor- und Nachteile aufweist. Die sSOM entfaltet sich beispielsweise sehr schnell, wenn die Hand nach einer Faustbildung geöffnet wird. Die gSOM liegt deutlich stabiler in den Daten als die sSOM, gerade wenn einzelne Finger gebeugt werden. Mit dem kinMod ist es möglich, die Pose der Hand zu bestimmen, während diese Rotationen um die y-Achse der Kamera in der Art vollführt, dass ein Wechsel zwischen einer zur Kamera gerichteten Handfläche und einem zur Kamera gerichteten Handrücken stattfindet. All diese positiven Eigenschaften zu vereinen und die Verfahren trotzdem möglichst unabhängig voneinander arbeiten zu lassen, ist Ziel der Kombination aller Ansätze. Erste Untersuchungen zur Nutzung der mit Hilfe der SOM-basierten Ansätze bestimmten eHPs für die Posenbestimmung der Hand mit einem kinMod wurden im Rahmen einer Abschlussarbeit durchgeführt [Pet16].

Die Positionen der einzelnen Merkmale wie die Fingerspitzen oder das Handzentrum sind die gemeinsamen Informationen, die sowohl von den SOM-Verfahren als auch vom kinMod bestimmt werden. Das Grundprinzip der Kombination ist folglich, die Merkmals-positionen untereinander verfügbar zu machen und gegebenenfalls in den Prozess der Posenbestimmung der einzelnen Verfahren mit einfließen zu lassen. Unter der Annah-me, das entschieden werden kann, ob die aktuell mit Hilfe eines einzelnen Verfahrens bestimmte Pose beziehungsweise die Position eines einzelnen Merkmals korrekt ist, wäre es offensichtlich, diese Information für die beiden anderen Verfahren zu nutzen. Da je-doch gerade dies nicht möglich ist, wird auf einen Mehrheitsentscheid zurückgegriffen. Sollten die mit zwei Verfahren bestimmten Positionen eines Merkmals übereinstimmen, ihr Abstand zueinander ist kleiner gleich dem vorher festzulegenden Schwellenwert τ, gilt die entsprechende Position als korrekt und kann als grundlegende Information in den Posenbestimmungsprozess des verbliebenen Verfahrens einfließen.

Die nachfolgenden Erläuterungen orientieren sich vorerst am Beispiel der Beeinflussung des kinMod durch die Ergebnisse beider SOM-Verfahren. Die Übereinstimmung a (eng-lisch accordance) sei definiert als

$$a = \begin{cases} \frac{\tau - \|\mathbf{p}_{m,\text{gSOM}} - \mathbf{p}_{m,\text{sSOM}}\|}{\tau} & \text{falls } \tau - \|\mathbf{p}_{m,\text{gSOM}} - \mathbf{p}_{m,\text{sSOM}}\| > 0 \\ 0 & \text{sonst} \end{cases} , \qquad (5.1)$$

wobei $\mathbf{p}_{m,\text{sSOM}}$ die mit Hilfe der sSOM bestimmte Position des Merkmals m angibt und $\mathbf{p}_{m,\text{gSOM}}$ die mit Hilfe der gSOM bestimmte Position definiert. Für die Übereinstimmung ergibt sich folglich der Wertebereich $[0,1]$ und je näher die beiden Positionen beieinander liegen, desto größer ist der Wert von a. In Abhängigkeit davon erfolgt eine Neudefinition des Fehlers eines Merkmals, der sich bisher aus der aktuellen Position $\mathbf{p}_m$ des Merkmals und dessen $\mathbf{t}_m$ Zielposition als

$$\mathbf{e}_m = \mathbf{p}_m - \mathbf{t}_m \qquad (5.2)$$

ergeben hat als

$$\mathbf{e}_m = \mathbf{p}_m - \left(a \cdot \left(\frac{1}{3}\mathbf{p}_{m,\text{sSOM}} + \frac{2}{3}\mathbf{p}_{m,\text{gSOM}} \right) + (1-a) \cdot \mathbf{t}_m \right) . \qquad (5.3)$$

Hierbei wird der Position der gSOM ein stärkerer Einfluss gewährt, da diese erfahrungs-gemäß und entsprechend der Evaluation stabiler in den Daten liegt als die sSOM. Diese Beeinflussung wird lediglich für die Fingerspitzen genutzt.

Entsprechend des zuvor beschriebenen Ansatzes erfolgt auch die Beeinflussung der sSOM durch die gSOM und das kinMod sowie die der gSOM durch die sSOM und dem kinMod

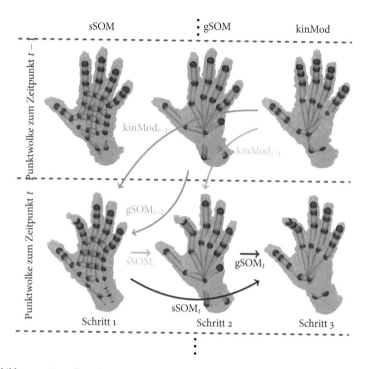

Abbildung 5.1: Darstellung der gegenseitigen Beeinflussung aller drei Verfahren, bei der jeweils auf die Information der beiden anderen Methoden zugegriffen wird.

mit dem Unterschied, dass dort jeweils der Gewichtsvektor des zum entsprechenden Merkmal korrespondierenden Knotens zu Beginn der Posenbestimmung mit der Position des kinMod gleichgesetzt wird.

Abbildung 5.1 verdeutlicht die Reihenfolge der Verfahren bei der Posenbestimmung und die gegenseitige Beeinflussung. Je Punktwolke erfolgt in einem ersten Schritt die Posenbestimmung mit der sSOM, im Anschluss die mit Hilfe der gSOM und im letzten Schritt wird die Pose mit dem kinMod bestimmt. Folglich beruht die eventuelle Beeinflussung des kinMod jeweils auf den zur aktuellen Punktwolke t korrespondierenden Posen der SOMs. Für die Beeinflussung der sSOM hingegen muss auf die auf der vorherigen Punktwolke $t-1$ bestimmten Pose von der gSOM und dem kinMod zurückgegriffen werden, was dahingehend legitim ist, das als initiale Pose der sSOM für die Posenbestimmung gerade die Pose aus dem vorherigen Bild genutzt wird. Die gSOM greift hingegen auf die zur aktuellen Punktwolke korrespondierenden eHP der sSOM und die aus dem vorherigen Bild stammende vHP des kinMod zurück.

Als Ergebnis der Posenbestimmung des sich daraus ergebenen Gesamtverfahrens wird letztlich die mit dem eventuell beeinflussten kinMod bestimmte vHP verwendet.

Gegenseitige Beeinflussung und Interpolation

Rein qualitative Untersuchungen zeigen, dass sich bei ausgestreckten Fingern die zu den DIPs beziehungsweise PIPs korrespondierenden Knoten der sSOM und gSOM im Rahmen der Posenbestimmung wie in Abbildung 5.2a dargestellt beinahe äquidistant zwischen den Knoten der jeweiligen MCPs und TIPs positionieren. Dies kann dazu führen, dass die Modifikation der entsprechenden Zielpositionen im Rahmen der Beeinflussung der kinMod durch die SOMs zu Ungenauigkeiten führt.

Als Ansatz zum Umgehen dieses Problems erfolgt eine Interpolation der Positionen des PIP und DIP eines ausgestreckten Fingers $i \in [I, \ldots, V]$ entsprechend Abbildung 5.2b. Hierbei werden die Zielpositionen der beiden Gelenke zwischen dem $MCP_{kinMod,i}$ des kinMod und dem $TIP_{sSOM,i}$ der gSOM relativ zu den Längen $l_{PHP,i}$, $l_{PHM,i}$ und $l_{PHD,i}$ des proximalen, medialen sowie distalen Knochens des Fingers des kinMod bestimmt. Als Grundlage für die Bestimmung der ausgestreckten Finger dient die Gestenerkennung auf Basis der eHP der gSOM. Eine weitere Voraussetzung für die Interpolation sind eine gemäß Gleichung 5.1 ermittelte Übereinstimmung $a_{TIP,i}$ der zu dem jeweiligen ausgestreckten Finger korrespondierenden Fingerspitze basierend auf den Posen der SOM-Verfahren mit Werten größer Null. Sind diese Bedingungen erfüllt, ergeben sich die relativen Zielpositionen $t'_{PIP,i} \in [0,1]$ und $t'_{DIP,i} \in [0,1]$ der beiden Gelenke gemäß

$$t'_{DIP,i} = 1 - \frac{l_{PHD,i}}{l_{PHD,i} + l_{PHM,i} + l_{PHP,i}} \quad \text{und} \qquad (5.4)$$

$$t'_{PIP,i} = \frac{l_{PHP,i}}{l_{PHD,i} + l_{PHM,i} + l_{PHP,i}} \; . \qquad (5.5)$$

Die Zielpositionen $\mathbf{t}_{DIP,i}$ und $\mathbf{t}_{PIP,i}$ der beiden Gelenke als Punkte auf der Geraden zwischen $\mathbf{MCP}_{kinMod,i}$ und $\mathbf{TIP}_{sSOM,i}$ ergeben sich unter Verwendung von $t'_{PIP,i}$ und $t'_{DIP,i}$ als

$$\mathbf{t}_{DIP,i} = \mathbf{MCP}_{kinMod,i} + (\mathbf{TIP}_{sSOM,i} - \mathbf{MCP}_{kinMod,i}) \cdot t'_{DIP,i} \quad \text{und} \qquad (5.6)$$

$$\mathbf{t}_{PIP,i} = \mathbf{MCP}_{kinMod,i} + (\mathbf{TIP}_{sSOM,i} - \mathbf{MCP}_{kinMod,i}) \cdot t'_{PIP,i} \qquad (5.7)$$

und werden entsprechend für die Berechnung des Fehlers im Rahmen der Optimierung gemäß Gleichung 5.3 verwendet. Dies führt zu den Fehlerdefinitionen

$$\mathbf{e}_{DIP,i} = \mathbf{DIP}_{kinMod,i} - (\mathbf{MCP}_{kinMod,i} + (\mathbf{TIP}_{sSOM,i} - \mathbf{MCP}_{kinMod,i}) \cdot t'_{DIP,i}) \quad \text{und} \qquad (5.8)$$

$$\mathbf{e}_{PIP,i} = \mathbf{PIP}_{kinMod,i} - (\mathbf{MCP}_{kinMod,i} + (\mathbf{TIP}_{sSOM,i} - \mathbf{MCP}_{kinMod,i}) \cdot t'_{PIP,i}) \; . \qquad (5.9)$$

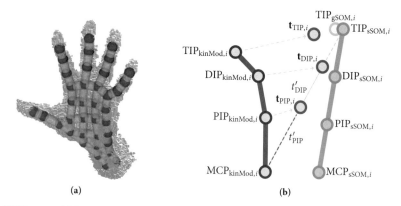

Abbildung 5.2: (a) Bestimmte Pose einer offenen Hand mit Hilfe der sSOM, bei der die Positionen der PIPs und DIPs beinahe äquidistant zwischen den korrespondierenden MCPs und TIPs positioniert sind. (b) Visualisierung der Beeinflussung des kinMod durch die SOMs unter Zuhilfenahme der Interpolation der Zielpositionen der PIPs und DIPs. Es sind die Knoten und Kanten eines Fingers i sowohl für das kinMod (●,−) als auch für die sSOM (○,−) sowie der Knoten der Fingerspitze der gSOM (○) dargestellt. Die Zielpositionen $\mathbf{t}_{PIP,i}$ und $\mathbf{t}_{DIP,i}$ ergeben sich aus der Interpolation wohingegen $\mathbf{t}_{TIP,i}$ im Rahmen der einfachen Beeinflussung ermittelt wird.

Die Fehler der restlichen Knoten ergeben sich im Falle der Fingerspitzen weiterhin entsprechend Gleichung 5.3 und für die verbleibenden Knoten gemäß des Grundverfahrens aus Gleichung 5.2.

SOM-Finger

Ein Kriterium um zu entscheiden, ob die bestimmte vHP möglichst korrekt beziehungsweise sehr wahrscheinlich fehlerbehaftet ist, bilden die mit Hilfe sogenannter SOM-Finger bestimmten Informationen, unter denen eine Hybridisierung des kinMod verstanden wird, bei der entsprechend Abbildung 5.3a an jedem MCP eine Kette aus insgesamt vier Knoten inklusive dem des MCP angebracht wird. Das Verfahren der Posenbestimmung des in Abbildung 5.3b komplett dargestellten, ursprünglichen, reinen kinematischen Teilmodells bleibt unverändert. Es erfolgt lediglich ein zusätzliches Lernen durch die SOM-Knoten im Rahmen des Schrittes der Punktezuordnung. Zu diesem Zweck wird das in Abbildung 5.3a visualisierte, aus den SOM-Knoten und den die Handfläche abdeckenden Knoten des kinMod bestehende, hybride Teilmodell betrachtet. Die Positionen der aus dem kinMod stammenden Knoten des Armstumpfes, des Handzentrums und der MCPs werden direkt aus diesem übernommen. Die Bestimmung der restlichen durch die Gewichtsvektoren der zu den SOM-Fingern korrespondierenden Knoten repräsentierten Position erfolgt

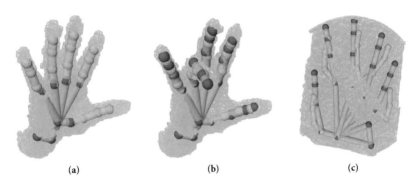

(a)   (b)   (c)

Abbildung 5.3: Visualisierung des hybriden, um SOM-Finger erweiterten kinMod (●,=). (a) Die
für das Lernen der SOM-Finger (●,=) genutzten Knoten. Alle von den SOM-Fingern zum Lernen
genutzten Daten sind in hellem Orange (○) hinterlegt und die von den zum kinMod gehörenden
Knoten für das Lernen der SOM herausgefilterten Daten in grau (○) dargestellt. (b) Das hybride
Modell mit allen Knoten. (c) Bestimmte Pose einer nicht die Hand repräsentierenden Punktwolke.

mit Hilfe des in Abschnitt 3.2 vorgestellten sSOM-Verfahrens. Bei der Ermittlung des Erregungszentrums werden alle Knoten des hybriden Teilmodells berücksichtigt. Dies führt
dazu, dass die Knoten des kinematischen Teils lediglich die Funktion von Dummy-Points
übernehmen und zum Filtern der Punktwolke dienen. Der Gewichtsvektor des proximalen
Knotens einer SOM-Kette ergibt sich direkt aus der Position des korrespondierenden
MCP-Knotens, der entsprechend als Anker der SOM-Kette verstanden werden kann.

Die mit Hilfe der SOM-Finger zusätzlich gewonnen Informationen dienen als Indiz dafür,
zu entscheiden, ob die bestimmte Pose korrekt ist. Sollten alle zu den Fingerspitzen korrespondierenden Knoten des kinematischen Teils und des SOM-Teils jeweils entsprechend
Gleichung 5.1 und eines zuvor definierten Schwellenwertes übereinstimmen, wird davon
ausgegangen, dass die Pose korrekt ist.

Abbildung 5.3c zeigt einen weiteren Anwendungsfall der SOM-Finger. Es kann beispielsweise vorkommen, dass die der Posenbestimmung zu Grunde liegende Punktwolke nicht
die Hand repräsentiert und folgerichtig eine fehlerhafte vHP ermittelt wird. In diesen
Fällen stimmen je nach Schwellenwert keine oder nur wenige Fingerspitzen überein, was
zu einem Neustart der Posenbestimmung führt. Alternativ kann als Kriterium eines Neu-
starts das jeweilige Längenverhältnis der SOM-Finger zu den korrespondierenden Fingern
des kinematischen Teils genutzt werden.

5.2 Posenbestimmung des Körpers

Dieser Abschnitt beschreibt die sich aus dem SOM-basierten Ansatz und dem auf einem kinMod basierenden Vorgehen entwickelte Methode für die Posenbestimmung des menschlichen Körpers.

Die Grundlage bildet die gegenseitige Zurverfügungstellung der aktuellen beziehungsweise letzten mit einem Verfahren bestimmten Körperpose. Das Vorgehen bei der Nutzung der gemeinsamen Informationen in Form der Positionen einzelner Körpermerkmale für die eventuelle gegenseitige Beeinflussung der Verfahren entspricht dem für die Hand aus Abschnitt 5.1. Die Beeinflussung wird für die Positionen aller zu den Merkmalen des kinMod korrespondierenden Knoten vorgenommen, wobei die in Gleichung 5.3 enthaltene Bevorzugung der gSOM im Falle des Körpers aufgrund der Proportionen mehr von Bedeutung ist als bei der Posenbestimmung der Hand.

Die gegenseitige Beeinflussung bietet einen großen Vorteil, da die aufgrund der Flexibilität der SOM-basierten Verfahren, die initiale Pose des kinMod etwas stärker von der tatsächlich durch die entsprechende Punktwolke repräsentierte Pose abweichen kann.

Im Gegensatz zur Handposenbestimmung mit Hilfe eines kinMod erfolgt für den Körper auf Grund der sehr unterschiedlichen Körperproportionen keine Skalierung des Modells, sondern eine Anpassung der einzelnen die Größe und Proportion des kinMod beschreibenden Längenparameter anhand der Informationen der gSOM. Zu diesem Zweck werden die Abstände der Merkmale der gSOM über mehrere Bilder gemittelt und entsprechend auf die Parameter des kinMod übertragen.

6 Evaluation

Dieses Kapitel präsentiert die qualitative und quantitative Evaluation der entwickelten Verfahren für die Posenbestimmung der menschlichen Hand und des Körpers. Die Untersuchungen für die Handposenbestimmung basieren auf dem öffentlichen Dexter1 [13] Datensatz und ermöglichen einen direkten Vergleich mit verschiedenen Ansätzen nach dem Stand der Technik. Die Evaluation der Körperposenbestimmung basiert sowohl auf zwei öffentlichen Datensätzen [38, 72] als auch einen eigenen Datensatz. Ferner werden Untersuchungen bezüglich der Echtzeitfähigkeit der kombinierten Verfahren auf Hardware mit verschiedenen Rechenleistungen wie einem Standard-PC, einem Raspberry Pi oder einem FPGA jeweils ohne Nutzung eventuell vorhandener GPU durchgeführt.

6.1 Posenbestimmung der Hand

Dieser Abschnitt präsentiert die Evaluation und Ergebnisse der entwickelten Verfahren für die Bestimmung der Pose der menschlichen Hand in Hinblick auf Positionsgenauigkeit und -robustheit der einzelnen Merkmale. Es werden sowohl die einzelnen Verfahren separat als auch die kombinierten Versionen untersucht; sSOM, gSOM, kinMod sowie kinMod kombiniert beziehungsweise durch die SOMs beeinflusst und kinMod kombiniert mit zusätzlicher Interpolation der Zielpositionen der Fingergelenke. Die Resultate werden mit denen anderer Verfahren nach dem Stand der Technik verglichen. Ferner erfolgen Untersuchungen bezüglich der Echtzeitfähigkeit der kombinierten Verfahren.

6.1.1 Genauigkeit und Robustheit

Die qualitative und quantitative Evaluation der Genauigkeit der Posenbestimmung basiert auf den mit einer Creative Gesture TOF-Kamera aufgenommenen Tiefeninformationen des von Sridhar et al. [13] veröffentlichten Datensatzes Dexter1. Dieser besteht aus 7 Sequenzen, die verschiedenste schnelle und langsame Handbewegungen enthalten, von denen repräsentative qualitativ korrekt bestimmte Posen in Abbildung 6.1 dargestellt sind. Die Evaluation wurde auf einem Laptop mit einer 3,4 GHz Intel Core i7-4700MQ CPU und 8 GB RAM ohne Verwendung einer GPU durchgeführt. Die Posenbestimmung erfolgt für die einzelnen Sequenzen mit den verschiedenen Grund- und kombinierten Verfahren.

© Springer Fachmedien Wiesbaden GmbH, ein Teil von Springer Nature 2019
K. Ehlers, *Echtzeitfähige 3D Posenbestimmung des Menschen in der Robotik*,
https://doi.org/10.1007/978-3-658-24822-2_6

Die Sequenz *abdadd* deckt Abduktions- und Adduktionsbewegungen einer ihre Position und Orientierung im Raum verändernden Hand ab. In *fingercount* erfolgt eine sequentielle Zusammenführung der einzelnen Finger mit dem Daumen unter zwischenzeitlicher Wiedereinnahme der Grundpose der offenen Hand. Leichte und starke Flexionen und Extensionen der einzelnen Finger mit langsamer und zunehmender Geschwindigkeit sind in den Sequenzen *fingerwave* und *flexex1* auch unter Positions- und Orientierungsänderungen der Hand vertreten. Die restliche Sequenzen *tigergrasp*, *pinch* und *random* bestehen aus dem Einnehmen der sogenannten Tigerkralle, dem Pinzettengriff und verschiedenen Bewegungen ebenfalls unter Veränderungen der Position und Orientierung der Hand.

Die quantitativen Resultate in Form des durchschnittlichen Fehlers und gegebenenfalls der korrespondierenden Standardabweichung über alle Merkmale sind für alle Sequenzen in Abbildung 6.2a visualisiert. Dabei sind die Ergebnisse der drei Grundverfahren der sSOM, der gSOM und des kinMod mit aktiver Skalierung sowie die kombinierten Versionen des kinMod mit der Beeinflussung durch die SOMs und weiterhin mit zusätzlicher Interpolation dargestellt. Für die kombinierten Verfahren wurde der Schwellenwert τ für die Berechnung der Übereinstimmung auf Basis von Gleichung 5.1 auf 1,0 cm festgesetzt. Da die Punktwolken des Datensatzes lediglich die Hand und keinerlei Informationen des Unterarms enthalten, wurden die Knoten des Armstumpfes des kinMod für die Evaluation aus dem Modell entfernt und nicht bei der Optimierung berücksichtigt. Denen gegenübergestellt sind die Resultate der Verfahren von Sridhar et al. [14], Sharp et al. [15] sowie das von Tagliasacchi et al. [11]. Ein Vergleich der drei Grundverfahren zeigt, dass bis auf die Sequenzen *fingerwave*, *random* und *fingercount* die gSOM die deutlich besseren Ergebnisse liefert als die sSOM und das kinMod, welches für fast alle Sequenzen am schlechtesten abschneidet. Für *fingercount* sind die Genauigkeiten beinahe identisch. Das Kombinieren des kinMod mit den SOMs resultiert im Allgemeinen in deutlich kleineren Fehlern im Vergleich zum Grundverfahren, die in den einzelnen Sequenzen denen der jeweilig besseren SOM entsprechen oder im Falle von *random* deutlich kleiner sind. Dies wird durch die mittleren Fehler über alle Sequenzen und Merkmale aus Tabelle 6.1 unter-

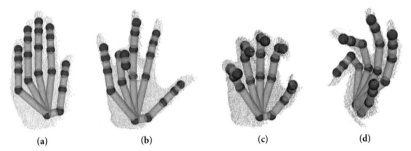

| (a) | (b) | (c) | (d) |

Abbildung 6.1: Beispielhafte Posen aus dem Dexter1 Datensatz. Darstellungen der 3D-Punktwolke eines Bildes und der mit Hilfe des kombinierten Gesamtverfahrens bestimmten Pose.

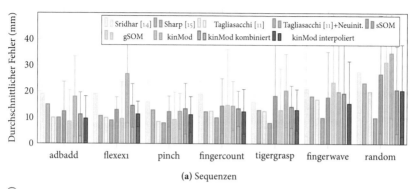

(a) Sequenzen

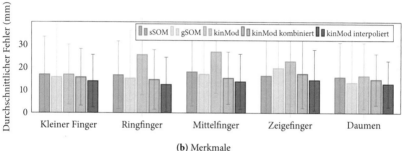

(b) Merkmale

Abbildung 6.2: Durchschnittlicher Fehler bezüglich des Abstandes der bestimmten Positionen der Fingerspitzen von den Grundwahrheiten des Dexter1 Datensatzes. (a) Durchschnittlicher Fehler über alle Merkmale für jede Sequenz. Neben den Resultaten verschiedener Stand der Technik Verfahren, sind die drei Grundverfahren sSOM, gSOM und das kinMod sowie das kinMod in kombinierter und interpolierter Version dargestellt. Die Resultate wurden teilweise der Abbildung 4 aus [14] und der Abbildung 17 aus [11] entnommen. (b) Durchschnittlicher Fehler eines Merkmals über alle Sequenzen für die entwickelten Ansätze.

mauert. Das kinMod liefert mit einem durchschnittlichen Fehler von 21,7 mm die deutlich schlechtesten Ergebnisse. Die gSOM ist mit einem Fehler von 16,3 mm etwas genauer als die sSOM mit 16,8 mm. Die reine Beeinflussung des kinMod durch die SOMs resultiert in einem kombinierten Verfahren, welches mit einem mittleren Fehler von 15,6 mm deutlich genauer ist als die drei Grundverfahren. Für das Gesamtverfahren bestehend aus dem beeinflussten kinMod mit zusätzlicher Interpolation verkleinert sich der Fehler nochmals auf 13,5 mm und wird nachfolgend für den Vergleich mit weiteren Ansätzen verwendet. Der mittlere Fehler des entwickelten Gesamtverfahrens ist deutlich kleiner als der des Ansatzes von Sridhar et al. [14] mit 19,6 mm. Ferner verdeutlicht Abbildung 6.2a, dass das Gesamtverfahren für jede Sequenz genauere Ergebnisse liefert als das von Sridhar et al. [13]. Auch das Verfahren von Sharp et al. [15] ist mit einem mittleren Fehler von 15,0 mm

Tabelle 6.1: Durchschnittliche Fehler der entwickelten Ansätze für die Posenbestimmung der Hand auf dem Dexter1 Datensatz im Vergleich zu weiteren dem Stand der Technik entsprechenden Verfahren. Die Angaben erfolgen in mm.
* Die Daten wurden aus Abbildung 17 aus [11] abgelesen.

Verfahren	Durchschnittlicher Fehler
sSOM	16,8 ± 13,5
gSOM	16,3 ± 20,3
kinMod	21,7 ± 16,4
kinMod kombiniert	15,6 ± 11,4
kinMod interpoliert	13,5 ± 10,4
Sharp et al. [15]	15,0
Sridhar et al. [14]	19,6
Tagliasacchi et al. [11]	12,9*
Tagliasacchi et al. [11] + Neuinitialisierung	9,3*

deutlich besser als das von Sridhar et al. [14] jedoch schlechter als das in dieser Arbeit entwickelte Gesamtverfahren. Für die Sequenzen *flexex1*, *fingercount* und *tigergrasp* liefern beide Ansätze fast gleiche Resultate, wohingegen die Genauigkeit des Gesamtverfahrens für die restlichen Sequenzen deutlich besser ist als die der Methode von Sharp et al. [15], die allerdings eine GPU für die Posenbestimmung verwendet, um die Echtzeit zu erreichen. Zudem ist erkennbar, dass die Genauigkeit des Grundverfahrens von Tagliasacchi et al. [11] mit einem mittleren Fehler von 12,9 mm der des Gesamtverfahrens entspricht. Dieses Verfahren ist jedoch in Kombination mit einer Neuinitialisierung für sechs der sieben Sequenzen deutlich genauer als der entwickelte Ansatz und weist einen mittleren Fehler von 9,3 mm auf. Hierbei ist jedoch zu beachten, dass das Verfahren aus [11] eine GPU benötigt, um die Echtzeit zu erreichen und folglich wie auch die Methode aus [15] für den Einsatz in der mobilen Robotik auf Robotern wie dem „Pepper" oder auf eingebetteten Systemen beziehungsweise Hardware mit beschränkten Ressourcen nicht geeignet ist. Abbildung 6.2b visualisiert die Fehler der einzelnen Merkmale über alle Sequenzen für die im Rahmen dieser Arbeit entwickelten Verfahren und untermauert die vorherigen Ergebnisse. Es ist zu erkennen, dass die Genauigkeiten der Finger für das Gesamtverfahren einander entsprechen. Zudem zeigen die Standardabweichungen, dass die Posenbestimmung robust durchgeführt wird.

Die quantitativen Ergebnisse zeigen, dass die Beeinflussung des kinMod durch die sSOM und die gSOM eine deutliche Verbesserung der Genauigkeit hervorbringt. Die zusätzliche Interpolation verstärkt diesen Effekt, der sich in Abbildung 6.3 auch qualitativ an der beispielhaften Pose des Dexter1 Datensatzes nachvollziehen lässt. Abbildung 6.3a und

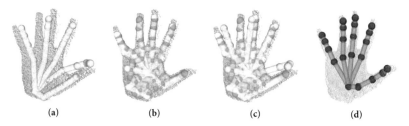

(a)   (b)   (c)   (d)

Abbildung 6.3: Beispielhafte Pose für eine vorteilhafte Beeinflussung des kinMod aus dem Dexter1 Datensatz. Darstellungen der 3D-Punktwolke eines Bildes und der mit Hilfe der Verfahren bestimmten Posen. (a) Fehlerhafte Pose des kinMod. (b) Korrekte Posen der sSOM und der gSOM. (c) Posen der sSOM (●,–), der gSOM (●,–) und des kinMod (●,–). (d) Korrekte Pose des beeinflussten kinMod (●,–).

Abbildung 6.3b stellen die Posen der drei Grundverfahren dar, die in Abbildung 6.3c zusammen visualisiert sind. Es ist zu erkennen, dass das kinMod eine fehlerhafte Pose ermittelt, wohingegen die Posenbestimmungen auf Basis der SOMs korrekte Resultate liefern, die zu deutlichen Übereinstimmungen der Positionen einzelner Merkmale wie der Fingerspitzen führen. Abbildung 6.3d zeigt das Ergebnis der daraus hervorgehenden Beeinflussung und Interpolation des kinMod als Gesamtverfahren.

Ferner wurde durch qualitative Tests gezeigt, dass die Posenbestimmung der Hand bei Verwendung einer ASUS Xtion PRO LIVE Kamera für Distanzen bis zu 2 m gute Ergebnisse liefert, die Punktwolke ab dieser Distanz allerdings deutlich an Struktur bezüglich der Hand respektive der Finger verliert. Eine Verwendung einer Kamera mit höherer Auflösung ermöglicht entsprechend größere Distanzen, da für die Posenbestimmung generell lediglich eine Punktwolke benötigt wird, aus der die Pose der Hand erkennbar hervorgeht.

Die Resultate dieser Evaluation verdeutlichen, dass eine genaue und robuste Posenbestimmung der Hand auf Basis des entwickelten Gesamtverfahrens erfolgt und eine Verwendung im Rahmen der MCI und MRI ermöglicht wird. Dies wird zudem in Kombination mit den in Kapitel 7 vorgestellten Anwendung gezeigt.

6.1.2 Geschwindigkeit

Dieser Abschnitt präsentiert die Evaluation der Geschwindigkeit der Handposenbestimmung mit Hilfe der im Rahmen dieser Arbeit entwickelten Verfahren. Für alle Tests wurde eine ASUS Xtion PRO LIVE Tiefenbildkamera verwendet.

Die ersten Untersuchungen erfolgten auf einem Standard-PC mit einer 3,4 GHz Intel Core i7-3770 CPU und 16 GB RAM ohne jedwede Verwendung einer GPU. Die Posenbestimmung der Hand mit der kombinierten Version des kinMod erreicht stabile Bildwiederholungsraten von 30 fps, was der Echtzeit entspricht. Da diese Geschwindigkeit durch die Kamera beschränkt war, erfolgten Zeitmessungen für die Dauer der Posenbestimmung beginnend beim Eintreffen der 3D-Punktwolke vom Treiber der Tiefenbildkamera bis hin zur Ausgabe der bestimmten vHP über rund 500 Bilder. Auf diesem System wurden mit einer unoptimierten Ein-Thread-Implementierung der Algorithmen für die komplette Verarbeitung 16,1 ms benötigt, was einer theoretischen Bildwiederholungsrate von rund 62 fps entspricht. Allein die Entfernung der Berechnungen der Quadratwurzel im Rahmen der Abstandsberechnungen zwecks Distanzvergleiche, die auch auf den quadrierten Abständen vorgenommen werden können, ergab eine deutliche Effizienzsteigerung. Da die entwickelten Verfahren teilweise ungenau ermittelte beziehungsweise verrauschte ebenso wie gering aufgelöste Punktwolken kompensieren können, gibt es die Möglichkeit, die für die Posenbestimmung genutzte Anzahl an Datenpunkte je Bild zum Vorteil der Geschwindigkeit zu beschränken. Diese Maßnahmen erlauben eine weitere Effizienzsteigerung und ermöglichen eine Posenbestimmung mit Bildwiederholraten von 101 fps.

Im Rahmen einer studentischen Arbeit erfolgte die Portierung der Posenbestimmung mit dem kinMod auf einen Raspberry Pi 3 [Mey16]. Das Verfahren lief weiterhin auf ROS Basis auf einem ArchLinux Betriebssystem mit einem Linux Kernel in der Version 4.4. Mit diesem System konnten stabile Echtzeit-Bildwiederholungsraten von 30 fps erreicht werden. Weitere Untersuchungen beschäftigten sich mit der Realisierung der Posenbestimmung mit Hilfe des kinMod auf einem Xilinx Zynq-7020 Zedboard, welches eine ARM Zweikern Cortex A-9 CPU mit einem Artix-7 FPGA kombiniert. Auch auf dieser Hardware wurde die Echtzeit mit 30 fps erreicht und das Vorgehen sowie die Ergebnisse in [JWE+16] und [JME+17] publiziert. Zusammenfassend können die entwickelten Verfahren für die Posenbestimmung in Echtzeit auf eingebetteten Systemen eingesetzt werden.

Weiterhin ermöglichen die effizienten Algorithmen die parallele Posenbestimmung mehrerer Hände mit der durch die Kamera limitierten Bildwiederholungsrate von 30 fps, was in Abbildung 6.4 beispielhaft dargestellt ist.

Wie auch die Genauigkeit bilden die Effizienz und folglich die Echtzeitfähigkeit des entwickelten Gesamtverfahrens die Grundvoraussetzung für den Einsatz im Rahmen realer Anwendungen im Bereich der MCI und der MRI.

6.2 Posenbestimmung des Körpers

Dieser Abschnitt präsentiert die Durchführung und Ergebnisse der Evaluation der entwickelten Verfahren für die Bestimmung der Pose des menschlichen Körpers in Hinblick auf Positionsgenauigkeit und -robustheit der einzelnen Körpermerkmale. Es werden sowohl die einzelnen Verfahren separat als auch die kombinierte Version und deren Einfluss auf

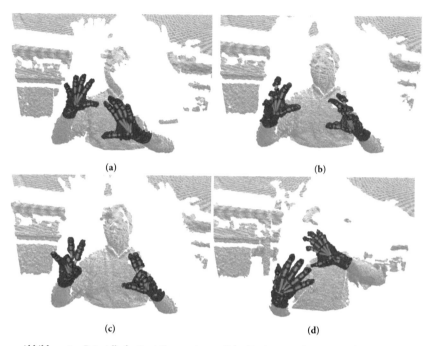

(a)   (b)

(c)   (d)

Abbildung 6.4: Beispielhafte Darstellungen der parallelen Bestimmung der Posen mehrerer Hände.

die SOM-basierten Ansätze untersucht; sSOM, gSOM, kinMod sowie kinMod kombiniert, welches das Gesamtverfahren bildet, sSOM kombiniert und gSOM kombiniert. Ferner erfolgen Untersuchungen bezüglich der Echtzeitfähigkeit des Gesamtverfahrens.

6.2.1 Genauigkeit und Robustheit

In diesem Abschnitt werden die quantitative und qualitative Evaluationen der Posenbestimmung des Körpers basierend auf den entwickelten Verfahren unter Zuhilfenahme zweier öffentlicher Datensätze und eines eigenen Datensatzes präsentiert. Die Untersuchungen erfolgten auf einem Standard-PC mit einer 3,4 GHz Intel Core i7-3770 CPU und 16 GB RAM ohne Verwendung einer GPU. Die Evaluation verläuft für jeden Datensatz auf gleiche Weise, indem die einzelnen Sequenzen abgespielt und die Posenbestimmung mit den entwickelten Verfahren vorgenommen wird. Die bestimmten Positionen einzelner Körpermerkmale werden mit den annotierten Grundwahrheiten auf Basis der euklidischen Distanz ins Verhältnis zueinander gebracht. Auch wenn das kombinierte Verfahren die vKP bestimmt, erfolgt die Angabe der Genauigkeit in der gängigen Variante [13, 38] als

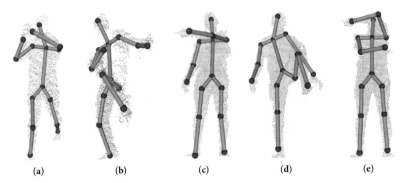

Abbildung 6.5: Beispielhafte Posen aus dem CVPR Datensatz. Darstellungen der 3D-Daten eines Bildes und der mit Hilfe des kombinierten Gesamtverfahrens bestimmten Pose.

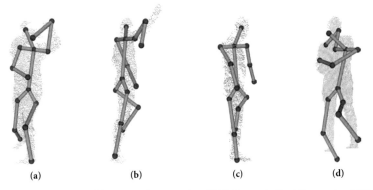

Abbildung 6.6: Fehlerhaft bestimmte Posen aus dem CVPR Datensatz. Darstellungen der 3D-Daten eines Bildes und der auf Basis derer mit Hilfe des kombinierten Gesamtverfahrens bestimmten Pose.

mittlere euklidische Distanz aller Merkmale über eine Sequenz und als mittlere euklidische Distanz der einzelnen Merkmale über alle Sequenzen. Zusätzlich geben die korrespondierenden Standardabweichungen und qualitative Betrachtungen ein Maß für die Robustheit der Positionsbestimmung. Im Rahmen der Kombination aller drei Verfahren hat sich als ein großer Vorteil herauskristallisiert, dass die initialen Posen aufgrund der Flexibilität der SOM-basierten Ansätze stärker von der tatsächlich durch die entsprechende Punktwolke repräsentierten Pose abweichen kann. Aus diesem Grund wird die Neutral-Null-Stellung mit leicht seitlich abduzierten Armen als initiale Pose verwendet. Für die gegenseitige Beeinflussung im Rahmen der kombinierten Verfahren wurde der Schwellenwert τ für die Berechnung der Übereinstimmung auf Basis von Gleichung 5.1 auf 10,0 cm festgesetzt.

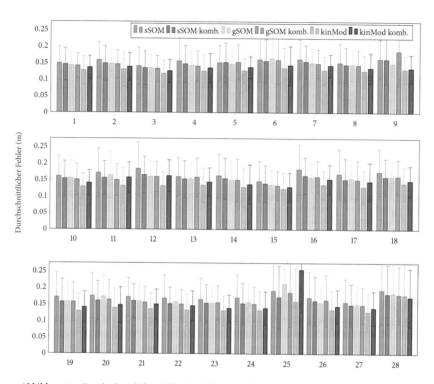

Abbildung 6.7: Durchschnittlicher Fehler bezüglich des Abstandes der bestimmten Positionen der einzelnen Merkmale von den Grundwahrheiten des CVPR Datensatzes. Es sind die drei Grundverfahren sSOM, gSOM und das kinMod und die jeweiligen Resultate der Kombination aller drei Verfahren gegenübergestellt. Die Knochenlängen für das reine kinMod Verfahren wurden zuvor rein qualitativ für den Datensatz angepasst wohingegen für das kombinierte Verfahren die gSOM die Basis der Knochenlängen bildet. Es ist der durchschnittliche Fehler über alle Merkmale für jede Sequenz abgetragen.

Der erste Datensatz wurde von Ganapathi et al. [38] veröffentlicht und wird nachfolgend als CVPR bezeichnet. Es besteht aus 28 Sequenzen verschiedenster Bewegungsabläufe wie einfache Seitwärtsschritte, einen Golf-Abschlag, Wurfbewegungen bis hin zu einer Drehung um die Longitudinalachse und einem Tennisaufschlag deren entsprechende Tiefeninformationen mittels einer Mesa SwissRanger 2000 Time-of-Flight Kamera aufgezeichnet wurden. Der Datensatz umfasst insgesamt 7900 annotierte Einzelbilder. Einige Punktwolken des Datensatzes und die korrespondierenden Posen des kombinierten Verfahrens sind in Abbildung 6.5 dargestellt. Es ist deutlich zu erkennen, dass auch komplexere Posen rein qualitativ korrekt bestimmt werden. Nichts desto trotz gibt es entsprechend

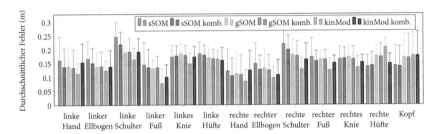

Abbildung 6.8: Durchschnittlicher Fehler bezüglich des Abstandes der bestimmten Positionen der einzelnen Merkmale von den Grundwahrheiten des CVPR Datensatzes. Es sind die drei Grundverfahren sSOM, gSOM und das kinMod und die jeweiligen Resultate der Kombination aller drei Verfahren gegenübergestellt. Die Knochenlängen für das reine kinMod Verfahren wurden zuvor rein qualitativ für den Datensatz angepasst wohingegen für das kombinierte Verfahren die gSOM die Basis der Knochenlängen bildet. es ist jeweils der durchschnittliche Fehler eines Merkmals über alle Sequenzen abgetragen.

Abbildung 6.6 Posen, die nicht korrekt bestimmt werden können. Qualitative Untersuchungen lassen darauf schließen, dass in diesen Fällen meist Verdeckungen großer Teile des Körpers auftreten oder direkt vorausgingen, die aus einer seitlichen Ausrichtung des Körpers zur Kamera resultieren. In Hinblick auf die Anwendungen im Bereich der MRI sind jedoch solche Bewegungen nicht unbedingt zu erwarten, da angenommen werden kann, dass mit einem Roboter interagierende Personen, diesen ansehen und zumindest größtenteils frontal vor der Kamera stehen. Wie Abbildung 6.5 verdeutlicht, erfolgt die Posenbestimmung auch für teilweise Verdeckungen durch einzelne Körperteile korrekt.

Die quantitativen Resultate in Form des durchschnittlichen Fehlers über alle Merkmale sind für jede Sequenz in Abbildung 6.7 abgetragen. Abbildung 6.8 visualisiert die Fehler der einzelnen Merkmale über alle Sequenzen. Dabei sind die Ergebnisse der drei Grundverfahren der sSOM, der gSOM und des kinMod mit festen rein qualitativ bestimmten Knochenlängen sowie die kombinierten Versionen mit der gegenseitigen Beeinflussung sSOM kombiniert, gSOM kombiniert sowie kinMod kombiniert, welches dem kombinierten Gesamtverfahren mit variablen Knochenlängen entspricht, gegenübergestellt. Im Schnitt liegt die Genauigkeit aller Verfahren bei 15,4 cm, wobei die sSOM als Grundverfahren die schlechtesten Resultate hervorbringt, gefolgt von der gSOM. Ferner ist zu erkennen, dass die gegenseitige Beeinflussung aller Verfahren, die Resultate der SOM-basierten Ansätze verbessert. Das kinMod als Grundverfahren liefert mit einem mittleren Fehler von 13,4 cm die besten Ergebnisse, wobei die kombinierte Variante als Gesamtverfahren mit 14,9 cm die Posen genauer bestimmt, als sämtliche SOM basierten Ansätze. Ein Grund für das leicht schlechtere Abschneiden des Gesamtverfahrens, liegt darin, dass die SOM-basierten Verfahren schlechtere Resultate als das kinMod hervorbringen und dieses folglich „negativ" beeinflussen. Trotzdem ist die Kombination sehr sinnvoll, da diese

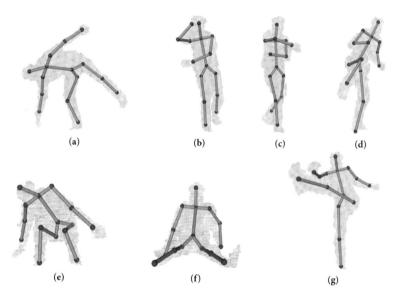

Abbildung 6.9: Beispielhafte Posen aus dem ECCV Datensatz. Darstellungen der 3D-Daten eines Bildes und der auf Basis derer mit Hilfe des kombinierten Gesamtverfahrens bestimmten Pose.

variabel in Bezug auf die Knochenlängen und somit die Größe der Person ist und dementsprechend eine deutlich höhere Flexibilität aufweist. Erfolgt jedoch ein Vergleich mit den rund 7,0 cm als durchschnittlichen Fehler der Methode der Autoren des Datensatzes aus [38], so weisen die Resultate der entwickelten Verfahren einen rund doppelt so großen Fehler auf. Rein qualitative Beobachtungen in diesem Zusammenhang verdeutlichen, dass die Posenbestimmung bis auf Sequenz 25, in der lediglich eine Drehung einer Person um die eigene Longitudinalachse stattfindet, korrekt erfolgt. Ferner lassen die Standardabweichung den Rückschluss zu, dass die Posenbestimmung auch weitestgehend stabil verläuft. Im Zusammenhang mit der Evaluation auf Basis des zweiten öffentlichen Datensatzes findet eine genauere Untersuchung der Ursache dieser großen Differenz statt.

Der zweite Datensatz wurde von Ganapathi et al. [72] veröffentlicht und ist nachfolgend als ECCV bezeichnet. Dieser besteht aus verschiedensten Bewegungsabläufen verteilt auf 24 Sequenzen und insgesamt 10183 annotierten Einzelbildern einer Kinect für Xbox 360, die unter anderem Aktivitäten wie Boxen und Kickboxen, Tennisspielen sowie das Aufheben von Objekten, einen Handstand und das Schlagen eines Rades enthalten. Beispielhafte Punktwolken des Datensatzes und korrekt bestimmte Posen des Gesamtverfahrens sind in Abbildung 6.9 dargestellt. Es sind unter anderem Bewegungen mit Verdeckungen einzelner Körperpartien durch die Arme, das Sitzen auf dem Boden, das Hinsetzen an sich oder ein Kick mit dem Bein enthalten. Obwohl diese zum Teil komplexen Posen erwartungsgemäß

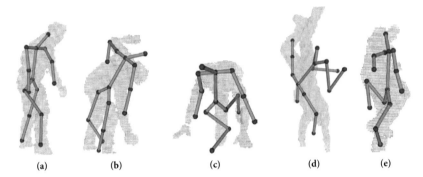

(a)   (b)   (c)   (d)   (e)

Abbildung 6.10: Fehlerhaft Posen aus dem ECCV Datensatz. Darstellungen der 3D-Daten eines Bildes und der auf Basis derer mit Hilfe des kombinierten Gesamtverfahrens bestimmten Pose.

bestimmt werden, gibt es Fälle, in denen die Posen nicht durchgängig korrekt ermittelt werden können. Entsprechende Beispiele sind in Abbildung 6.10 illustriert. Es ist deutlich zu erkennen, dass diese Posen meist aus Bewegungen resultieren, die für die gedachten Anwendungen im Bereich der MRI nicht von allzu großer Bedeutung sind, so handelt es sich unter anderem um seitlich zur Kamera ausgerichtete Personen, einen Handstand oder dem Ansatz zum Schlagen eines Rades.

Die quantitativen Resultate in Form der durchschnittlichen Fehler aller Merkmale über eine Sequenz sind in Abbildung 6.11 dargestellt. Abbildung 6.12 visualisiert die Fehler der einzelnen Merkmale über alle Sequenzen. Es findet eine Gegenüberstellung der Resultate der drei Grundverfahren und der Varianten mit gegenseitiger Beeinflussung statt. Die Knochenlängen des kinMod wurden zuvor rein qualitativ an den Datensatz angepasst. Das kombinierte Gesamtverfahren arbeitet mit variablen Längen der Knochen. Der mittlere Fehler aller Merkmale der sechs Versionen der Verfahren über diesen Datensatz liegt bei 16,4 cm und damit 1,0 cm über dem des CVPR Datensatzes. Dies ist unter anderem den komplexeren Bewegungsabläufen geschuldet. Wie zuvor liefert die sSOM mit einem Fehler von 18,3 cm die schlechtesten Resultate gefolgt von der gSOM mit 16,2 cm. Die kombinierten SOM-Ansätze zeigen Verbesserungen gegenüber den Grundverfahren. Sowohl das kinematische Modell, als auch das kombinierte Gesamtverfahren resultieren in dem kleinsten mittleren Fehler von 15,5 cm. Es zeigt sich auch an diesem Datensatz, dass die gegenseitige Beeinflussung der Grundverfahren sinnvoll ist, was wiederum durch Abbildung 6.13a und Abbildung 6.13b verstärkt wird. In diesem Fall stimmen die Positionen der Merkmale basierend auf den SOM-Verfahren größtenteils überein und sind korrekt positioniert, wohingegen das kinMod in der Grundform Fehler bei der Posenbestimmung zeigt, die jedoch durch die Kombination der Verfahren eingedämmt werden können. Ganapathi et al. [72] definieren eine erfolgreiche Bestimmung der Position eines Merkmals bezüglich der Annotation, in Form eines euklidischen Abstandes von weni-

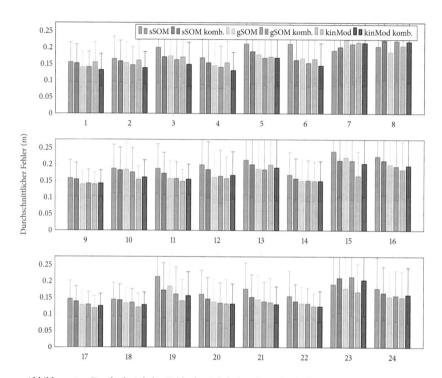

Abbildung 6.11: Durchschnittlicher Fehler bezüglich des Abstandes der bestimmten Positionen der einzelnen Merkmale von den Grundwahrheiten des ECCV Datensatzes. Es sind die drei Grundverfahren sSOM, gSOM und das kinMod und die jeweiligen Resultate der Kombination aller drei Verfahren gegenübergestellt. Die Knochenlängen für das reine kinMod Verfahren wurden zuvor rein qualitativ für den Datensatz angepasst wohingegen für das kombinierte Verfahren die gSOM die Basis der Knochenlängen bildet. Es ist der durchschnittliche Fehler über alle Merkmale für jede Sequenz abgetragen.

ger als 10 cm und erreichen eine Genauigkeit von 96 %. An diesen Wert reichen die hier entwickelten Verfahren nicht heran, obwohl qualitative Betrachtungen zeigen, dass die Posenbestimmung größtenteils korrekt und unter Berücksichtigung der abgetragenen Standardabweichung stabil verläuft.

Die Ursache für die größeren Fehler der im Rahmen dieser Arbeit entwickelten Verfahren auf den Datensätzen im Vergleich zu den Ansätzen der Autoren aus [38] und [72] sind auf die in Abbildung 6.13c und Abbildung 6.13d dargestellten Diskrepanz zwischen den annotierten Daten und den während der Entwicklung der Verfahren definierten Zielpositionen der einzelnen Merkmale zurückzuführen. Da die Annotationen eher auf dem Rand

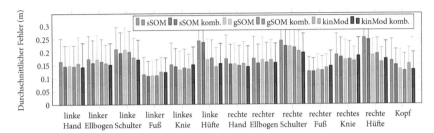

Abbildung 6.12: Durchschnittlicher Fehler bezüglich des Abstandes der bestimmten Positionen der einzelnen Merkmale von den Grundwahrheiten des ECCV Datensatzes. Es sind die drei Grundverfahren sSOM, gSOM und das kinMod und die jeweiligen Resultate der Kombination aller drei Verfahren gegenübergestellt. Die Knochenlängen für das reine kinMod Verfahren wurden zuvor rein qualitativ für den Datensatz angepasst wohingegen für das kombinierte Verfahren die gSOM die Basis der Knochenlängen bildet. Es ist jeweils der durchschnittliche Fehler eines Merkmals über alle Sequenzen abgetragen.

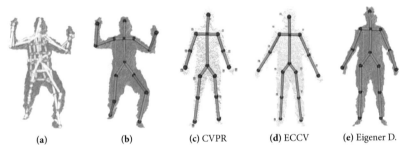

Abbildung 6.13: (a) Beispielhafte Situation, in der die SOMs übereinstimmen und das kinMod positiv beeinflussen könnten. Posen der sSOM (●,–), der gSOM (●,–) und des kinMod (●,–). (b) Korrekte Pose des beeinflussten kinMod (●,–). (c) - (e) Differenzen zwischen Grundwahrheiten und gewünschten Merkmalspositionen. Darstellungen der 3D-Daten eines Bildes und der auf Basis derer mit Hilfe des kombinierten Gesamtverfahrens bestimmten Pose.

der Silhouette oder gar außerhalb positioniert sind, existiert standardmäßig ein Versatz, der den Vergleich der Ergebnisse erschwert, was als ein Grund für die Erstellung eines eigenen Datensatzes mit entsprechender Annotation zu sehen ist.

Der dritte Teil der Evaluation der Genauigkeit und Robustheit bezüglich der Positionsbestimmung der Merkmale des Körpers basiert auf dem eigenen Datensatz, bestehend aus drei Sequenzen mit insgesamt 7565 annotierten Einzelbildern einer Kinect für Xbox 360. Er enthält verschiedenste Bewegungsabläufe von sich zur Seite neigen mit am Körper anliegenden Armen, in die Hocke gehen über auf einem Bein stehen bis hin zu mit einem Bein auf die Knie gehen. Abbildung 6.14 zeigt entsprechende Beispielposen. Die Annotati-

(a)   (b)   (c)

(d)   (e)   (f)

Abbildung 6.14: Beispielhafte Posen aus dem eigenen Datensatz. Darstellungen der 3D-Daten eines Bildes und der auf Basis derer mit Hilfe des kombinierten Gesamtverfahrens bestimmten Pose.

on erfolgte gemäß der ursprünglich angedachten Positionen der einzelnen Merkmale und ist in Abbildung 6.13e illustriert.

Die quantitativen Resultate in Form der durchschnittlichen Fehler aller Merkmale über eine Sequenz sind in Abbildung 6.15a dargestellt. Abbildung 6.15b visualisiert die Fehler der einzelnen Merkmale über alle Sequenzen. Es findet eine Gegenüberstellung der Resultate der drei Grundverfahren und der Varianten mit gegenseitiger Beeinflussung statt. Die Knochenlängen des kinMod wurden zuvor rein qualitativ an den Datensatz angepasst. Das kombinierte Gesamtverfahren arbeitet mit variablen Längen der Knochen. Ferner fasst Tabelle 6.2 die durchschnittlichen Fehler aller Merkmale über alle Sequenzen für die drei Datensätze zusammen. Die Verfahren erreichen einen mittleren Fehler der Merkmalspositionen auf dem kompletten Datensatz von 5,5 cm, was für die Größe des menschlichen Körpers und der Extremitäten sehr genau ist. Gerade die Positionen der Hände in Hinblick auf MRI werden genau ermittelt. Es zeigt sich, das die gSOM mit einem Fehler von 6,5 cm, die schlechtesten Resultate liefert. Die Beeinflussung reduziert diesen Fehler jedoch auf 4,8 cm. Die Genauigkeit der sSOM stimmt für beide Varianten mit 5,9 cm

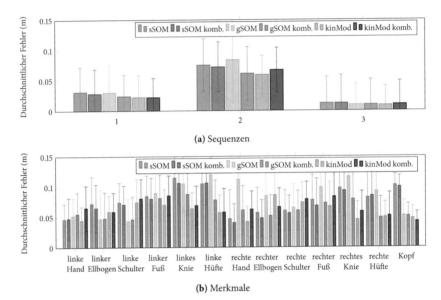

(a) Sequenzen

(b) Merkmale

Abbildung 6.15: Durchschnittlicher Fehler bezüglich des Abstandes der bestimmten Positionen der einzelnen Merkmale von den Grundwahrheiten des eigenen Datensatzes. Es sind die drei Grundverfahren sSOM, gSOM und das kinMod und die jeweiligen Resultate der Kombination aller drei Verfahren gegenübergestellt. Die Knochenlängen für das reine kinMod Verfahren wurden zuvor rein qualitativ für den Datensatz angepasst wohingegen für das kombinierte Verfahren die gSOM die Basis der Knochenlängen bildet. (a) Durchschnittlicher Fehler über alle Merkmale für jede Sequenz. (b) Durchschnittlicher Fehler eines Merkmals über alle Sequenzen.

Tabelle 6.2: Durchschnittliche Fehler der Grundverfahren und der kombinierten Ansätze für die Posenbestimmung des Körpers. Das kinematische Modell in kombinierter Variante repräsentiert das entwickelte Gesamtverfahren. Die Angaben erfolgen in cm.

Datensatz	sSOM	sSOM kom.	gSOM	gSOM kom.	kinMod	kinMod kom.
CVPR	$16,8 \pm 7,1$	$15,6 \pm 6,0$	$15,9 \pm 5,6$	$15,6 \pm 5,7$	$13,4 \pm 5,5$	$14,9 \pm 5,2$
ECCV	$18,3 \pm 8,3$	$16,9 \pm 7,6$	$16,2 \pm 7,6$	$15,9 \pm 7,1$	$15,5 \pm 6,7$	$15,5 \pm 6,7$
Eigener	$5,9 \pm 4,3$	$5,7 \pm 4,2$	$6,5 \pm 6,2$	$4,8 \pm 4,2$	$4,6 \pm 3,3$	$5,2 \pm 3,6$

und 5,7 cm weitestgehend überein. Das kinMod liefert mit 4,6 cm in der Grundform mit festen Knochenlängen die besten Resultate, wobei das Gesamtverfahren inklusive des flexiblen kinematischen Modells mit einem durchschnittlichen Fehler von 5,2 cm sehr gute

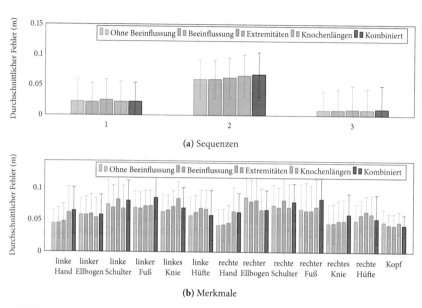

(a) Sequenzen

(b) Merkmale

Abbildung 6.16: Durchschnittlicher Fehler bezüglich des Abstandes der bestimmten Positionen der einzelnen Merkmale von den Grundwahrheiten des eigenen Datensatzes. Es sind das kinMod *ohne Beeinflussung*, das kinMod mit *Beeinflussung* aller Merkmale durch die SOMs und festen Knochenlängen, das kinMod mit Beeinflussung der zu den *Extremitäten* gehörenden Merkmale durch die SOMs und festen Knochenlängen, das kinMod mit Beeinflussung der zu den Extremitäten gehörenden Merkmale durch die SOMs und aktiver auf der gSOM basierender Anpassung der *Knochenlängen* sowie das *Gesamt*verfahren mit gegenseitiger Beeinflussung aller Teilverfahren und aktiver auf der gSOM basierender Anpassung der Knochenlängen des kinMod dargestellt.

Resultate liefert. Die abgetragenen Standardabweichungen verdeutlichen die Robustheit beziehungsweise Stabilität der Posenbestimmung.

Eine Erkenntnis aus der bisherigen Evaluation ist, dass das kombinierte Gesamtverfahren meist schlechtere Ergebnisse liefert, als das auf dem kinMod basierende Grundverfahren. Als eine Ursache ist die größere Flexibilität aufgrund der variablen Knochenlängen bereits identifiziert worden. Ein weiterer Grund könnten die ebenfalls benannten meist schlechteren Resultate der SOM-basierten Verfahren sein, da diese bei Übereinstimmung der Positionen der Merkmale das kinMod „negativ" beeinflussen können. Aus diesem Grund erfolgt eine weitere Untersuchung bezüglich des Grades der Beeinflussung des kinMod, deren quantitative Resultate als durchschnittliche Fehler aller Merkmale je Sequenz in Abbildung 6.16a und als durchschnittlicher Fehler der Merkmale über alle Sequenzen in Abbildung 6.16b dargestellt sind. Es erfolgt die Gegenüberstellung des kinMod als Grundverfahren mit festen Knochenlängen ohne und mit Beeinflussung, wobei die Beeinflussung sich einmal auf sämtliche Merkmale des kinMod bezieht und einmal auf die Merkmale der Extremitäten beschränkt ist. Als eine weitere Variante gilt die Beeinflussung der Extremitäten kombiniert mit der Anpassung der Knochenlängen, die in allen vorherigen Versionen fest gewählt wurden, auf Basis der gSOM. Bisher erfolgte lediglich die Beeinflussung des kinMod durch die SOMs. Als letzte Variante gilt das Gesamtverfahren, welches variable Knochenlängen des kinMod mit der gegenseitigen Beeinflussung aller Verfahren vereint. Im Allgemeinen ist zu erkennen, dass für alle Sequenzen keine relevanten Unterschiede in der Genauigkeit der Verfahren zu verzeichnen sind. Es ist eine leichte Tendenz dahingehend zu erkennen, dass das flexible Gesamtverfahren leicht schlechtere Resultate liefert als der Rest. Diese Differenz wird allerdings aufgrund des Vorteils der nicht notwendigen manuellen Anpassung der Knochenlängen an jede Person gern in Kauf genommen. Ferner ist die Beeinflussung des Modells an sich nicht negativ behaftet, da die Ergebnisse bei festen Längen der Knochen sowohl für die Beeinflussung sämtlicher Merkmale als auch nur der zu den Extremitäten korrespondierenden Merkmalen in etwa denen des kinMod gleichen. Die Ergebnisse entsprechender Untersuchungen auf den beiden öffentlichen Datensätzen sind im Anhang in Abbildung A.5 und Abbildung A.6 sowie Abbildung A.7 dargestellt und unterstreichen die vorherigen Erkenntnisse. Einzig auf dem CVPR Datensatz verursacht die Kombination sämtlicher Verfahren eine auffälligere Verschlechterung der Genauigkeit gegenüber des kinMod in der Grundversion, deren Fehler jedoch noch immer geringer ausfällt als die der restlichen Verfahren.

Qualitative Tests haben gezeigt, dass die Posenbestimmung bei Verwendung einer ASUS Xtion PRO LIVE Kamera für Distanzen bis zu 5 m gute Ergebnisse liefert. Bei der Verwendung von Kameras mit höheren Auflösungen vergrößert sich die Distanz, da für die Posenbestimmung generell eine Punktwolke benötigt wird, aus der die menschliche Struktur in Form der Arme und Beine beziehungsweise die Pose erkennbar hervorgeht.

Zusammenfassend zeigt die Evaluation, dass die entwickelten Verfahren für die Posenbestimmung korrekt und robust arbeiten und als geeignete Grundlage für die Entwicklung von Anwendungen im Bereich der MRI genutzt werden können, wobei das kombinierte Gesamtverfahren Verwendung finden sollte, da dessen Vorteil in Form der Flexibilität bezüglich der automatisierten Anpassung an die Größe der Person deutlich der nachteiligen leicht schlechteren Resultate überwiegt. Die in Kapitel 7 vorgestellten Anwendungen verdeutlichen ebenfalls, dass die Genauigkeit und Robustheit für den realen Einsatz im Bereich der MCI und MRI hinreichend sind.

6.2.2 Geschwindigkeit

Dieser Abschnitt präsentiert die Evaluation bezüglich der Echtzeitfähigkeit der entwickelten Methodik der Posenbestimmung des Körpers. Zu diesem Zweck erfolgte die Bestimmung der theoretisch möglichen Posenbestimmungsrate der ursprünglichen Im-

(a) (b)

Abbildung 6.17: Beispielhafte Darstellungen der parallelen Bestimmung der Posen mehrerer Hände und des Körpers. (a) Gesamtszene mit Körper- und Handmodelle. (b) Nahaufnahme von (a).

plementierung auf einer 3,4 GHz Intel Core i7-3770 CPU und 16 GB RAM ohne jedwede Verwendung einer GPU, durch zeitliche Messungen vom Beginn der Verarbeitung der 3D-Daten eines Bildes bis zur bestimmten Pose. Eine komplette Verarbeitung benötigte rund 14,5 ms in der Ein-Thread-Implementierung, was theoretisch 69 Durchläufen pro Sekunde entspricht. Die Verarbeitungszeit konnte im Rahmen der Entwicklung einer MRIS für den humanoiden Roboter „Pepper" aus Abschnitt 7.4 mit leichten Optimierungen wie der Reduzierung mehrfacher identischer Berechnung auf 9,8 ms reduziert und folglich die Frequenz auf theoretisch 102 Durchläufe pro Sekunde gesteigert werden. Es ist anzumerken, dass die verwendeten Tiefenbildkameras eine maximale Rate von 30 fps liefern und somit die tatsächliche Posenbestimmung bezüglich der möglichen Geschwindigkeit beschränken. Diese Resultate lassen den Schluss zu, dass die Verwendung von Kameras mit einer höheren Bildrate aufgrund der Effizienz der Verfahren möglich wäre und die Genauigkeit der Posenbestimmung zur Folge hätte, da auf schnelle Bewegungen basierende Fehler eingedämmt werden könnten. Weiterhin erlaubt die Geschwindigkeit der Posenbestimmung auf dem Evaluationssystem, selbige zeitgleich für den Körper und zwei Hände in Echtzeit durchzuführen. Abbildung 6.17 zeigte ein entsprechendes Beispiel in Form einer Gesamtszene und einer korrespondierenden Nahaufnahme.

Die gezeigte Effizienz und die daraus resultierende Echtzeitfähigkeit der entwickelten Ansätze sind grundlegende Voraussetzung für den Einsatz im Bereich der mobilen Robotik im Rahmen der MRI.

7 Anwendungen

Dieses Kapitel präsentiert verschiedene Anwendungen, die auf den entwickelten Verfahren für die Bestimmung der vHPs und der vKPs basierend auf den SOM-Ansätzen und dem kinMod aufbauen.

Als gängigste Anwendung der ermittelten Posen ist die Gestenerkennung anzusehen, bei der Körper- oder Handposen zu Gesten klassifiziert werden und in den Bereichen der MCI und MRI zum Auslösen definierter Ereignisse Verwendung finden. Die sogenannte Gestensteuerung ermöglicht beispielsweise das berührungslose Navigieren durch Menüs wobei beliebige Aktionen denkbar sind. Aus diesem Grund stellt der nachfolgende Abschnitt einen Ansatz zur Klassifikation der mit den in dieser Arbeit entwickelten Verfahren bestimmten vHPs und vKPs zu Gesten vor.

Als eine weitere Anwendung erfolgt die Präsentation einer MRIS, die es ermöglicht, den Industrieroboter KUKA LBR iiwa auf Basis von Armbewegungen zu steuern. Um zu zeigen, dass diese Art der intuitiven Steuerung gängigen Steuerungssystemen entspricht oder gar eine einfachere Art der Steuerung darstellt, erfolgt eine entsprechende Evaluation und Gegenüberstellung zu den mit einer 3D-Maus erzielten Resultaten.

Der dritte Abschnitt präsentiert eine MRIS für nicht notwendigerweise mobile Roboter sowie eine beispielhafte Anwendung im Rahmen der Interaktion mit dem sich autonom in seiner Umgebung navigierenden mobilen Roboter „PeopleBot" [73]. Ferner erfolgt eine Evaluation der Schnittstelle und der implementierten Anwendung.

Humanoide Roboter wie der „Pepper"[1] der Firma SoftBank Robotics dringen mehr und mehr in das tägliche Leben des Menschen vor. Um ihnen möglichst autonome und situative Verhaltensweisen zu ermöglichen, ist ein Verständnis des Roboters von seiner Umgebung und den darin befindlichen Personen notwendig. Einen möglichen Ansatz hierfür bildet die in Abschnitt 7.4 vorgestellte MRIS. Diese ist speziell für „Pepper" konzipiert und ermöglicht die Implementierung verschiedenster MRI-Anwendungen von denen beispielhaft die Imitation von Armbewegungen und die Reaktion auf definierte Gesten vorgestellt werden.

Der letzte Abschnitt zeigt die Vielfältigkeit der entwickelten Algorithmen für die Posenbestimmung und verdeutlicht, dass diese nicht auf den Menschen begrenzt sind. Als ein

---

[1] https://www.ald.softbankrobotics.com/en/robots/pepper, Januar 2018

© Springer Fachmedien Wiesbaden GmbH, ein Teil von Springer Nature 2019
K. Ehlers, *Echtzeitfähige 3D Posenbestimmung des Menschen in der Robotik*,
https://doi.org/10.1007/978-3-658-24822-2_7

Beispiel erfolgt die Bestimmung der Pose eines Industrieroboters, welche unter anderem für eine rein visuelle Kollisionsvermeidung im Bereich der MRK genutzt werden kann.

7.1 Gestenerkennung

Die am weitesten verbreitete Anwendung der Posenbestimmung in den Gebieten der MCI und MRI ist die Gestenerkennung, bei der definierte Posen oder Abfolgen von Posen kategorisiert, vom Computer oder Roboter detektiert beziehungsweise interpretiert werden und im Auslösen vordefinierter Aktionen resultieren.

Wie es bereits aus der Einleitung dieser Arbeit hervorgeht, sind Gesten verschiedenster Art eine natürliche menschliche Kommunikationsform. Beispielsweise versuchen Menschen ihre Absichten auf Basis von Gestikulationen zu verstärken oder grüßen sich über weite Entfernungen durch Winken oder Heben der Hand. Polizeibeamte regeln den Verkehr mittels Armbewegungen und Taucher deuten mit Hilfe einer geschlossenen Hand mit nach oben ausgestreckten Daumen an, dass alles in Ordnung ist. Sogar kleine Kinder bedienen sich an Gesten, indem sie beispielsweise auf Dinge zeigen, die sie gern hätten oder auf die sie die Aufmerksamkeit ihrer Eltern lenken möchten. Die Zeichensprache für sprachbehinderte oder gehörlose Menschen besteht sogar komplett aus Gesten.

Ein sehr bekanntes kommerzielles Beispiel der Verwendung von Gesten ist die am Ende des Jahres 2010 eingeführte Steuerung von Spielen auf Microsofts Xbox 360 auf Basis von Körperbewegungen, deren Bestimmung mitunter das Tiefenbild der natürlichen Benutzungsschnittstelle Microsoft Kinect für Xbox 360, die unter anderem eine RGB-D-Kamera besitzt, zu Grunde liegt [1]. Ferner wird die Navigation in Menüs auf Basis von Gesten umgesetzt und mit der Markteinführung der Kinect für Xbox One[2] wurde selbiges Anwendungsszenario in die neuere Generation der Xbox übernommen. Viele weitere Anwendungsbereiche wie die sterile berührungslose Interaktion mit Computern oder technischen Systemen in Operationssälen sind denkbar und verdeutlichen die Bedeutung von Gesten im alltäglichen Leben.

Um die zuvor genannten Anwendungen realisieren zu können, müssen Computer und Roboter in der Lage sein, den Menschen in seiner Umgebung wahrzunehmen und seinen Bewegungen Gesten entnehmen zu können. Dies ist unter anderem Gegenstand im Rahmen dieser Arbeit implementierter Anwendungen der Posenbestimmung. Es findet eine Unterscheidung zwischen statischen und dynamischen Gesten statt. Während statische Gesten als festgelegte Körper- oder Handposen definiert sind, ergeben sich dynamische Gesten aus einer Abfolge statischer Gesten. Dieser Abschnitt fasst die bereits in Kapitel 3 und Kapitel 4 im Rahmen der Vorstellung der einzelnen Verfahren zur Posenbestimmung dargelegten Vorgehensweisen für die Erkennung statischer Gesten zusammen und prä-

---

[2]   https://www.xbox.com/de-DE/xbox-one/accessories/kinect, November 2017

sentiert einen entsprechenden Ansatz auf Basis der kombinierten Posenbestimmung mit Hilfe aller drei Verfahren aus Kapitel 5. Letztlich wird zwischen Hand- und Körpergesten differenziert und es erfolgen separate Präsentationen und Evaluationen der einzelnen Verfahren.

7.1.1 Handgesten

Dieser Abschnitt beschreibt die Klassifizierung von eHPs, im Falle der auf einer sSOM oder einer gSOM basierenden Verfahren, beziehungsweise von vHPs, sollte die Pose mit Hilfe des kinMod bestimmt worden sein, zu statischen Handgesten. Ferner erfolgt die Präsentation der in dieser Arbeit verwendeten Methodik zur Erkennung von dynamischen Handgesten, die je nach Anwendung auf unterschiedliche Weise definiert werden können.

Statische Gesten

Unter einer statischen Handgeste wird eine definierte Handpose unabhängig von ihrer Position und Orientierung im Raum verstanden; die Konstellation von ausgestreckten und vollständig oder teilweise gebeugten Fingern. Zu diesem Zweck erfolgt für die auf einer SOM basierenden Verfahren gemäß den in den entsprechenden Abschnitten in Kapitel 3 vorgestellten Vorgehensweisen das Training einer SVM für die n-Klassen-Klassifikation unter Toleranz einer eventuell nicht perfekten Separation und der Verwendung eines RBF-Kernels mit zuvor aufgenommenen, die jeweiligen Gesten repräsentierenden, mit Hilfe der SOMs bestimmten Beispielposen, wobei als Informationen die Positionen der einzelnen Merkmale der Hand im PCA-Koordinatensystem genutzt werden; die Position eines Merkmals ergibt sich durch Projektion des mittelwertbefreiten Merkmals auf die sich aus einer auf allen Merkmalen durchgeführten PCA ergebenen Hauptkomponenten. Die Detektion von Handgesten basierend auf mit dem kinMod bestimmten Posen erfolgt entsprechend Kapitel 4 ebenfalls mit Hilfe einer zuvor trainierten SVM. Als Informationen dienen im Gegensatz zu den auf SOMs basierenden Verfahren die Winkel der einzelnen Hand- beziehungsweise Fingergelenke.

Kapitel 5 beschreibt die Posenbestimmung auf Basis des hybriden beziehungsweise aus allen drei Verfahren kombinierten Ansatzes, für den als Resultat stets die vHP des kinMod angesehen wird. Für das Gesamtverfahren ergibt sich die aktuelle statische Geste aus einem Mehrheitsentscheid der einzelnen Teilverfahren. Sollten sich alle drei Teilgesten unterscheiden, gilt die des kinMod.

Die Definition von statischen Handgesten kann ferner um die Orientierung erweitert oder Handgesten generell mit den Körperposen kombiniert werden.

Evaluation

Für die Evaluation der Handgestenerkennung auf Basis der mit dem beeinflussten kin-Mod bestimmten vHPs wurden beispielhaft zwölf Gesten ausgewählt; Z, DZ, ZM, ZK, DZM, ZMR, ZMK, ZRK, MRK, ZMRK, DZMRK und V. Die restlichen in Abschnitt 3.2.3 definierten Handgesten wurden als unbekannt in einer Kategorie zusammengefasst. Mit einer ASUS Xtion PRO LIVE Kamera erfolgte die Aufnahme einer Sequenz von insgesamt 3337 Bildern, in der jede Geste ausgehend von der offenen Hand eingenommen und die Position sowie Orientierung der Hand verändert wurden. Die Bewegungen enthielten verschiedenste Rotationen bis hin zu Orientierungen, in denen die Handfläche einen spitzen Winkel mit der Kameraachse bildet. Für die DZMRK-Geste erfolgten sogar Rotationen von rund 180° um die Longitudinalachse. Nach der Präsentation einer Geste wurde stets zurück zur offenen Hand gewechselt. Für diese Sequenz erfolgte die Annotation der Gesten für 2791 Bilder. Abbildung 7.1 stellt die Ergebnisse in Form einer Konfusionsmatrix dar. Für neun von den zwölf ausgewählten Gesten wurde eine Detektionsrate von 100 % erreicht. Die DZMRK-Geste wurde zu 98 % korrekt erkannt und in 2 % der Fälle als die sehr ähnliche V-Geste klassifiziert. Die Detektionsrate der ZM-Geste liegt bei 91 %, wobei die restlichen 9 % als ZMR erkannt wurden. Qualitative Untersuchungen zeigen, dass in diesen Fällen meist Rotationen mit relativ spitzen Winkeln zur Kamera vollführt wurden und die Posenbestimmung für den Ringfinger in einem nicht komplett gebeugten Finger und folglich in der Fehlklassifikation resultierte. Einzig die DZ-Geste wird nur zu 67 % korrekt klassifiziert. In 17 % der Fälle erfolgte die Detektion der sehr ähnlichen Z-Geste und die restlichen 16 % wurden als unbekannt eingestuft.

Zusammenfassend zeigt diese Evaluation, dass die entwickelte Vorgehensweise für die Gestenerkennung auf Basis der mit dem beeinflussten kinMod bestimmten vKPs sehr gute Resultate liefert und folglich für verschiedenste Anwendungen auch im Bereich der MRI geeignet ist.

Dynamische Gesten

Unter dynamischen Handgesten wird eine definierte Abfolge statischer Gesten innerhalb einer festgelegten Zeitspanne verstanden. Die Realisierung erfolgt durch eine bildweise Aufzeichnung aller innerhalb dieser Zeitspanne präsentierten Gesten und der anschließenden Filterung von aufeinanderfolgenden Duplikaten. Die daraus resultierende Sequenz wird auf die der definierten Geste repräsentierende Abfolge an statischen Gesten untersucht.

Zudem kann eine Erweiterung der Definition dynamischer Handgesten erfolgen, indem zusätzlich die Orientierung einer eine statische Geste präsentierenden Hand betrachtet

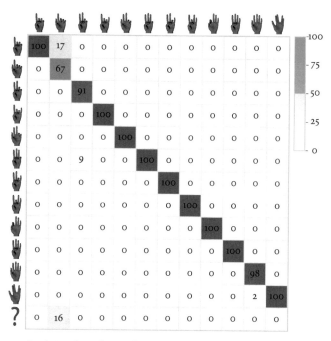

Abbildung 7.1: Ergebnisse der Evaluation der Detektion statischer Handgesten in Form der Konfusionsmatrizen.

wird, was die Definition von Gesten wie beispielsweise einer sich um die Longitudinalachse rotierenden offenen Hand ermöglicht.

Die Bestimmung dynamischer Geste wurde im Rahmen dieser Arbeit nur tangiert.

7.1.2 Körpergesten

Dieser Abschnitt fasst das Vorgehen für die Detektion von Körpergesten zusammen. Weiterhin erfolgt die Evaluation anhand einer beispielhaften Auswahl von statischen Körpergesten.

Das Vorgehen für die auf der Posenbestimmung des Körpers basierende Erkennung von Körpergesten erfolgt entsprechend der Handgestenerkennung aus Abschnitt 7.1.1 sowie den Erläuterungen aus Kapitel 3 und Kapitel 4.

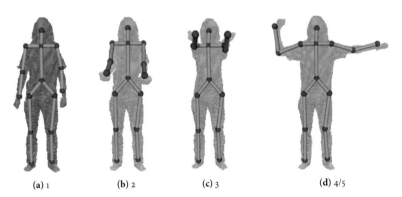

Abbildung 7.2: Für die Evaluation der Körpergestenerkennung beispielhaft ausgewählte Gesten. (a) 1 - Seitlich hängender Arm (b) 2 - Nach vorn ausgestreckter Arm in mittlerer Höhe (c) 3 - Nach vorn horizontal ausgestreckter beziehungsweise leicht gehobener Arm (d) 4 - Seitlich horizontal abduzierter, ausgestreckter Arm (links) und 5 - Seitlich horizontal abduzierter, nach oben gebeugter Arm (rechts). Für eine bessere Visualisierung, wurde das Modell um 3 cm in Richtung Kamera verschoben. Die Abbildungen wurden teilweise [Jon17] entnommen.

Es findet eine Klassifizierung von Körperposen zu statischen Körpergesten auf Basis zuvor mit für die einzelnen Gesten repräsentativen Posen der Verfahren trainierter SVMs statt. Für das kombinierte Verfahren ergibt sich das Ergebnis aus einem Mehrheitsentscheid über die Teilgesten und im Falle einer uneindeutigen Entscheidung gilt das Resultat des kinMod.

In Kombination mit den Handgesten lassen sich beliebige Gesten definieren.

Evaluation

Zum Zwecke der Evaluation der entwickelten Methodik für die Erkennung statischer Körpergesten wurden beispielhaft die in Abbildung 7.2 dargestellten, auf der Haltung eines Armes basierenden Gesten ausgewählt; ein seitlich hängender Arm, ein nach vorn ausgestreckter Arm, ein nach vorn ausgestreckter und gehobener Arm sowie der seitlich abduzierte Arm mit und ohne gebeugten Ellenbogen. Diese Einteilung erfolgte für jeden Arm separat. Um die Klassifikation zu ermöglichen, wurden jeweils bis zu zehn entsprechende Körperposen aufgezeichnet und im Anschluss eine SVM trainiert. Hierbei ist zu beachten, dass je Verfahren und Arm eine eigenständige SVM Verwendung fand, was letztlich in sechs verschiedenen SVMs resultierte; eine je Arm für die mit Hilfe der sSOM bestimmten Körperposen, zwei für die Posen basierend auf der gSOM und letztlich zwei für die Klassifikation der vKPs des kinMod. Als aktuelle Pose wurde stets das Resultat des Mehrheitsentscheids gewählt. Sollten aus allen Verfahren verschiedene Gesten

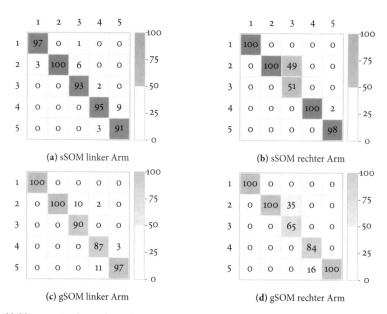

Abbildung 7.3: Ergebnisse der Evaluation der Detektion statischer Körpergesten in Form der Konfusionsmatrizen. Die Ziffern korrespondieren zu den Gesten in folgender Weise: 1 - Seitlich hängender Arm (411/632), 2 - Nach vorn ausgestreckter Arm in mittlerer Höhe (61/103), 3 - Nach vorn horizontal ausgestreckter bzw. leicht gehobener Arm (157/108), 4 - Seitlich horizontal abduzierter, ausgestreckter Arm (115/93) und 5 - Seitlich horizontal abduzierter, nach oben gebeugter Arm (409/262). Die Zahlen in den Klammern entsprechen der Anzahl an Bildern, in denen die Geste präsentiert wurde (links/rechts). Die Spalten entsprechen der präsentierten und die Zeilen der detektierten Gesten.

hervorgehen, gilt die mit Hilfe der Pose des kinMod bestimmte Geste als Resultat des Gesamtverfahrens. Die Aufzeichnung der Trainingsdaten erfolgte mit einer ASUS Xtion PRO LIVE Kamera.

Die Evaluation basiert auf einer weiteren mit einer Kinect für Xbox One aufgezeichneten Sequenz, in der sämtliche Gesten mehrfach präsentiert werden. Als Resultat dienen die in Abbildung 7.3 und Abbildung 7.4 visualisierten Detektionsraten. Bis auf die Geste mit der Nummer 3, dem horizontal nach vorn ausgestreckten beziehungsweise gehobenen Arm, gleichen sich in etwa die Detektionsraten der einzelnen und des kombinierten Verfahrens für die linke und rechte Seite. Auf Basis jedes Verfahrens kann eine Gestenerkennung mit einer Detektionsrate von rund 95 % erfolgen und es sticht keines der Teilverfahren heraus. Ferner bilden die Resultate des kombinierten Verfahrens eine Art Durchschnitt aller Verfahren und sind in jedem Falle besser als das schlechteste Resultat für diese Geste der drei Teilverfahren sowie in einzelnen Fällen wie des seitlich horizontal abduzierten Arms gar

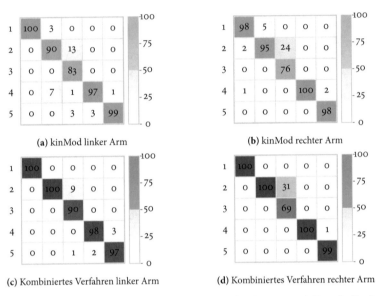

(a) kinMod linker Arm

(b) kinMod rechter Arm

(c) Kombiniertes Verfahren linker Arm

(d) Kombiniertes Verfahren rechter Arm

Abbildung 7.4: Ergebnisse der Evaluation der Detektion statischer Körpergesten in Form der Konfusionsmatrizen. Die Ziffern korrespondieren zu den Gesten in folgender Weise: 1 - Seitlich hängender Arm (411/632), 2 - Nach vorn ausgestreckter Arm in mittlerer Höhe (61/103), 3 - Nach vorn horizontal ausgestreckter bzw. leicht gehobener Arm (157/108), 4 - Seitlich horizontal abduzierter, ausgestreckter Arm (115/93) und 5 - Seitlich horizontal abduzierter, nach oben gebeugter Arm (409/262). Die Zahlen in den Klammern entsprechen der Anzahl an Bildern, in denen die Geste präsentiert wurde (links/rechts). Die Spalten entsprechen der präsentierten und die Zeilen der detektierten Gesten.

besser als die einzelnen Teilverfahren. Die Kombination führt letztlich zu einer stabileren Gestenerkennung mit einer durchschnittlichen Detektionsrate von ebenfalls rund 95 %. Mit Ausnahme zweier Gesten liegen die Detektionsraten für dieses Gesamtverfahren stets über 97 % und für die Hälfte aller Gesten gar bei 100 %. Für einen horizontal nach vorn ausgestreckten beziehungsweise leicht gehobenen linken Arm wird eine Detektionsrate von 90 % erreicht. Einzig der horizontal nach vorn ausgestreckte rechte Arm wird nur zu 69 % korrekt klassifiziert. Genauere Untersuchungen zeigen, dass die Ursache zum einen im Fehlen von 3D-Informationen der Hand aufgrund der direkten Ausrichtung des Arms zu der Kamera und zum anderen in einer unsauberen Grenze zwischen der Geste Nummer 2 - eines nach vorn auf mittlere Höhe ausgestreckten Armes und der Geste Nummer 3 liegen. Aus diesem Grund bildet Geste Nummer 2 des rechten Arms mit 31 % die komplette Fehlklassifikation zu Geste Nummer 3. Diese Grenze könnte eventuell durch das Aufzeichnen weiterer Körperposen, die an den Übergangsbereichen der jeweiligen Gesten liegen, eindeutiger definiert werden.

Zusammenfassend verdeutlicht diese Evaluation, dass das Vorgehen für die Gestenerkennung basierend auf den entwickelten Verfahren für die Posenbestimmung und den daraus resultierenden Körperposen praktikabel und für Anwendungen nutzbare Ergebnisse liefert.

7.2 Schnittstelle für die Telerobotik mit einem Industrierobter und einer Roboterhand

Dieser Abschnitt präsentiert eine Anwendung der Posenbestimmung und Gestenerkennung für die Steuerung des Leichtbauroboterarms KUKA LBR iiwa[3] basierend auf den Bewegungen des rechten Arms sowie denen des Handgelenks. Die in diesem Abschnitt vorgestellten Methoden und Anwendungen entstanden teilweise im Rahmen studentischer Praktika und wurden zum Großteil in [GHKE16] veröffentlicht.

Im ersten Teil erfolgt eine Beschreibung der Anwendung inklusive einer Motivation sowie Darstellung des Stands der Technik. Nach der Erläuterung der verwendeten Ansätze für die Posenbestimmung erfolgt die Vorstellung der Bewegungsübertragung von Arm und Hand auf den Roboter. Das Gesamtsystem wird in Hinblick Nutzbarkeit auf Basis der ISO 9241-9 Norm für „Ergonomische Anforderungen für Bürotätigkeiten mit Bildschirmgeräten Teil 9: Anforderungen an Eingabemittel - ausgenommen Tastaturen" untersucht und mit der Nutzbarkeit der 3D-Maus SpaceNavigator[4] der Firma 3Dconnexion[5] für selbige Anwendung verglichen.

7.2.1 Anwendungsbeschreibung und Motivation

In der heutigen Zeit ist die Verwendung roboterisierter Systeme vor allem im industriellen Umfeld und der Forschung weit verbreitet. Die Anwendungen reichen von der Industrieroboter-gestützten Fertigung von Fahrzeugen in der Automobilindustrie, über Transportroboter in Logistikzentren bis hin zu humanoiden Robotern als Berater in Einkaufszentren oder als Führer auf Messen. Während alle diese Beispiele teilweise auf fest einprogrammierten Abläufen basieren oder gar autonome Verhalten der Roboter erfordern, zielt die im Rahmen dieser Arbeit entwickelte Steuerung eines Industrieroboters mit Hilfe von Arm- und Handbewegungen auf Anwendungsszenarien ab, in denen für heutige autonome Roboter zu komplexe Aufgaben zu erledigen sind oder der Roboter in gefährlichen beziehungsweise unsicheren Umgebungen agieren muss, sodass eine direkte

---

3 https://www.kuka.com/en-de/products/robot-systems/industrial-robots/lbr-iiwa, Dezember 2017
4 https://www.3dconnexion.de/products/spacemouse/spacenavigator.html, Dezember 2017
5 https://www.3dconnexion.de, Dezember 2017

Kontrolle der Roboter durch den Menschen eventuell auch über größere Distanzen erforderlich wird. Entsprechende Teleoperationen erfordern angemessene MRIS, die heutzutage gerade im Bereich der Steuerung von Industrierobotern noch mit Hilfe von Handprogrammiergeräten, Joysticks oder haptischen Eingabegeräten realisiert werden [74]. Als Nachteil gilt, dass die nicht intuitive Benutzbarkeit dieser Eingabegeräte für die Steuerung meist viel Erfahrung, Übung oder sogar eine spezielle Ausbildung voraussetzt. Weitere Nachteile der Handprogrammiergeräte sind der hohe Zeitaufwand bei der Steuerung und dass das Gerät mit einem hohen Gewicht sowie einer direkten kabelbasierten Verbindung zum Roboter nicht sehr flexibel ist, was oft das Arbeiten im direkten Umfeld des Roboters erfordert. Aus diesem Grund definiert sich als Ziel die Entwicklung einer für den Menschen möglichst intuitiven MRIS, die eine Steuerung des Roboters mit möglichst geringer Diskrepanz zwischen den Bewegungen des Menschen und den resultierenden Aktionen des Roboters ermöglicht. Im Idealfall stimmt die Anzahl an DOFs des Eingabegerätes mit der des Roboters überein, was in den vergangenen Jahren zur Entwicklung von echtzeitfähigen, auf der Überführung von Bewegungen des Menschen in die eines Roboters basierende MRIS geführt hat.

Eine weitere Anwendung der Übertragung menschlicher Bewegungen auf einen Roboter ist das Teach-in Verfahren, bei dem ein Mensch den Roboter bezüglich der Ausübung einer definierten Aufgabe bewegt, die einzelnen Trajektorien beziehungsweise Gelenkstellung und Endeffektorpositionen aufgezeichnet und später vom Roboter reproduzierend abgefahren werden. Die notwendigen Bewegungen des Roboters können durch Imitation der Armbewegungen des Menschen realisiert werden, was eine weitaus erleichterte, intuitive Teach-in Prozedur zur Folge hätte.

Stand der Technik

Im Allgemeinen unterscheiden sich MRIS auf Grund ihrer Eingabemethode oder der Anzahl an von ihnen zur Verfügung gestellten DOFs. Es gibt Ansätze, die es lediglich erlauben, die Position und Orientierung des Endeffektors zu kontrollieren, wohingegen andere weitaus komplexere Interaktionen wie die Festlegung beziehungsweise Steuerung aller Gelenke des Roboters ermöglichen.

Bei Standard MRIS finden mechanische Eingabegeräte wie beispielsweise Replikate der Roboter oder 3D-Mäuse für die Telerobotik Anwendung [75–77]. In den vergangenen Jahren gingen die Entwicklungen allerdings eher in die Richtung, direkt aus menschlichen Bewegungen entsprechende Informationen zu gewinnen, um die Steuerung von Robotern zu ermöglichen. Beispielsweise nutzen Shenoy et al. in [78] oberflächliche elektromyographische Signale und transferieren diese in Bewegungen eines Roboterarms mit vier DOFs. Bei einem weiteren Ansatz kann die Pose des Endeffektors aus den mit Hilfe eines Trackingsystems bestimmten Bewegungen eines mit optischen Markern bestückten Trainigsstiftes extrahiert werden [79]. Neto et al. präsentieren in [80] die Steuerung eines

Industrieroboters auf Basis von Armbewegungen unter der Verwendung von zwei kostengünstigen Beschleunigungssensoren, die jeweils an einem Arm angebracht sind. Dabei werden Positionierung und Drehung entkoppelt, indem die Bewegungen des rechten Arms die Position des Endeffektors und die des linken Arms die Orientierung beeinflussen. Ein ähnlicher Ansatz wird mit Hilfe der Nintendo Wii Fernbedienung realisiert [81]. Ferner finden in mehreren Studien Exoskelette für den Oberkörper beziehungsweise Teile des Oberkörpers für die Steuerung von Industrierobotern oder humanoiden Robotern Verwendung [82, 83]. Ein großer Nachteil dieser Ansätze ist der Bedarf an spezieller, meist kostenintensiver Hardware, die den Anwender zudem in seiner Bewegungsfreiheit einschränken kann, was unter anderem eine Ursache für die Entwicklung von Verfahren basierend auf optischen Markern oder gar Motion Capture Suits ist; ganze mit Markern versehenden Anzüge [84–86]. Neuere Ansätze verzichten ganz auf Marker oder von dem Nutzer zu tragender beziehungsweise zu steuernder Hardware als Eingabegerät und basieren lediglich auf deren optischer Verfolgung sowie der Posenbestimmung auf Grundlage von Bildern, was in kostengünstigen und einfach zu verwendenden Lösungen resultiert. Im Verfahren von Do et al. [87] erfolgt die Imitation menschlicher Bewegungen mit einem ARMAR-III Roboter unter anderem basierend auf der Verwendung des in [88] vorgestellten stereobasierten Bildgebungssystems. Du et al. verfolgen in [89] die Handposition des Menschen innerhalb der Tiefenbilder einer Microsoft Kinect um den Endeffektor eines Roboterarms zu steuern. In einem weiteren Ansatz findet eine ebenfalls auf der Kinect basierende Motion Capture Technik Verwendung, um einen anthropomorphischen Zweiarm-Roboter in Echtzeit zu steuern, wobei jeder Arm sechs DOFs besitzt [90]. Gegensätzliche Ansätze greifen auf Gestenerkennungsverfahren zurück, um einen Roboter mit Hilfe diskreter Kommandos zu steuern und ihm Aufgaben höherer Komplexität zu übertragen, welche dieser halbautomatisch löst [91, 92]. Weitere Forschungen zielen auf das generelle Problem der Übertragung menschlicher Armbewegungen auf einen Roboter mit verschiedenen kinematischen Eigenschaften ab, was gerade für die Film- und Animationsindustrie von großem Interesse ist [93, 94]. Safonova et al. [93] verwenden zuvor aufgezeichnete Daten eines Motion Capture Systems, um Humanoide mit verschiedenen DOFs natürliche, menschenähnliche Bewegungen vollführen zu lassen.

7.2.2 Systembeschreibung

Das Gesamtsystem für die Posenbestimmung des Arms mit sieben DOFs und die Gestenerkennung für die Telerobotik mit einem Industrieroboter ist in Abbildung 7.5 als 3D-CAD-Szene dargestellt. Es kombiniert die auf einer markerlosen Bewegungsverfolgung basierende Steuerung des Roboterarms mit der direkten Gabe von Kommandos zum Öffnen und Schließen des Endeffektors mit Hilfe von Handgesten. Zudem ermöglicht es auch für unerfahrene Nutzer eine intuitive Steuerung des Roboters mittels Armbewegungen. Das System besteht aus einem KUKA LBR iiwa Roboterarm sowie zwei ASUS

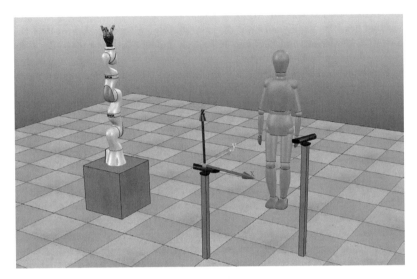

Abbildung 7.5: 3D-CAD-Visualisierung des Systemaufbaus zur Steuerung eines Industrieroboterarms, bestehend aus einem KUKA LBR iiwa Roboterarm sowie zwei aufeinander kalibrierten ASUS Xtion PRO LIVE Kameras und der Testperson, die sich im Sichtfeld beider Kameras bewegt. Erstellung mit der virtuellen Roboter Experimentierplattform V-REP[6] und den integrierten Modellen.

Xtion PRO LIVE Kameras, vor denen der Nutzer seine Bewegungen vollführt. Hierbei ist zu beachten, dass sich im Sichtfeld einer Kamera der Mensch als Ganzes befindet, wohingegen die zweite Kamera für eine detailliertere Aufnahme des Arbeitsbereiches des Arms und der Hand dient. Die Kalibrierung beider Kameras zueinander erfolgt mit Hilfe des Open Source Softwarepakets OpenPTrack[7] für das Robot Operating System (ROS) [95] auf Basis eines für beide Kameras im RGB-Bild sichtbaren Schachbrettmusters. Da für die Anwendung eine hinreichend genaue Kalibrierung erforderlich ist, findet eine nachträgliche Verbesserung mit Hilfe eines auf den Daten des 3D-Kalibrierkörpers aus Abbildung 7.6a arbeitenden Generalized-Iterative-Closest-Point-Verfahrens (GICP) statt [96], der die zuvor bestimmte Transformation zwischen den Kameras zu Grunde gelegt wird. Die sich aus der initialen, rein mit OpenPTrack bestimmten Transformation ergebenden Vereinigung der Daten der drei Flächen des Kalibrierkörpers aus beiden Kameras ist in Abbildung 7.6b dargestellt und verdeutlicht eine leichte initiale Fehlkalibrierung, die nach der Anwendung der GICP deutlich verbessert wird, wie Abbildung 7.6b zeigt. Als BKS der Gesamtszene wird das entsprechend Abbildung 7.5 im Ursprung der die gesamte Person aufzeichnenden Kamera positionierte KS verwendet. Eine Erweiterung des Systems um

---

[6]   http://www.coppeliarobotics.com, Dezember 2017

[7]   http://openptrack.org, Dezember 2017

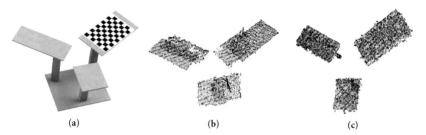

Abbildung 7.6: (a) 3D-CAD-Modell des Kalibrierkörper. (b) Resultat der initialen Kalibrierung mit OpenPTrack [GHKE16]. (c) Verbessertes Ergebnis nach Anwendung der GICP [GHKE16].

weitere Kameras ist unter Berücksichtigung des zusätzlichen Rechenbedarfs problemlos möglich. Trotz des Kalibrieraufwandes bringt die Verwendung mehrerer Kameras deutliche Vorteile mit sich. Es kann im Allgemeinen ein größerer Arbeitsbereich aufgenommen werden. Ferner ermöglicht es, eine gezielte, detailliertere Beobachtung definierter Bereiche der Szene wie beispielsweise des Bewegungsbereiches des Arms. Einer der wichtigsten Vorteile ist allerdings das Einschränken der Selbstverdeckung einzelner Körperbereiche.

7.2.3 Posenbestimmung und Steuerung des Roboters

Die Steuerung des Roboters erfolgt durch Übertragung der Bewegungen des rechten Arms auf die einzelnen Gelenkstellungen des Industrieroboters entsprechend Abbildung 7.7. Die Bestimmung der Positionen der Merkmale wie Schulter, Ellbogen und Hand innerhalb des BKS aus Abbildung 7.5 erfolgt mit dem durch das ROS Paket openni_tracker[8] bereitgestellte OpenNI/NITE Skeletttracking Verfahren. Aus diesen Merkmalen lassen sich die Armvektoren $\mathbf{v}_O$ und $\mathbf{v}_U$ des Ober- und Unterarms als entsprechende Differenzvektoren berechnen. Es gelten demzufolge

$$\mathbf{v}_O = (x, y, z)_O^T = \frac{\mathbf{pos}_E - \mathbf{pos}_S}{\|\mathbf{pos}_E - \mathbf{pos}_S\|_2} \quad \text{und} \tag{7.1}$$

$$\mathbf{v}_U = (x, y, z)_U^T = \frac{\mathbf{pos}_H - \mathbf{pos}_E}{\|\mathbf{pos}_H - \mathbf{pos}_E\|_2} \tag{7.2}$$

mit $\mathbf{pos}_S$ als Position der Schulter, $\mathbf{pos}_E$ als Position des Ellbogens und dem Positionsvektor $\mathbf{pos}_H$ der Hand. Die Grundannahme für die den Roboter steuernde Person liegt in ihrer frontalen Ausrichtung zur Kamera, wobei sämtliche Winkeländerungen relativ zur ihrer Ausgangspose des Arms erfolgen. Die Rotation im ersten Gelenk Θ_1 ist in Abbildung 7.7a

---

[8]   http://wiki.ros.org/openni_tracker, Dezember 2017

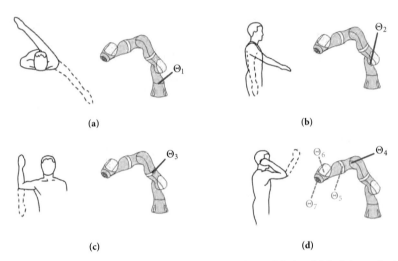

(a)   (b)

(c)   (d)

Abbildung 7.7: Zuordnung der sich aus der Pose des Arms ergebenen Gelenkwinkel des Roboters. (a-c) Darstellung für jeweils ein Gelenk. (d) Bewegungszuordnung für das Gelenk Θ_4 und Kennzeichnung der letzten drei Gelenke Θ_5 bis Θ_7.

dargestellt und wird definiert als der Winkel zwischen der x-Achse und des auf die xy-Ebenen des BKS projizierten Oberarmvektors, was zu der Gleichung

$$\Theta_1 = \text{atan2}(y_O, x_O) \tag{7.3}$$

führt. Aufgrund dieser Definition haben sowohl die Bewegungen im Schultergelenk als auch die Ausrichtungsänderung des Oberkörpers Einfluss auf Θ_1. Um den in Abbildung 7.7b dargestellten Winkel Θ_2 des zweiten Gelenks als

$$\Theta_2 = \text{atan2}(z'_E, x'_E) \tag{7.4}$$

zu bestimmen, ist die von den vorherigen Bewegungen unabhängige Darstellung des Oberarmvektors beziehungsweise der Position des Ellbogens $\mathbf{pos}_E$ als

$$\mathbf{pos}'_E = \begin{pmatrix} 0 & y_O & x_O & x_S \\ 0 & -x_O & y_O & y_S \\ 1 & 0 & 0 & z_S \\ 0 & 0 & 0 & 1 \end{pmatrix}^{-1} \cdot \begin{pmatrix} x_E \\ y_E \\ z_E \\ 1 \end{pmatrix} \tag{7.5}$$

mit $(x_S, y_S, z_S)^T = \mathbf{pos}_S$ und $(x_E, y_E, z_E)^T = \mathbf{pos}_E$ notwendig. Eine entsprechende Befreiung der Handposition von allen Bewegungen abgesehen von der Rotation um den

Oberarm für die Bestimmung des in Abbildung 7.7c gezeigten Winkels für das dritte Gelenk mit

$$\Theta_3 = \text{atan2}(y'_\text{H}, x'_\text{H}) \tag{7.6}$$

ergibt sich aus

$$\mathbf{pos}'_\text{H} = \begin{pmatrix} x_\text{X} & x_\text{Y} & x_\text{O} & x_\text{E} \\ y_\text{X} & y_\text{Y} & y_\text{O} & y_\text{E} \\ z_\text{X} & z_\text{Y} & z_\text{O} & z_\text{E} \\ 0 & 0 & 0 & 1 \end{pmatrix}^{-1} \cdot \begin{pmatrix} x_\text{E} \\ y_\text{E} \\ z_\text{E}+1 \\ 1 \end{pmatrix} \tag{7.7}$$

mit $(x_\text{Y}, y_\text{Y}, z_\text{Y})^\text{T} = \mathbf{v}_\text{Y} = \mathbf{v}_\text{O} \times \mathbf{v}_\text{U}$ und $(x_\text{X}, y_\text{X}, z_\text{X})^\text{T} = \mathbf{v}_\text{X} = \mathbf{v}_\text{Y} \times \mathbf{v}_\text{O}$.

Der Winkel Θ_4 definiert sich entsprechend Abbildung 7.7d als

$$\Theta_4 = \arccos\left(-\frac{\mathbf{pos}_\text{O} \cdot \mathbf{pos}_\text{U}}{\|\mathbf{pos}_\text{O}\|_2 \cdot \|\mathbf{pos}_\text{U}\|_2}\right). \tag{7.8}$$

Die Bestimmung der restlichen drei Gelenke Θ_5 bis Θ_7 basiert auf dem in Abschnitt 4.2 beschriebenen Verfahren für die Posenbestimmung der Hand mit Hilfe eines größenskalierbaren kinMod. Die Datenpunkte der Hand innerhalb des Handkoordinatensystems (HKS) ergeben sich aus einer Volumenfilterung der in diesiges projizierten Gesamtszene beider Kameras unter Verwendung eines definierten Würfels, dessen Mittelpunkt dem Koordinatenursprung des HKS und folglich der Position der Hand im WKS gleicht. Die Kanten des Würfels verlaufen parallel zu den Achsen des HKS, wobei die z-Achse dem Unterarmvektor $\mathbf{v}_\text{U}$ entspricht. Die x-Achse steht sowohl senkrecht auf der z-Achse des HKS als auch auf dem Oberarmvektor $\mathbf{v}_\text{O}$, woraus sich folglich die y-Achse als Ergänzung zum rechtshändigen KS definiert. Die Orientierung der Hand innerhalb des HKS korrespondiert direkt zu den fehlenden drei Gelenkwinkeln des Roboterarms.

Im Gegensatz zu Graßhoff et al. [GHKE16] erfolgt eine Erweiterung des Verfahrens unter Austausch der Posenbestimmung basierend auf dem OpenNI/NITE Skeletttracking durch den in Abschnitt 4.3 vorgestellten Ansatz, dem ein kinMod zu Grunde liegt. Als Vorteil ist hierbei anzusehen, dass die ermittelte vKP sämtliche Gelenkwinkel bereits enthält und diese entsprechend direkt auf den Roboter übertragen werden können. Ferner ist die Bewegung im ersten Gelenk nur noch von der korrespondierenden Bewegung im Schultergelenk und nicht mehr von der Ausrichtung des Oberkörpers im BKS abhängig.

7.2.4 Evaluation

Die Evaluation erfolgt bezüglich zweier Aspekte. Zum einen zeigt Abbildung 7.8 beispielhafte Resultate einer rein qualitativen Evaluation basierend auf der Einnahme verschiedenster

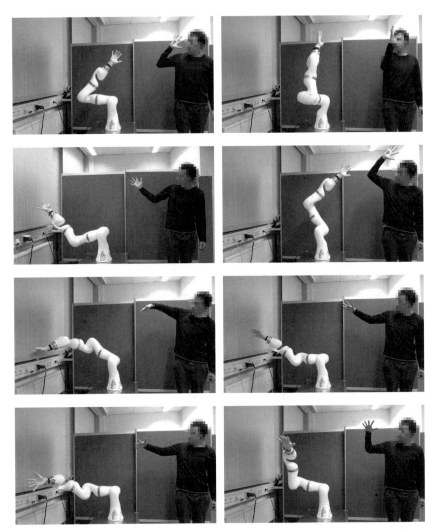

Abbildung 7.8: Beispielhafte Momentaufnahmen der Steuerung eines KUKA LBR iiwa durch Armbewegungen [GHKE16]. Die als Endeffektor angebrachte Gipshand dient lediglich der besseren Visualisierung der aktuellen Pose des Roboters.

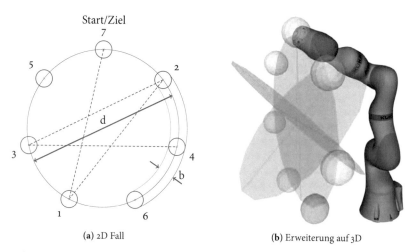

(a) 2D Fall   (b) Erweiterung auf 3D

Abbildung 7.9: Aufgabe der Evaluation der Steuerung eines Industrieroboters nach Soukoreff und MacKenzie [97].

Armposen und des rein visuellen Vergleichs zwischen der Stellung des Arms und der des Roboters.

Es ist zu erkennen, dass die Stellungen einander entsprechen und folglich eine korrekte Zuordnung zwischen den Gelenken von Arm und Roboter zeigen. Da der Roboter die an ihn übertragenen Gelenkwinkel mit einer höheren Genauigkeit anfahren kann, als diese bestimmt werden, entspricht die Genauigkeit des Verfahrens beziehungsweise der Bewegungsverfolgung durch den Roboter unter Beschränkung auf den Arbeitsraum, der Genauigkeit des für die Posenbestimmung genutzten Vorgehens.

Die gesamte Steuerung läuft mit der Kamerageschwindigkeit von 30 Hz und einer Latenz von rund 320 ms, die unter anderem auf die Kommunikation zwischen dem Computer, auf dem die Verarbeitung der Kamerainformationen inklusive der Posenbestimmung erfolgt, und dem Roboter über das TCP/IP Protokoll sowie auf die Glättung der Roboterbewegungen beziehungsweise die Trajektorienberechnung für den Roboter zurückzuführen ist.

Der Grundgedanke des Entwurfs einer Steuerung des Roboters basierend auf den Armbewegungen liegt in der Entwicklung einer intuitiven und leichter zu erlernenden Bedienungsschnittstelle für Industrieroboter. Aus diesem Grund erfolgt eine Evaluation der Bedienbarkeit unter Verwendung der ISO 9241-9 Norm und in Anlehnung an Soukoreff und MacKenzie [97] sowie ein Vergleich mit der Bedienung des Roboters mit Hilfe der SpaceNavigator 3D-Maus von 3Dconnexion.

Die der Evaluation zu Grunde liegende Aufgabe der Testpersonen lässt sich aus der in
Abbildung 7.9a für den zweidimensionalen Fall dargestellten Variante entsprechend Abbildung 7.9b für eine 3D-Anwendung ableiten und besteht demzufolge im sequentiellen
Anfahren von Endeffektorpositionen mit einem simulierten Industrieroboterarm in einer
definierten Reihenfolge, die dem zweidimensionalen Fall entspricht. Die Erweiterung für
den dreidimensionalen Raum erfolgt durch das Ersetzen der Kreise mittels Kugeln und
durch das Hinzufügen von mehreren Kreisebenen ausgehend von der ersten parallel zur
Rotationsachse des ersten Gelenks des Roboters gelegenen Ebene um $\pm 45°$. Je Kreisebene
werden sieben Kugeln in der durch den zweidimensionalen Fall gegebenen Reihenfolge
platziert. Dieses Vorgehen ist für die erste Ebene in Abbildung 7.9b verdeutlicht. Die Aufgabe eines Probanden besteht darin, ausgehend von der Start-Position den Endeffektor des
Roboters unter Berücksichtigung der gegebenen Reihenfolge schnellstmöglich innerhalb
der nächsten Kugel zu platzieren und durch Betätigung eines Knopfes das Erreichen der
Position zu bestätigen. Dabei ist je Durchlauf nur eine Kreisebene mit Kugeln gegeben,
wobei jeder Durchlauf mit der 3D-Maus und mittels der auf Armposen basierenden Steuerung des Roboters absolviert werden muss. Der Versuchsaufbau entspricht im Großen
und Ganzen dem in Abbildung 7.5 gezeigten Aufbau, wobei der Roboter nicht vorhanden
ist und oberhalb der Hauptkamera mit dem BKS ein Monitor platziert wird, auf dem die
Visualisierung der in Abbildung 7.10 dargestellten Simulation des Industrieroboters und
der anzufahrenden Ziele erfolgt.

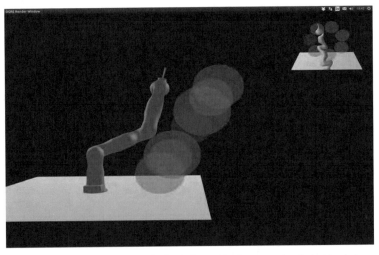

Abbildung 7.10: Robotersimulation für die Evaluation der Steuerung eines Industrieroboters.

Die Evaluation wurde mit Hilfe von sechs männlichen Probanden im Alter von 23 bis 26 Jahren durchgeführt, von denen alle Rechtshänder und zum Zeitpunkt der Tests bereits erfahren im Umgang mit Computern waren. Drei von ihnen hatten zudem bereits Erfahrungen mit 3D-Mäusen und wurden somit als erfahrene Nutzer klassifiziert, wohingegen für die restlichen Probanden eine Einstufung als Anfänger erfolgte. Jeder Proband bekam eine kurze Einführung in die Simulation und eine Erklärung der generellen Aufgabe. Ferner erfolgt eine grobe Beschreibung der Funktionsweise und Beschränkungen der Bewegungen und Arbeitsweise des Roboterarms. Im Anschluss konnte jeder Proband 5 min bis 10 min ohne Hilfe selbständig mit beiden Formen der Robotersteuerung üben, bevor er die Aufgaben mit beiden Steuerungsformen für die drei unterschiedlichen Kreisebenen in je fünf verschiedenen Schwierigkeitsstufen jeweils zweimal durchführte. Die Schwierigkeitsstufen sind nach dem jeweiligen Schwierigkeitsindex

$$ID = \log_2 \left(\frac{d}{b} + 1 \right) \tag{7.9}$$

bezeichnet und durch die unterschiedlichen Radien b der Kugeln von 21,9 cm, 16,9 cm, 13,3 cm, 10,6 cm und 8,6 cm gekennzeichnet, wohingegen der Radius der Kreisebene stets bei d = 70 cm und der Mittelpunkt 50 cm vor dem Roboter in einer Höhe von 60 cm ausgehend von dessem BKS lag. Anhand der Kugeldurchmesser ergeben sich die fünf Schwierigkeitsstufen 1,5, 1,75, 2,0, 2,25 und 2,5. Diese Werte mussten eingehalten werden, um den Arbeitsraum des Roboters nicht zu verlassen. Gemessen wurden sowohl die für ein Ziel bestätigte Position als auch die für das Anfahren benötigte Zeit. Insgesamt sind folglich 360 Durchläufe aufgezeichnet worden.

Der auf diesen Daten basierende Vergleich beider Steuerungsmöglichkeiten erfolgte nach Soukoreff und MacKenzie [97] mit Hilfe der Bestimmung des Durchsatzes TP mit

$$TP = \frac{1}{n} \sum_{i=1}^{n} \left(\frac{1}{m} \sum_{j=1}^{m} \frac{ID_{e_{ij}}}{MT_{ij}} \right) \tag{7.10}$$

mit der Anzahl an Probanden n, m als Anzahl der Durchläufe je Proband und der für einen Durchlauf benötigten Zeit MT. Ferner ist der Schwierigkeitsindex ID_e eines Probanden definiert als

$$ID_e = \log_2 \left(\frac{d}{b_e} + 1 \right) \tag{7.11}$$

mit b_e als effektiven zum Probanden korrespondierenden Zieldurchmesser, der sich als

$$b_e = 4{,}133 \cdot \sigma \tag{7.12}$$

definiert. In diesem Fall entspricht σ der Standardabweichung aller je Schwierigkeitsstufe aufgenommen, erreichten beziehungsweise korrekt bestätigten Zielpositionen.

Tabelle 7.1: Gemittelte Ergebnisse der Evaluation der Steuerung eines Industrieroboters mit Hilfe von Armbewegungen und einer 3D-Maus bezüglich des probandenspezifischen Schwierigkeitsindex ID_e nach ISO 9241-9 und Soukoreff und MacKenzie [97] im Vergleich.

	3D-Maus		
	Erfahrene Nutzer	Anfänger	Gesamt
TP	0,42	0,33	0,37
MT	$1,6 \cdot ID_e + 0,86$	$2,43 \cdot ID_e + 1,05$	$2,23 \cdot ID_e + 0,75$
	Armbewegungen		
	Erfahrene Nutzer	Anfänger	Gesamt
TP	0,47	0,41	0,44
MT	$2,57 \cdot ID_e - 0,25$	$2,77 \cdot ID_e - 0,12$	$2,82 \cdot ID_e - 0,33$

Tabelle 7.2: Gemittelte Ergebnisse der Evaluation der Steuerung eines Industrieroboters mit Hilfe von Armbewegungen und einer 3D-Maus bezüglich des durch die Definition der Aufgabe gegebenen Schwierigkeitsindex ID nach ISO 9241-9 und Soukoreff und MacKenzie [97] im Vergleich.

	3D-Maus		
	Erfahrene Nutzer	Anfänger	Gesamt
TP	0,74	0,55	0,65
MT	$1,26 \cdot ID + 0,21$	$2,26 \cdot ID - 0,57$	$1,76 \cdot ID - 0,18$
	Armbewegungen		
	Erfahrene Nutzer	Anfänger	Gesamt
TP	0,99	0,79	0,89
MT	$1,50 \cdot ID - 0,79$	$1,61 \cdot ID - 0,41$	$1,55 \cdot ID - 0,60$

Die Ergebnisse der Evaluation sind unter Berücksichtigung des durch Soukoreff und MacKenzie [97] vorgestellten, linearen Zusammenhangs der benötigten Zeit vom Schwierigkeitsindex

$$MT = a + c \cdot ID \tag{7.13}$$

in Tabelle 7.1 bezüglich des probandenspezifischen Schwierigkeitsindex ID_e und in Tabelle 7.2 bezüglich des durch die Definition der Aufgabe gegebenen Schwierigkeitsindex ID zusammengefasst. zusammengefasst. Es ist deutlich zu erkennen, dass sowohl die erfahrenen Nutzer mit 0,47 sowie 0,99 als auch die Anfänger mit 0,41 sowie 0,79 unter

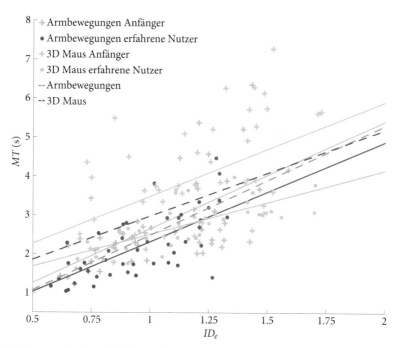

Abbildung 7.11: Resultate der Evaluation der Steuerung eines Industrieroboters. Gezeigt ist die benötigte Zeit eines Durchlaufs MT in Abhängigkeit von dem probandenspezifischen Schwierigkeitsindex ID_e und jeweils die in die Daten gelegten Geraden.

Verwendung der Armbewegungen für die Steuerung des Roboters einen höheren Durchsatz erreichen als mit der 3D-Maus, mit der es 0,42 sowie 0,74 beziehungsweise 0,33 sowie 0,55 waren. Dies wird weiterhin in Kombination mit den in Abbildung 7.11 und Abbildung 7.12 abgetragenen Daten und den sich daraus ergebenen Geraden verdeutlicht. Die zu der Steuerung mit Armbewegungen korrespondierenden Geraden liegen in den sowohl Bereichen der sich aus diesem Versuch ergebenden probandenspezifischen Schwierigkeitsindizes als auch den durch die Definition der Aufgabe gegebenen Schwierigkeitsindizes unterhalb der der 3D-Maus.

Die Resultate der Evaluation zeigen, dass die Steuerung eines Roboters mit Hilfe der Armbewegungen basierend auf dem unter anderem im Rahmen dieser Arbeit entwickelten Verfahren eine intuitive Alternative zu herkömmlichen Standardeingabegeräten wie zum Beispiel einer 3D-Maus darstellt.

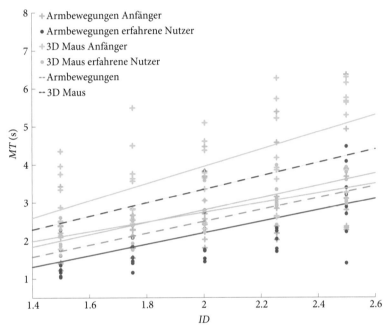

Abbildung 7.12: Resultate der Evaluation der Steuerung eines Industrieroboters. Gezeigt ist die benötigte Zeit eines Durchlaufs *MT* in Abhängigkeit von dem Schwierigkeitsindex *ID* und jeweils die in die Daten gelegten Geraden.

7.2.5 Steuerung einer Roboterhand

Das im vorherigen Abschnitt beschriebene Vorgehen für die Interaktion mit einem Industrieroboter ermöglicht in Kombination mit der Gestenerkennung aus Abschnitt 7.1.1 die Steuerung eines eventuellen Endeffektors in Form definierter Reaktionen in Folge von Handgesten. Die Präsentation einer offenen Hand führt demnach zum Öffnen des Greifers, wohingegen das Schließen durch eine Faustbildung ausgelöst wird. Ein weiterführendes Ziel der Entwicklung des Verfahrens zur Bestimmung der vHPs mit Hilfe eines kinMod war unter anderem das Ermöglichen einer kontinuierlichen, stufenlosen Steuerung von roboterisierten Händen wie beispielsweise der Shadow Dexterous Hand™[9] der Shadow Robot Company aus London, deren Freiheitsgarde beinahe denen der menschlichen Hand entsprechen. Die Grundlage dafür bildet die Bestimmung sämtlicher Winkel der Fingergelenke gefolgt von einer direkten Weiterleitung an die Roboterhand.

---

[9]   https://www.shadowrobot.com/products/dexterous-hand, Dezember 2017

Entwurf und Fertigung des Demonstrators

Kommerzielle Roboterhände sind für reine Demonstrationszwecke deutlich zu teuer, was mitunter als ein Anlass für die Entwicklung zweier prototypischer, roboterisierter Hände als Demonstrationswerkzeug für die Posenbestimmung der Hand gilt. Der Entwurf erfolgt mit einer 3D-CAD-Software unter der die Mindestgröße definierenden Bedingung der Steuerung der Gelenkwinkel mit Hilfe von in die Gelenke eingesetzten, analogen ES-07 Modelcraft Micro-Servomotoren. Der Bewegungsumfang der Hände soll den mit dem kinMod bestimmten DOFs entsprechen. Folglich sind je Finger vier DOFs abzudecken, wobei sich die Rotationsachse der Ab- und Adduktionsbewegungen im MCP mit der der Flexion und Extension in einem Punkt schneidet, was mit Hilfe einer kugelgelagerten Übertragung der Bewegung des die Ab- und Adduktion beeinflussenden Servos realisiert wird. Der Entwurf sämtlicher Einzelkomponenten wie der Fingerglieder und des Handballens beziehungsweise Handkörpers erfolgt separat.

Ein 3D-Modell des ersten Prototypen ist in Abbildung 7.13 dargestellt. Sowohl die korrespondierenden Fingerzwischenglieder als auch die Fingerendglieder aller Finger sind identisch. Ein entsprechender in den Abbildungen 7.13c bis 7.13f gezeigter Finger besteht somit aus vier Gliedern inklusive des das MCP beherbergenden Standfußes, der die beiden Servos für das MCP beherbergt und zur Montage des Fingers am Handkörper dient. Die einzelnen Glieder wurden mit einer CNC Fräse aus einer Protex Hartschaumplatten gefertigt. In den einzelnen Fingerzwischengliedern sind die Servos eingelassen. Die Ansteuerung der Analogservos eines Fingers erfolgt mit Hilfe eines ATmega Mikrocontrollers, der über die I²C Schnittstelle die entsprechenden Gelenkstellungen empfängt und als PWM-Signal (Pulsweitenmodulation) an den Servo weitergibt. Einer der fünf Mikrocontroller dient als Master, kommuniziert über die serielle Schnittstelle mit dem die Posenbestimmung realisierenden Computer und sendet die einem Finger zugeordneten Gelenkstellungen an den zuständigen Slave weiter. Jeder ATmega und die für die Ansteuerung sowie Kommunikation benötigten peripheren Schnittstellen befinden sich auf der eigens für diesen Zweck entworfenen, industriell gefertigten und selbst bestückten Platine.

Die Abmessungen des Demonstrators überschreiten mit einer Länge von rund 27 cm und einer Breite der Handfläche von 15 cm deutlich die Dimensionen einer menschlichen Hand, was jedoch für das Anwendungsziel, der Visualisierung der Posenbestimmung der menschlichen Hand nicht von Bedeutung ist.

In Rahmen des in Abbildung 7.14 dargestellten Neudesigns der Roboterhand erfolgt die Anpassung an die Proportion der Hand. Die einzelnen Fingerglieder werden hierfür parametrisiert und mit Hilfe eines 3D-Druckers gefertigt. Ferner erfolgt die Ansteuerung der einzelnen Servo Motoren mit einem Arduino MEGA und einem entsprechenden Sensor Shield. Die Ausmaße der Hand belaufen sich auf eine Länge von rund 32 cm und eine Breite der Handfläche von rund 15 cm.

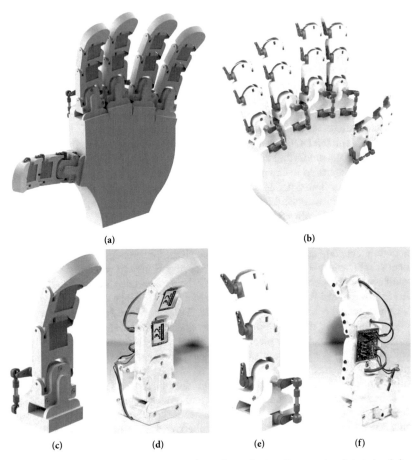

Abbildung 7.13: Erster aus einer Protex Hartschaumplatte gefertigter Prototyp einer Roboterhand als Demonstrator für die Posenbestimmung. (a) Vorderansicht des 3D-CAD-Modells der gesamten Hand. (b) Rückansicht des 3D-CAD-Modells der Hand. (c) Vorderansicht des 3D-CAD-Modells eines Fingers. (d) Vorderansicht eines gefertigten Fingers. (e) Rückansicht des 3D-CAD-Modells eines Fingers. (e) Rückansicht eines gefertigten Fingers.

Die korrekte Funktionsweise in Kombination mit der Posenbestimmung konnte durch qualitative Evaluationen gezeigt werden. Ferner erfolgte der Einsatz zum Zwecke der Veranschaulichung der Resultate der Posenbestimmung im Rahmen verschiedenster Demonstrationen.

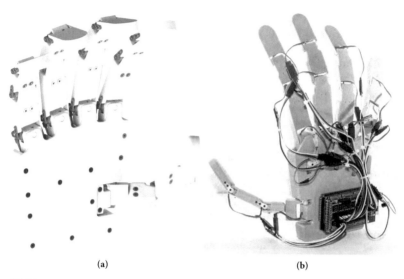

(a)   **(b)**

Abbildung 7.14: Zweiter in einem 3D-Druck Verfahren hergestellter Prototyp einer Roboterhand (a) als 3D-CAD-Modell und (b) in gefertigter Form.

7.3 Mensch-Roboter-Interaktion in der mobilen Robotik

Dieser Abschnitt präsentiert eine MRIS für nicht notwendigerweise mobile Roboter auf Basis der in dieser Arbeit vorgestellten Verfahren für die Posenbestimmung der Hand und des Körpers. Es erfolgt eine Evaluation dieser Schnittstelle anhand einer beispielhaften, auf dieser MRIS aufbauenden Anwendung zur Interaktion mit dem in seiner Umgebung navigierenden mobilen Roboter „PeopleBot" [73].

Der Großteil der in diesem Abschnitt vorgestellten Vorgehensweise wurde in [EB16] publiziert.

7.3.1 Anwendungsbeschreibung und Motivation

Wie die im vorherigen Abschnitt 7.2 beschriebene Steuerung eines Industrieroboters auf Basis von mit Hilfe einer Tiefenbildkamera verfolgten Armbewegungen zeigt, ist das Anwendungsgebiet für entsprechende Kameras und die Posenbestimmung nicht nur auf den Bereich der MCI beschränkt, sondern findet gerade für Anwendungen in der Robotik immer mehr Anklang. Statt mit teuren Laserscannern sind mobile Roboter heutzutage oft mit RBG-D Kameras ausgestattet und erstellen beispielsweise auf Basis der Informationen dieser Sensoren Karten von ihrer Umgebung oder verwenden diese für die Navigation [2]. Es liegt somit nahe, den Robotern ein zusätzliches Verständnis für ihre Umgebung zu geben, indem sie Menschen nicht nur erkennen, sondern auch ihre Intentionen interpretieren können, was den Weg für verschiedenste MRI Anwendungen ebnet.

Roboter könnten als Führer in Museen eingesetzt werden und die Besucher nicht nur begrüßen, sondern auch führen und auf diese reagieren. Auch im Bereich der Altenpflege sind mobile Roboter für die tägliche Unterstützung denkbar. Lagerhallen werden gerade im Zuge der unter Industrie 4.0 bekannten industriellen Weiterentwicklung mehr und mehr automatisiert. Fahrerlose Transportfahrzeuge übernehmen bereits heute einen Großteil der Arbeit. Die als Ziel gesetzte Dezentralisierung der Steuerung der Transportsysteme führt unter anderem dazu, dass sich diese in denselben Umgebungen wie der Mensch bewegen, was interaktive Steuerungsmöglichkeiten der Roboter durch den Menschen erfordert [98]. Diese können beispielsweise auf Basis von Gesten realisiert werden, die als Interaktionsform für die MMI unter anderem Gegenstand des unter Beteiligung des Instituts für Technische Informatik der Universität zu Lübeck durchgeführten Forschungsprojektes „FTF out of the box" war, welches durch das Bundesministerium für Wirtschaft und Technologien im Rahmen des Technologieprogramms Autonomik 4.0 gefördert wurde [99].

All diese Anwendungen erfordern effiziente, echtzeitfähige Ansätze für die Detektion und Posenbestimmung des Menschen auf Basis der Sensorik des Roboters wie einer RGB-D-Kamera, die auf dem Steuerungsrechner zudem parallel zur restlichen Steuerungs- und Navigationssoftware betrieben werden können. All diese Voraussetzungen sind bei der im Folgenden präsentierten MRIS gegeben.

7.3.2 Mensch-Roboter-Interaktionsschnittstelle

Für die Realisierung der gewünschten Funktionalität der MRIS in Form der gestenbasierten Interaktion des Menschen mit dem mobilen Roboter sind vier Hauptaufgaben identifizierbar. Zum einen müssen Personen in der aktuellen Szene gefunden, mit denen des vorherigen Bildes abgeglichen und für die aktive mit dem Roboter interagierende Person die korrespondierende Punktwolke bestimmt werden. Diese bildet die Grundlage für die zweite Aufgabe in Form der Posenbestimmung des Menschen. Basierend auf der Körperpose erfolgt im dritten Schritt die Bestimmung der Datenpunkte der Hand und die entsprechende Posenbestimmung. Als letzte Aufgabe ergibt sich die Gestenerkennung, die als Basis für die Steuerung des Roboters dient. Alle diese Schritte werden nachfolgend erläutert.

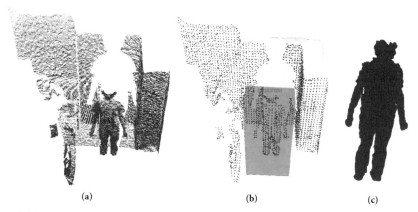

(a) (b) (c)

Abbildung 7.15: Bestimmung der Punktwolke des Körpers mit Hilfe der Szenenanalyse. (a) Punktwolke der Ausgangsszene. (b) Voxel Grid gefilterte Szene mit den die Objekte umschließenden Boxen. (c) Resultierende Punktwolke der Person. Die Abbildungen teilweise [EB16] entnommen.

Die Bestimmung möglicher, sich in der Szene befindliche Personen repräsentierender Punktwolken erfolgt auf Basis der von Munaro et al. vorgestellten Ansätze aus [100] und [101], der in dieser Arbeit in adaptierter Form als sogenannte *Szenenanalyse* Verwendung findet und dessen Hauptschritte mit den vorgenommenen Änderungen präsentiert werden. Die Entwicklung dieser MRIS erfolgte teilweise im Rahmen einer Masterarbeit [Bra15].

Das Verfahren wird für jedes Bild separat, unabhängig vom vorherigen angewendet und die detektierten Menschen mit den eventuell in vorhergehenden Bildern gefundenen Personen abgeglichen. Der Grundgedanke liegt in der Annahme, dass sich Personen aufrecht auf dem Fußboden bewegen. Als Ausgangspunkt dient die Punktwolke der aktuell mit der Kamera aufgenommenen Szene, wie sie beispielhaft in Abbildung 7.15a gezeigt ist, und die Annahme, dass die z-Achse der Kamera in etwa horizontal beziehungsweise parallel zum Fußboden ausgerichtet ist. Nach einer Voxel-Grid Filterung, bei der die Daten durch Zusammenfassen nahe gelegener Punkte zu einem Repräsentanten für ein definiertes Volumen reduziert werden, folgt das Entfernen aller zum Fußboden gehörenden Datenpunkte der reduzierten Punktwolke, die als Grundlage für weitere Schritte dient. Zu diesem Zweck wird mit Hilfe eines RANSAC Algorithmus eine Grundebene ermittelt, die auf allen Datenpunkten, die nicht höher gelegen sind als 30 cm oberhalb des tiefsten Punktes, basiert. Das Verfahren wird aufgrund empirischer Erfahrungen nur angewendet, wenn diese Bedingung für mindestens 1/30 aller und nicht weniger als drei Punkte erfüllt ist. Alle Datenpunkte unterhalb der so ermittelten, den Fußboden repräsentierenden Ebene werden aus der Punktwolke entfernt. Das Resultat der Voxel-Grid Filterung und der Entfernung des Fußbodens ist in Abbildung 7.15b dargestellt. Nachfolgend realisiert ein euklidisches Clustering die Bestimmung aller zu einem Objekt gehörenden Datenpunkte. Da ein Objekt aufgrund von gegenseitigen Verdeckungen in mehrere vorwiegend horizontal separierte Punktwolken zerteilt sein kann, werden Objekte, deren Koordinanten entsprechend einer Projektion auf die Grundebene nahe beieinander liegen oder sich gar überlappen, zu einem Objekt vereint. Jede so bestimmte Punktwolke wird als eigenständiges Objekt angesehen und könnte potentiell eine Person repräsentieren. Da von stehenden Personen ausgegangen wird, kann eine Filterung anhand der Dimension der einzelnen Punktwolken erfolgen, um zu große oder zu kleine Objekte zu eliminieren. Alle verbleibenden Punktwolken werden auf Basis der resultierenden Konfidenzwerte eines auf den zu den Objekten korrespondierenden Bereichs des RGB-Bildes arbeitenden, vortrainierten HOG-Klassifikators weiter gefiltert. Die im Anschluss noch vorhandenen Objekte erhalten je eine sie umschließende Box und sind als Personen anzusehen. Abbildung 7.15b zeigt die die Objekte umschließenden Boxen mit den entsprechenden Konfidenzwerten, wobei nur die rote Box einen positiven Wert aufweist und somit als einzige als Mensch identifiziert wird. Um möglichst viele Informationen zu erhalten, erfolgt eine Übertragung der umschließenden Boxen auf die dichtere Ausgangspunktwolke und alle von ihr umschlossenen Punkte werden dem Objekt zugeordnet. Abbildung 7.15c zeigt eine aus der Szenenanalyse resultierende Punktwolke. Sollten sich mehrere Personen innerhalb der Szene befinden, werden diese unter anderem anhand ihrer Positionen aus den vorherigen Bildern gemäß Ehlers et al. [EB16] einander zugeordnet. Dieser Zuordnung liegt die Annahme zu Grunde, dass die mit dem System interagierenden Personen diesbezüglich örtlich trennbar sind und nicht zu nahe beieinander stehen. Im Gegensatz zu dem ursprünglichen Verfahren wird der von Muanro et al. in [101] genutzte Ansatz zum Detektieren von Personen, die innerhalb einer Gruppe dicht beieinander stehen, nicht verwendet. Dieser ist für die Anwendungen dieser Arbeit kontraproduktiv und würde beispielsweise dazu führen, dass Teile des Körpers wie eine gehobene Hand fälschlicherweise als Kopf einer eigenständigen Person erkannt werden und entsprechend Abbildung 7.16a in einer zu schmalen, die Person umschließenden Boxen resultieren. Ein entsprechendes Resultat zeigt Abbildung 7.16b. Dieses Problem tritt in Abbildung 7.16c entsprechend nicht mehr auf. Eine weitere Situation, die zu fehlenden Datenpunkten führen würde, ist eine Haltung, in der die Arme wie in Abbildung 7.16d in Richtung Kamera ausgestreckt sind und teilweise außerhalb der Box liegen. In diesem Fall, kann das euklidische Clustering nicht alle zum Körper gehörenden Punkte vereinen, da die Distanzen untereinander zu groß sind. Um dieses Problem zu umgehen, werden eventuelle im vorherigen Bild bestimmte Körperposen genutzt und ausgehend von den Positionen der Hände jeweils zusätzlich ein euklidisches Clustering oder lediglich eine Volumenfilterung durchgeführt, sollten die Arme ausgestreckt sein. Das Resultat dieses Vorgehens zeigt Abbildung 7.16e. Ein wichtiger Vorteil dieses Ansatzes ist, dass er selbst bei einer bis zu einem gewissen Grade geneigten Kamera funktioniert.

Sollte noch keine als aktiv bezüglich der Interaktion mit dem Roboter gekennzeichnete Person vorhanden sein, reagiert dieser auf die Gesten der sich ihm am dichtesten befindlichen Person. Diese wird solange als aktive, mit dem Roboter interagierende Person

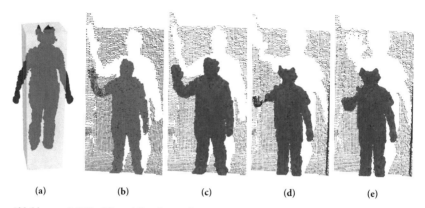

(a)   (b)   (c)   (d)   (e)

Abbildung 7.16: Fehlerfälle und Korrekturen der Bestimmung der Punktwolke des Körpers mit Hilfe der Szenenanalyse. (a) Zu schmale die Person umschließende Box. (b) Der gehobene Arm wurde fälschlicherweise als Kopf einer anderen Person angesehen und folglich nicht den Daten der Punktwolke zugeordnet. (c) Resultat nach dem Entfernen der Erkennung des Kopfes nahe beieinander stehender Personen. (d) Die Datenpunkte aus der Box herausragender Hände fehlen in der Punktwolke. (e) Resultat nach der Berücksichtigung der Posen aus dem vorherigen Bild. Die Abbildungen teilweise [EB16] entnommen.

angesehen, bis sie die Szene verlässt oder über eine Geste die Steuerung an eine weitere Person übergibt.

Die nachfolgenden Schritte zwei bis vier sind in Abbildung 7.17 zusammenfassend dargestellt. Da für diese Anwendung lediglich Handgesten und die Richtung eines ausgestreckten Arms benötigt werden, erfolgt die Bestimmung der Körperpose der aktiven Person zu Gunsten der Effizienz lediglich mit Hilfe des in Abschnitt 3.2.4 vorgestellten sSOM-Ansatzes, der für dieses Problem ausreichend ist und in alleiniger Form Rechenbedarf gegenüber des gesamten Verfahrens bestehend aus beiden SOMs und dem kinMod spart. Um unbeabsichtigte Interaktionen mit dem Roboter zu vermeiden, erfolgen die Handposenbestimmung- und -gestenerkennung nur unter der Voraussetzung einer sich ausgehend vom Zentrum des Torsos in einem definierten Volumen vor dem Körper befindlichen Hand. Es wird die Annahme getroffen, dass eine Person mit der Absicht der Interaktion mit dem Roboter diesen ansieht und sowohl die Vorderseite als auch die Handfläche zur sich auf dem Roboter befindlichen Kamera gerichtet sind. Am Beispiel der Interaktion mit der rechten Hand erfolgen die weiteren Schritte nur, sollte sich diese mehr als 30 cm vor, 30 cm oberhalb und 20 cm rechts neben dem Zentrum des Oberkörpers befinden. Zudem unterliegen die Punkte der Hand einer Distanzbeschränkung bezüglich der Kamera von maximal 1,4 m, da die Punktwolke bei größeren Entfernungen zunehmend unstrukturierter wird und eine Unterscheidung zwischen den Daten einzelner Finger schwer möglich ist. Entsprechend Abschnitt 2.3 ergibt sich die Punktwolke der Hand

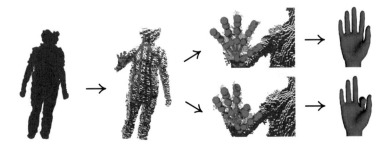

Abbildung 7.17: Teilschritte der Posenbestimmung und Gestenerkennung der Mensch-Roboter-Interaktionsschnittstelle für einen mobilen Roboter.

ausgehend von der Handposition aus allen sich innerhalb einer Kugel um das Handzentrum mit einem Radius von 20 cm befindlichen Datenpunkten. Für die Bestimmung der vHP findet in der finalen Version des MRIS das kinMod aus Abschnitt 4.2.3 Verwendung. Das Resultat der in Abschnitt 4.2.5 präsentierten Handgestenerkennung bildet in Form der ermittelten Geste die Ausgabe der MRIS, auf Basis derer Reaktionen des Roboter implementiert werden können.

7.3.3 Evaluation

Zum Zwecke der Evaluation erfolgt die Implementierung einer Anwendung der MRIS für den in Abbildung 7.18a gezeigten mobilen Roboter „PeopleBot" und die testweise mehrfache Interaktion zweier Probanden mit diesem.

Der „PeopleBot" ist mit einem Laserscanner der Firma SICK[10], einer ASUS Xtion PRO LIVE RGB-D-Kamera und einem Standard-Notebook mit einer 2,80 GHz Intel Core i7-2640M CPU ausgestattet. Die gesamte MRIS wurde in das Roboterbetriebssystem ROS integriert, dessen Pakete für die Ansteuerung des Roboters, die Kartenerstellung der Umgebung, die Lokalisation und die Navigation des Roboter genutzt werden[11].

Durch manuelle Steuerung des Roboters wird mit Hilfe des gmapping[11] ROS-Pakets auf Basis der Informationen des Laserscanners eine 2D Occupancy Grid Karte der Umgebung erstellt, in der der Roboter autonom zu definierten Zielpositionen unter Verwendung des amcl[11] ROS-Pakets navigieren kann. Der Fokus liegt auf der Evaluation der entwickelten MRIS, weshalb die genannten Pakete ohne eventuelle Optimierungen Verwendung fin-

---

[10]   https://www.sick.com, Januar 2018
[11]   http://wiki.ros.org/{ROSARIA,gmapping,amcl}, Januar 2018

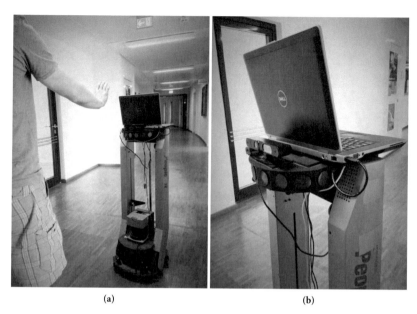

(a) (b)

Abbildung 7.18: (a) Interaktion einer Person mit dem mobilen Roboter „PeopleBot". (b) Detailansicht des Aufbaus des „PeopleBot" mit Kamera und Steuerungsrechner.

den. Die MRIS arbeitet auf dem Notebook parallel zur Lokalisierung, Navigation und Steuerungssoftware.

Während der Navigation zu einer Zielposition oder des Stillstands des Roboter ist es einer Person möglich, mit dem „PeopleBot" zu interagieren, indem sie das Sichtfeld des Roboters beziehungsweise der Kamera betritt, als aktiv erkannt wird und eine Geste präsentiert. Eine entsprechende Szene aus Kamerasicht ist in Abbildung 7.19a dargestellt. Es ist deutlich zu erkennen, dass die Skalierungsfähigkeit des sSOM-Ansatzes dieser Anwendung zu Gute kommt, denn obwohl die Positionen der Beine fehlerhaft bestimmt werden, hat das keinen beeinträchtigenden Einfluss auf die restliche Posenbestimmung. Für die Evaluation wurde folgende Funktionalität implementiert: Die Präsentation der DZMRK-Geste mit der rechten Hand stoppt den Roboter und den aktuellen Navigationsprozess. Die ZMRK-Geste löst das sogenannte Heimkehren des Roboters aus, welches der Navigation zu einer festgelegten Basisposition entspricht. Es ist möglich, den „PeopleBot" zu einer beliebigen Position auf der Karte zu schicken, indem die DMRK mit dem Deuten des linken Arms auf die gewünschte Position kombiniert wird. Die Zielposition im KKS ergibt sich aus dem Schnittpunkt der durch Schulter- und Handknoten definierten Gerade mit dem Fußboden. Um die Navigation zu ermöglichen, muss die Zielposition in die 2D Karte transformiert

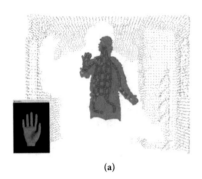
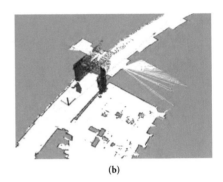

(a)   (b)

Abbildung 7.19: (a) Interaktion mit dem Roboter aus Sicht der Kamera. Es sind die 3D-Szene in Form einer Punktwolke und die bestimmten Körper- und Handposen, sowie die erkannte Geste visualisiert. (b) Kombination der 2D und 3D-Information der Navigation und Interaktion mit dem „PeopleBot".

werden. Der Navigationsprozess und die Kombination der 3D-Daten mit der 2D Karte sind in Abbildung 7.19b visualisiert.

Für die Evaluation wurden zwei Probanden gebeten, nach einer kurzen Einweisung in das System und die möglichen Kommandos, den Roboter zu steuern. Beide Probanden hatten zu diesem Zeitunkt noch keine Erfahrungen mit dem Bereich der gestenbasierten MRI.

Die quantitative Evaluation basiert auf zwei Szenarien, in denen die Probanden bis auf die Reaktion des Roboters wie das Stoppen oder Losfahren keinerlei Rückmeldungen vom System bekamen. Als Kriterium der Evaluation werden die erfolgreichen Interaktion ins Verhältnis zu den Interaktionsversuchen gesetzt.

Im ersten Szenario wurden die Probanden gebeten, den Roboter zu seiner Basisposition zu schicken und ihn während der Navigation mehrfach anzuhalten und erneut loszuschicken. Von diesem Versuch wurden für drei Durchläufe die Daten in Form der Tiefen- und RGB-D-Bilder sowie der Karte und der Position des Roboters aufgenommen, mehrfach abgespielt und von der MRIS verarbeitet. Es erfolgte eine manuelle Annotation jeder Sequenz. Von den insgesamt 85 Interaktionsversuchen waren 65 erfolgreich, wobei anzumerken ist, dass lediglich in vier der 19 erfolglosen Interaktionsversuchen die Ursache in der MRIS zu suchen war. Bei den restlichen 15 Versuchen war die Distanz zwischen Roboter und der Person zu groß oder der Roboter war aufgrund der Navigation in einem Rotationsprozess nicht zu stoppen und verlor die Person aus dem Sichtfeld. Da die Ursache in den unveränderten Navigationspaketen von ROS zu suchen ist, sind lediglich die vier Versuche als fehlerhafte Interaktion anzusehen und die restlichen 15 aus der Versuchsreihe herauszurechnen. Folglich ergibt sich eine Fehlerrate von 6,2 % beziehungsweise einer Erfolgsrate von 93,8 %, was die gute Nutzbarkeit der MRIS verdeutlicht.

Das zweite Szenario basiert auf dem Senden des stehenden Roboters zu einer gewünschten Position. Nach dem Beenden der Navigation wurden die Probanden gebeten, die Korrektheit der Position anzugeben; ob der Roboter an die gewünschte Position gefahren ist oder nicht. In allen Fällen wurden die erreichten Positionen als korrekt identifiziert, was zeigt, dass auch diese Funktionalität als Kombination der Körper- und Handpose beziehungsweise Geste für Anwendungen nutzbar ist.

Die gesamte MRIS wird parallel zu den Lokalisations-, Navigations- und Steuerungsprozessen mit 15 fps ausgeführt, was noch der Echtzeit entspricht. Zusätzliche Tests zeigen, dass der Großteil der Rechenleistung nicht für die Posenbestimmung, sondern die restlichen Prozesse inklusive der Bestimmung der zu einer Person korrespondierenden Punktwolke verwendet wird. Ferner beträgt die maximale zwischenzeitliche Bildrate der Kamera 24 fps und ist als limitierender Faktor für die Rate der Posenbestimmungsprozesse anzusehen.

7.4 Mensch-Roboter-Interaktion mit einem humanoiden Roboter

In diesem Abschnitt wird eine MRIS für den humanoiden Roboter „Pepper" basierend auf der Posenbestimmung des menschlichen Körpers vorgestellt. Es erfolgt die Implementierung zweier beispielhafter durch die MRIS ermöglichter Anwendungen. Ein Großteil der in diesem Abschnitt vorgestellten Methoden und Anwendungen wurde im Rahmen einer Masterarbeit entwickelt [Jon17].

7.4.1 Motivation und Anwendungsbeschreibung

Humanoide Roboter dringen mehr und mehr in das tägliche Leben des Menschen vor. Roboter wie „Pepper" aus Abbildung 7.20a der Firma SoftBank Robotics[12] werden unter anderem als Führer in Museen, auf Messen oder in Geschäften nicht nur zur Begrüßung, sondern als generelle Ansprechpartner von Kunden eingesetzt. Es existieren bereits Geschäfte für Mobiltelefone, in denen ausschließlich „Pepper"-Roboter als Verkäufer dienen[13]. Durch diesen vermehrten Kontakt zwischen Mensch und Roboter gewinnt die MRI an Bedeutung. Viele Anwendungen in diesem Bereich basieren auf starr einprogrammierten Dialogen. Um den Robotern autonomere und situativere Verhaltensweisen zu ermöglichen, ist es nicht nur notwendig, dass diese ihre Umgebung wahrnehmen und sich darin bewegen können, vielmehr sollten sie in der Lage sein, ihre Umgebung zu analysieren und

---

[12] https://www.ald.softbankrobotics.com/en/robots/pepper, Januar 2018
[13] https://blogs.wsj.com/japanrealtime/2016/01/28/softbank-to-staff-mobile-phone-storewith-pepper-robots, Januar 2018

beispielsweise sich darin befindliche Menschen zu erkennen und gar ihre Absichten zu deuten.

Eine Grundlage entsprechender Fähigkeiten bildet die menschliche Pose und deren Bestimmung. In Szenarien, in denen der Roboter an eine gewünschte Position fahren oder lediglich das Winken der Hand zur Begrüßung erkennen soll, muss die Pose ermittelt und interpretiert werden können. Aus diesem Grund wird nachfolgend eine entwickelte MRIS für „Pepper" vorgestellt. Sie ermöglicht es, die Pose des Menschen aus der Szene zu extrahieren und zu analysieren. Ein Hauptkriterium entsprechender Schnittstellen ist die Echtzeitfähigkeit, die im Rahmen dieser Arbeit als das Verarbeiten aller von der Kamera gelieferten Bilder und die direkte, verzögerungsfreie Reaktion auf die ermittelten Informationen mit der Bildrate der Kamera von 30 fps jedoch mindestens 15 fps definiert ist. Die untere Schranke der Echtzeitfähigkeit ist durch die Nutzbarkeit beziehungsweise der verzögerungsfreien Interaktion mit dem Roboter gegeben.

Als beispielhafte Anwendungen erfolgen die Implementierung eines Imitaionsverhaltens der Armbewegungen und die Reaktion auf Gesten mit definierten Verhaltensweisen. Ferner werden eine qualitative Evaluation der generellen Funktionsweise und eine quantitative Evaluation der Echtzeitfähigkeit durchgeführt.

7.4.2 Der humanoide Roboter „Pepper"

Die im nachfolgenden Abschnitt 7.4.3 vorgestellte MRIS ist speziell für den humanoiden Roboter „Pepper" aus Abbildung 7.20a konzipiert. Er wurde ursprünglich von der Firma Aldebaran entwickelt, die im Jahre 2015 vom heutigen Hersteller, der japanischen Firma SoftBank Robotics, übernommen wurde[14,15].

Der Roboter besitzt eine Vielzahl an Sensoren wie Mikrophone, zwei RGB-Kameras und eine 3D-Tiefenbildkamera im Kopf, einem 3-Achsen Gyroskop und einem 3-Achsen Beschleunigungssensor sowie zwei Infrarot- und zwei Ultraschall-Distanzsensoren und sechs Linienlasersensoren. Ferner sind diverse Bumper und taktile Sensoren verarbeitet.

Die Aktorik für die Ausgabe beläuft sich auf LEDs im Kopf- und Augenbereich, Lautsprecher sowie einem Tablet auf der Brust. Ferner besitzt „Pepper" drei Räder für die Fortbewegung sowie diverse Motoren für die Bewegung sämtlicher Gelenke. Zusätzlich zur Drehung und Neigung des Kopfes ist es ihm möglich, die Hände zu schließen und die Arme zu bewegen, die eine dem menschlichen Arm ähnliche Kinematik aufweisen. Da gerade die Armbewegungen für die in Abschnitt 7.4.4 vorgestellte Beispielanwendung der

---

[14]   https://www.ald.softbankrobotics.com/en/press/press-releases/aldebaran-becomessoftbank-robotics, Januar 2018

[15]   https://www.ald.softbankrobotics.com/en/press/press-releases/softbank-increases-itsinterest, Januar 2018

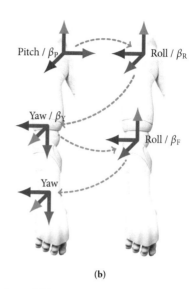

(a)   (b)

Abbildung 7.20: (a) Der humanoide Roboter „Pepper" (b) Freiheitsgrade des rechten Arms mit der Namenskonvention des Herstellers[16]. Ferner sind die für die Imitation der Armbewegungen relevanten, zu den Gelenkwinkeln korrespondierenden Variablen benannt. Als Rotationsachse dient jeweils die z-Achse (➜), die zusammen mit der x-Achse (➜) und der y-Achse (➜) ein rechtshändiges KS bildet.

Imitation von Bedeutung sind, gibt Abbildung 7.20b einen detaillierteren Überblick über die entsprechenden DOFs der Arme.

Für die Steuerung des kompletten Roboters findet ein Intel Atom E3845 Prozessor mit einer 1,91 GHz CPU mit vier Kernen und 4 GB DDR3 RAM Verwendung.

7.4.3 Mensch-Roboter-Interaktionsschnittstelle

Die grundlegenden Funktionalitäten der MRIS sind die Detektion des Menschen innerhalb der aktuellen Szene, die Bestimmung der korrespondierenden 3D-Punktwolke sowie die Posenbestimmung des Körpers gefolgt von der Erkennung von Körpergesten, die in Kombination mit den bestimmten vKPs die Ausgabe der MRIS definieren.

Der für die Detektion des Menschen und der Bestimmung der korrespondierenden Punktwolke genutzte Ansatz basiert auf einer *Gesichtserkennung* unter der Annahme, dass eine mit „Pepper" interagierende Person ihren Blick zur Kamera richtet und die z-Achse der

---

[16]   http://doc.aldebaran.com/2-5/family/pepper_technical/joints_pep.html#right-arm-joints-and-actuators, Zugriff 14.01.2018

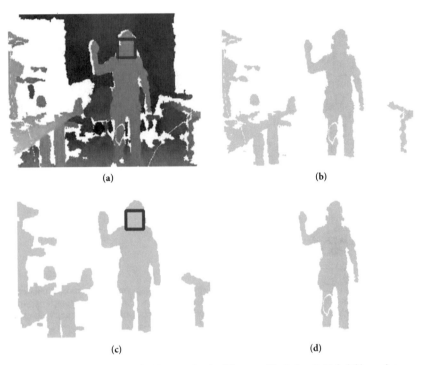

(a)   (b)

(c)   (d)

Abbildung 7.21: Bestimmung der Datenpunkte des Körpers auf Basis des 2D Tiefenbildes und einer Gesichtserkennung auf dem RGB-Bild. (a) Tiefenbild mit gekennzeichneter Region des Gesichtes. (b) Maskenbild nach Entfernung des Fußbodens und Tiefenfilterung. (c) Maskenbild mit gekennzeichneter Region des Gesichtes nach Anwendung morphologischer Operatoren. (d) Resultat nach dem Filterung des das Gesicht beinhaltenden Blobs.

Kamera beinahe horizontal verläuft. Für die Erkennung des Gesichts findet eine im Kontrollsystem des Roboters integrierte Gesichtserkennung Verwendung, die durchgehend vom System selbst ausgeführt und im Rahmen der standardmäßigen Interaktion mit „Pepper" auf Basis der mitgelieferten Anwendungen genutzt wird.

Ausgehend von einem, wie in Abbildung 7.21a dargestellten, 2D Tiefenbild der Kamera ist das Ziel dieses Ansatzes, ein Maskenbild zu erstellen, mit dem sich alle zu einer Person korrespondierenden Datenpunkte aus dem Tiefenbild extrahieren lassen. In einem ersten Schritt erfolgt eine auf dem RGB-Bild basierende Gesichtserkennung. Ausgehend von den zum Gesicht korrespondierenden Tiefenwerten erfolgt eine Eliminierung des Fußbodens und aller Punkte mit einer größeren Entfernung von der Kamera als die um 50 cm erhöhte Tiefe des Gesichts. Weiterhin werden alle Daten entfernt, die sich näher an der Kamera befinden als die Distanz des Gesichts reduziert um 1 m. Das entsprechende Resultat ist in Form eines Maskenbildes in Abbildung 7.21b dargestellt. Im Anschluss erfolgen sowohl eine Erosion als auch eine Delitation, um eventuelle Lücken in den einzelnen Bereichen der Maske entsprechend Abbildung 7.21c zu schließen. Der Blob, in dem sich das Gesicht befindet, maskiert alle zu der Person gehörenden Datenpunkte und ist in Abbildung 7.21d visualisiert. Die Berechnung der 3D-Koordinaten erfolgt lediglich für die verbleibenden Datenpunkte, aus denen sich die zum Körper des Menschen korrespondierende Punktwolke ergibt.

Die Posenbestimmung basiert auf dem Gesamtverfahren bestehend aus sSOM, gSOM und dem kinMod kombiniert in Form der gegenseitigen Beeinflussung aus Abschnitt 5.2, wobei die Längenparameter des kinMod mit Hilfe der gSOM bestimmt werden. Ferner erfolgt eine Erkennung von Körpergesten gemäß des in Abschnitt 7.1.2 vorgestellten Ansatzes.

Im Rahmen der Entwicklung der MRIS wurde eine Optimierung der Posenbestimmung in Hinblick auf die Effizienz vorgenommen, welche eine Erhöhung der theoretischen Bildrate von 69 Durchläufen der Posenbestimmung pro Sekunde auf dem Entwicklungs-PC mit einer 3,4 GHz Intel Core i7-3770 CPU auf 102 Durchläufe pro Sekunde zur Folge hatte. Nach der Portierung der gesamten MRIS auf den Roboter erreichte diese dort 21 Durchläufe pro Sekunde, was zwar nicht an die wünschenswerten 30 fps herankommt, jedoch deutlich im Bereich der zuvor definierten Echtzeit liegt und eine verzögerungsfreie Interaktion mit dem Roboter ermöglicht.

7.4.4 Anwendungen

Dieser Abschnitt präsentiert zwei beispielhafte Anwendungen der Posenbestimmung für die Interaktion mit „Pepper". Bei der ersten Anwendung handelt es sich um das Imitieren der Armbewegungen des Menschen durch den Roboter. Diese ähnelt der Steuerung des Industrieroboters KUKA LBR iiwa aus Abschnitt 7.3, erfordert jedoch eine Transformation der Gelenke des menschlichen Arms in die von „Pepper", da die einzelnen DOFs nicht einander entsprechen.

Die zweite Anwendung realisiert eine Gestensteuerung, bei der „Pepper" auf detektierte Gesten reagiert und definierte Handlungen ausführt.

Für beide Anwendungen erfolgt nach der gängigen Vorgehensweise die Erstellung einer eigenständigen Applikation mit Hilfe des Programmierwerkzeugs Choregraphe, welche jeweils über einen Sprachbefehl gestartet werden kann.

Imitation von Armbewegungen

Zum Zwecke der Imitation der Armbewegungen des Menschen erfolgt eine Posenbestimmung gemäß des vorhergehenden Abschnitts 7.4.3, welche die vKP bestimmt. Da die in
Abbildung 7.22 visualisierten Bewegungsmöglichkeiten im Schulter- und Ellbogengelenk
von „Pepper" sich von denen des Menschen und folglich des kinMod unterscheiden, ist
eine Transformation zwischen der vKP und den Gelenkwinkeln des Roboters erforderlich.

Ausgehend von der sogenannten T-Pose, in der die Arme vom Körper seitlich horizontal
abduziert und die Handflächen nach unten gerichtet sind, als Nullstellung des kinMod in
dieser Anwendung und der Nullstellung von „Pepper", in Form der horizontal nach vorn
ausgestreckten Arme mit nach unten gerichteten Handflächen, stellt Abbildung 7.22 die
sequentiellen Bewegungen in den einzelnen Gelenken gegenüber. Sowohl „Pepper" als
auch das kinMod vollführen zwei Bewegungen im Schulter- und zwei im Ellbogengelenk.

Im Falle des kinMod repräsentiert der Winkel α_L die Rotation des Arms im Schultergelenk
um die Longitudinalachse des Körpers und α_S die um die Sagittalachse. Der Winkel α_T
entspricht der Rotation des Arms um die Transversalachse, modelliert als Bewegung im
Ellbogengelenk. Die Flexion des Arms wird durch den Winkel α_F repräsentiert.

Die Benennung der Winkel für „Pepper" orientiert sich an Abbildung 7.20b und der
Dokumentation[17] zum Roboter. Die beiden Rotationen im Schultergelenk werden folglich
durch β_P und β_R repräsentiert und entsprechen ausgehend von der Nullstellung den
Drehungen um die Transversal- beziehungsweise Longitudinalachse des Körpers. Wie
auch bei der Modellierung des kinMod erfolgte bei der Konstruktion von „Pepper" eine
Verlagerung der dritten Bewegung des Schultergelnks in das Ellenbogengelenk. Der Winkel
β_Y beschreibt somit die Rotation um die Sagittalachse und β_F die Flexion des Arms.

Eine direkte Übertragung der Bewegungen des kinMod auf „Pepper" ist nicht möglich und
erzwingt nachfolgende Umrechnungen, die auf einer Gleichsetzung der Transformationen
der den initialen Ausrichtungen der Arme entsprechenden Einheitsvektoren mit der
jeweiligen Kinematik basiert. Die Ermittlung der Winkel für das Schultergelenk stützt sich
auf die Positionsberechnung des Ellbogens unter der Annahme einer Länge des Oberarms
von 1. Die sich aus dem kinMod ergebene Position e_K des Ellbogens definiert sich als

$$e_K = \underbrace{\mathbf{Rot}_z\left(\alpha_L\right) \cdot \mathbf{Rot}_y\left(\alpha_S\right) \cdot \mathbf{Trans}\left(1,0,0\right)}_{E_K} \cdot \left(0,0,0,1\right)^T \ . \qquad (7.14)$$

---

[17]   http://doc.aldebaran.com/2-5/family/pepper_technical/joints_pep.html#right-arm-jointsand-
actuators, Januar 2018

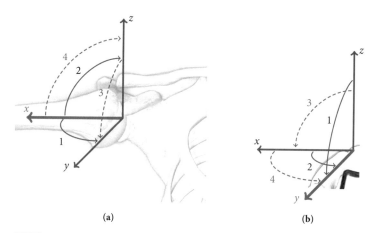

(a)   (b)

Abbildung 7.22: Gegenüberstellung der Rotationsachsen und deren sequentielle Reihenfolge zwischen (a) dem kinMod und (b) „Pepper". Es sind sowohl die beiden Rotationen im Schultergelenk (—) als auch die im Ellbogengelenk (- -) dargestellt. Die dicke Achse repräsentiert die initiale Ausrichtung des ausgestreckten Arms in der Nullstellung.

Die korrespondierende Position $\mathbf{e}_P$ des Ellbogens von „Pepper" ergibt sich aus der Gleichung

$$\mathbf{e}_P = \underbrace{\mathbf{Rot}_x\left(\beta_P\right) \cdot \mathbf{Rot}_z\left(\beta_R\right) \cdot \mathbf{Trans}\left(0,1,0\right)}_{E_P} \cdot \left(0,0,0,1\right)^T \ . \tag{7.15}$$

Die Gleichsetzung beider Positionen

$$\mathbf{e}_K = \mathbf{e}_P \tag{7.16}$$

resultiert in dem Gleichungssystem

$$\mathbf{Rot}_z\left(\alpha_L\right) \cdot \mathbf{Rot}_y\left(\alpha_S\right) \cdot \left(1,0,0,1\right)^T = \mathbf{Rot}_x\left(\beta_P\right) \cdot \mathbf{Rot}_z\left(\beta_R\right) \cdot \left(0,1,0,1\right)^T \tag{7.17}$$

$$\begin{pmatrix} \cos\left(\alpha_L\right) \cdot \cos\left(\alpha_S\right) \\ \sin\left(\alpha_L\right) \cdot \cos\left(\alpha_S\right) \\ -\sin\left(\alpha_S\right) \\ 1 \end{pmatrix} = \begin{pmatrix} -\sin\left(\beta_R\right) \\ \cos\left(\beta_P\right) \cdot \cos\left(\beta_R\right) \\ \sin\left(\beta_P\right) \cdot \cos\left(\beta_R\right) \\ 1 \end{pmatrix} , \tag{7.18}$$

welches die Berechnung der Winkel der ersten beiden Gelenke mit

$$\beta_P = \text{atan2}\left(-\sin\left(\alpha_S\right), \sin\left(\alpha_L\right) \cdot \cos\left(\alpha_S\right)\right) \tag{7.19}$$

beziehungsweise

$$\beta_R = \arcsin\left(-\cos\left(\alpha_L\right) \cdot \cos\left(\alpha_S\right)\right) \tag{7.20}$$

ermöglicht.

Ein entsprechendes Vorgehen findet für die Berechnung der beiden Winkel des Ellbogen-gelenks ausgehend von der Handposition Verwendung. Die durch das kinMod definierte Position $\mathbf{h}_K$ der Hand ergibt sich aus

$$\mathbf{h}_K = \mathbf{E}_K \cdot \mathbf{Rot}_x\left(\alpha_T\right) \cdot \mathbf{Rot}_y\left(\alpha_F\right) \cdot \mathbf{Trans}\left(1,0,0\right) \cdot \left(0,0,0,1\right)^T \ . \tag{7.21}$$

Für die Position einer Hand von „Pepper" gilt

$$\mathbf{h}_P = \mathbf{E}_P \cdot \mathbf{Rot}_y\left(\beta_Y\right) \cdot \mathbf{Rot}_z\left(\beta_F\right) \cdot \mathbf{Trans}\left(0,1,0\right) \cdot \left(0,0,0,1\right)^T \ . \tag{7.22}$$

Das Gleichsetzen der Positionen

$$\mathbf{h}_K = \mathbf{h}_P \tag{7.23}$$

resultiert in dem Gleichungssystem

$$\mathbf{h}_K = \mathbf{E}_P \cdot \mathbf{Rot}_y\left(\beta_Y\right) \cdot \mathbf{Rot}_z\left(\beta_F\right) \cdot \mathbf{Trans}\left(0,1,0\right) \cdot \left(0,0,0,1\right)^T \ , \tag{7.24}$$

$$\mathbf{E}_P^{-1} \cdot \mathbf{E}_K = \mathbf{Rot}_y\left(\beta_Y\right) \cdot \mathbf{Rot}_z\left(\beta_F\right) \cdot \mathbf{Trans}\left(0,1,0\right) \cdot \left(0,0,0,1\right)^T \ \text{und} \tag{7.25}$$

$$\mathbf{E}_P^{-1} \cdot \mathbf{E}_K = \begin{pmatrix} -\sin\left(\beta_F\right) \cdot \cos\left(\beta_Y\right) \\ \cos\left(\beta_F\right) \\ \sin\left(\beta_F\right) \cdot \sin\left(\beta_Y\right) \\ 1 \end{pmatrix} \ . \tag{7.26}$$

Der Winkel des ersten Ellenbogengelenks ergibt sich mit

$$\tan\left(\beta_Y\right) = \frac{\sin\left(\beta_Y\right)}{\cos\left(\beta_Y\right)} \ \text{und} \tag{7.27}$$

$$\beta_Y = \operatorname{atan}\left(\frac{\sin\left(\beta_Y\right)}{\cos\left(\beta_Y\right)}\right) \tag{7.28}$$

$$= \operatorname{atan}\left(\frac{\frac{h_3}{\sin\left(\beta_F\right)}}{\frac{-h_1}{\sin\left(\beta_F\right)}}\right) \tag{7.29}$$

als

$$\beta_Y = \operatorname{atan2}\left(h_3, -h_1\right) \ , \tag{7.30}$$

(a) (b) (c)

Abbildung 7.23: Reale Imitation der Armbewegungen eines Menschen durch „Pepper". Es sind der Roboter und die Person in der entsprechenden Pose abgebildet.

wobei h_n das n-te Element des Vektors $\mathbf{h} = \mathbf{E}_p^{-1} \cdot \mathbf{h}_k$ repräsentiert.

In Abbildung 7.23 ist die Imitation an einem realen Beispiel gezeigt, in dem eine Person definierte Posen einnimmt und diese von „Pepper" nachgeahmt werden.

Ein alternatives Vorgehen für die Imitation von Bewegungen durch „Pepper" wäre das Ersetzen des für die Arme zuständigen Teils des kinMod durch eine kinematische Kette, die dem kinematischen Aufbau der Arme von „Pepper" entspricht. Dies würde eine direkte Ansteuerung des Roboters mit den bestimmten Gelenkwinkeln ermöglichen.

Qualitative Evaluationen zeigten die korrekte Funktionsweise der Imitation der Armbewegungen durch „Pepper", der sämtliche vorgeführten Bewegungen unter den durch seine Bauweise gegebenen Einschränkungen nachahmen konnte.

Reaktion auf Gesten

Ferner ist es „Pepper" möglich, auf Gesten zu reagieren, die auf Basis der Posenbestimmung des Körpers ermittelt werden. Als beispielhafte Reaktionen wurden das Aussprechen eines Grußwortes bei einem gehobenen Arm sowie die Rotation auf der Stelle bei einem seitlich in Drehrichtung, horizontal abduzierten Arm implementiert.

Qualitative Evaluationen haben gezeigt, dass es möglich ist, „Pepper" auf Basis dieser Gesten zu steuern. Ferner wurde die Person nach der vollführten Rotation erneut detektiert und ihre Pose korrekt bestimmt.

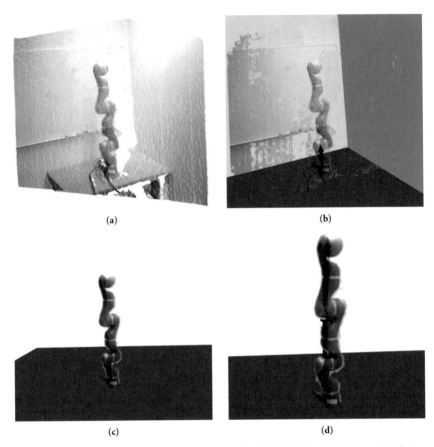

(a)   (b)

(c)   (d)

Abbildung 7.24: Initiale Schritte der Posenbestimmung des KUKA LBR iiwa (a) Roboter mit Tisch in der Gesamtszene (b) Ermittelte Ebenen und Normale des Robotertischs (c) Punktwolke des Roboters (d) Initialisiertes kinMod im Roboter

7.5 Posenbestimmung eines Industrieroboters

Nicht nur mobile oder humanoide Roboter dringen mehr und mehr in das tägliche Leben vor, auch Industrieroboter arbeiten im Rahmen der MRK direkt in der unmittelbaren Umgebung des Menschen und unterstützten diesen beispielsweise bei der Assemblierung verschiedenster Baukomponenten. Sie übernehmen meist das Halten oder Positionieren schwerer Bauteile. So findet der KUKA LBR iiwa unter anderem in den Fertigungslinien von Ford beim Einbau von Stoßdämpfern unterstützende Verwendung[18]. Bei all diesen Aufgaben ist es zum Schutz des Menschen von höchster Wichtigkeit, dass eine Kollision zwischen Mensch und Roboter verhindert wird. Als ein möglicher Lösungsansatz für dieses Problem ist die visuelle Überwachung der Szene denkbar, bei der sowohl die Position des Menschen als auch die Konfiguration des Roboters in Form seiner Gelenkstellungen und wichtiger als Position des Roboters und speziell die des Endeffektors im Raum beziehungsweise innerhalb des KKS bestimmt werden. Sollten sich beide zu stark annähern, kann die Arbeit des Roboters verlangsamt oder gar gestoppt werden.

Dieser Abschnitt präsentiert eine erste, versuchsweise Verwendung des auf einem kinMod basierenden Ansatzes für die Posenbestimmung der Hand und des Körpers für die Ermittlung der Konfiguration eines KUKA LBR iiwa, um einen Lösungsansatz für die rein visuelle Kollisionserkennung von Mensch und Roboter oder Roboter und Umgebung zu liefern.

Wie auch bei der Bestimmung der Pose der Hand und des Körpers aus Kapitel 4 besteht das Ziel darin, ein kinMod an eine entsprechende Punktwolke anzupassen. Dieser Gedanke resultiert in den Aufgaben der Extraktion der zum Roboter korrespondierenden Punktwolke und der anschließenden Anpassung des in Abschnitt 4.1.1 vorgestellten kinMod für den KUKA LBR iiwa mit Hilfe der Formulierung als nicht-lineares Optimierungsproblem, welches mit dem Levenberg-Marquardt-Ansatz gelöst wird.

Als Ausgangssituation dienen die in Abbildung 7.24a gezeigte Gesamtszene und die Annahme, dass der Roboter zu Beginn seine Nullstellung eingenommen hat. Für die Filterung der Punktwolke des Roboters aus Abbildung 7.24c wird entsprechend Abbildung 7.24b in einem ersten Schritt eine Bestimmung aller Ebenen durchgeführt, um sowohl Wände als auch den Tisch des Roboters zu entfernen. Die Normale der Ebene des Tisches bildet gleichzeitig die z-Achse des ersten Gelenks des Roboters, dessen Ursprung sich als Mittelwert der auf die Ebene des Tisches projizierten Datenpunkte ergibt. Da die Rotation im ersten Gelenk nicht bestimmt werden kann, wird das BKS des Roboters beliebig unter Berücksichtigung der z-Achse und des Ursprungs definiert und als Ursprung des kinMod verwendet, welches ebenfalls entsprechend Abbildung 7.24d in der Nullstellung initialisiert wird. In dieser Anwendung sind nur die Positionen der Gelenke von Bedeutung, in denen Flexionen stattfinden, was zu der Darstellung des Modells als Sequenz von drei Pfeilen führt. Ausgehend von diesem Vorgehen erfolgt die Bestimmung der Pose des Roboters für jedes Bild entsprechend des bekannten Verfahrens und der Pose aus dem vorherigen Bild als Initialisierung.

Die Abbildungen 7.25a bis 7.25d zeigen verschiedenste Konfigurationen des Roboters und die bestimmten Posten in Form des kinMod. Da in dieser Anwendung nur eine einzige RGB-D-Kamera verwendet wird, treten wie in Abbildung 7.25e und Abbildung 7.25f zu

---

https://www.kuka.com/de-de/presse/news/2016/08/kuka-roboter-und-menschen-arbeitenhand-in-hand, Januar 2018

Abbildung 7.25: Beispielhaft bestimmte Posen des KUKA LBR iiwa, bei denen teilweise deutliche Selbstverdeckungen auftreten.

erkennen für verschiedene Konfigurationen des Roboters Selbstverdeckungen auf. Das kinMod ist in der Lage, diese zu kompensieren und es ist rein qualitativ zu erkennen, dass das entwickelte Verfahren der Posenbestimmung auf weitere nicht menschliche Probleme übertragen werden kann und lediglich eine Anpassung des kinMod erforderlich ist.

8 Zusammenfassung und Ausblick

Gesten als natürliche Form der Kommunikation sind schon seit längerem Gegenstand in Forschungsgebieten wie der Mensch-Computer-Interaktion (MCI), um neuartige Interaktionswege mit Computern oder anderen Geräten zu realisieren. Sie ermöglichen heutzutage unter anderem die Steuerung von Geräten oder Spielen sowie die Navigation durch Menüs und wurden erstmals mit der Veröffentlichung der Kinect für die Xbox 360 der Allgemeinheit als berührungslose Steuerung großflächig in kommerzieller Form zur Verfügung gestellt. Das Einsatzgebiet der Kinect beschränkte sich nach kürzester Zeit jedoch nicht nur auf natürliche Benutzungsschnittstellen, sondern fand beispielsweise in Forschungsgebieten wie der mobilen Robotik Einzug. Hier wurde sie unter Verwendung der von ihr bereitgestellten Tiefenbilder als kostengünstiger Ersatz für teure Laserscanner im Rahmen von SLAM-Ansätzen genutzt. Auch neueste, beispielsweise als Führer in Museen oder auf Messen eingesetzte und dadurch immer weiter in unser tägliches Leben vordringende humanoide Roboter wie der „Pepper" zählen Tiefenbildkameras zu ihren Standardsensoren, die für die Entwicklung von Anwendungen im Bereich der Mensch-Roboter-Interaktion (MRI) genutzt werden. Das Ziel besteht darin, den Robotern ein Verständnis für deren Umgebung zu geben, Menschen zu erkennen, basierend auf Körperhaltungen und -bewegungen deren Absichten zu deuten und somit die Interaktion zwischen Mensch und Roboter zu ermöglichen. Entsprechende MRIS erfordern effiziente Ansätze für die Bestimmung von Körper- oder Handposen in Echtzeit, die nebenläufig zu der Steuerungssoftware auf meist leistungsschwacher Hardware ohne Verwendung einer GPU ermöglicht werden soll und den Hauptgegenstand dieser Arbeit darstellen, die somit in den aktuellen Forschungsgebieten der MCI und spezieller der Mensch-Roboter-Interaktion (MRI) anzusiedeln ist.

Ein Überblick der aus dieser Arbeit hervorgehenden Verfahren für die Posenbestimmung des Menschen und der darauf basierenden Anwendungen ist in Abbildung 8.1 gegeben. Es erfolgte die Entwicklung von drei Verfahren für die Posenbestimmung der Hand und des menschlichen Körpers. Sie basieren auf der mit Hilfe einer Tiefenbildkamera bestimmten 3D-Punktwolke und wurden zu einem Gesamtverfahren kombiniert, um die Vorteile der einzelnen Ansätze zu vereinen.

Das Problem der Ermittlung einer Pose lässt sich in zwei Fragestellungen unterteilen, deren Lösungsansätze Gegenstand dieser Arbeit sind. Die erste Aufgabe besteht in einer Filterung der Gesamtszene in der Art, dass sich in ihr befindliche Hände oder Personen detektieren und die zu ihnen korrespondierenden Teilpunktwolken extrahieren lassen. Diese

© Springer Fachmedien Wiesbaden GmbH, ein Teil von Springer Nature 2019
K. Ehlers, *Echtzeitfähige 3D Posenbestimmung des Menschen in der Robotik*,
https://doi.org/10.1007/978-3-658-24822-2_8

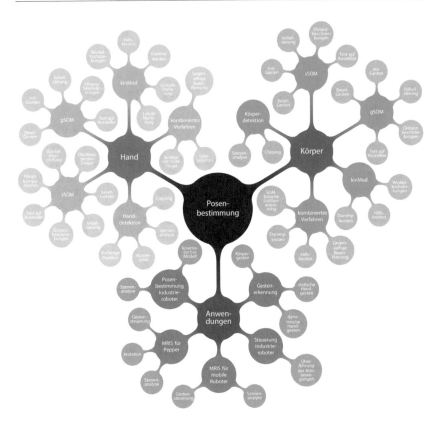

Abbildung 8.1: Übersicht der im Rahmen dieser Arbeit entwickelten Verfahren für die Posenbestimmung und darauf aufbauender Anwendungen im Bereich der MRI.

bilden die Basis des eigentlichen Problems in Form der Posenbestimmung, die in dieser Arbeit allgemein als Anpassung gegebener hand- oder menschenähnlicher Strukturen im dreidimensionalen Raum an die 3D-Punktwolke des Objektes zur Informationsreduktion auf die Positionen einzelner Hand- oder Körpermerkmale, wie die der Fingerspitzen beziehungsweise der Hände oder Füße, bis hin zu den Winkeln der Hand- respektive Körpergelenke aufgefasst wird.

Es wurden verschiedene Ansätze für die Filterung der 3D-Punktwolke der Hand aus der Gesamtszene vorgestellt, die sich bei bekannter Handposition aus allen Punkten innerhalb einer Kugel mit dem Handzentrum als Mittelpunkt ergibt. Für die initiale Ermittlung der

Handpunkte wurden das *Clipping*, das Finden des Handzentrums auf Basis der *Körperpose* sowie die Detektion anhand der Analyse des *Tiefenbildes* vorgestellt. Letztere ermöglicht zudem die Bestimmung der Handseite; ob es sich um die rechte oder linke Hand handelt. Das *Clipping* bildete auch für die Filterung der Körperpunkte aus einer Szene den einfachsten Ansatz. Weiter erfolgte die Vorstellung einer einfachen Analyse des *Tiefenbildes*, auf Basis eines den Hintergrund widerspiegelnden Referenzbildes und der Entfernung des Fußbodens, gefolgt von einer Blobdetektion und -filterung. Im Rahmen der Entwicklung von MRI-Anwendungen anhand der Posenbestimmung wurden komplexere Methoden präsentiert, von denen die *Szenenanalyse* auf den Ansätzen von Basso et al. [100] und Munaro et al. [101] basiert. Sie erfolgt für jedes Bild separat und ist für den Einsatz auf sich bewegenden mobilen Robotern geeignet. Die letzte Methode für die Filterung der Körperpunkte beruht auf einer *Gesichtserkennung* gefolgt von einem vorwiegend auf dem Tiefenbild durchgeführten Clipping und der Entfernung der zum Fußboden gehörenden Punkte. Da im Rahmen dieser Methode lediglich die vollständigen 3D-Informationen der dem Körper zugeordneten Punkte berechnet werden, ist diese Vorgehensweise sehr effizient.

Es wurden weiterhin die auf den mit den vorherigen Ansätzen bestimmten Punktwolken basierenden Verfahren für die Posenbestimmung vorgestellt, die auf drei entwickelten Grundverfahren der Standard-Selbstorganisierenden Karte (englisch Standard Self-Organizing Map (sSOM)), der generalisierten Selbstorganisierenden Karte (englisch Generalized Self-Organizing Map (gSOM)) und dem kinematischen Modell kinMod basieren und aufgrund ihrer Effizienz lediglich auf der Central Processing Unit (CPU) arbeiten und keinerlei GPU benötigen.

Bei der sSOM handelt es sich um ein unüberwacht lernendes KNN, welches in seiner Grundform von Haker et al. [39] für die Bestimmung der Pose des Oberkörpers verwendet wurde. Im Rahmen dieser Arbeit wurde das Lernverhalten der sSOM bezüglich der Anwendung für die Posenbestimmung ausführlich untersucht und mitunter durch den Entwurf anwendungsspezifischer Topologien auf den gesamten Körper erweitert und separat für die Handposenbestimmung genutzt. Die mit der sSOM ermittelte Pose besteht aus den Positionen definierter Hand- beziehungsweise Körpermerkmale. Zur Steigerung der Genauigkeit und Robustheit der Posenbestimmung erfolgte die Entwicklung verschiedenster Kontroll- und Korrekturmechanismen.

Die Generalisierung der Abstandsdefinition einer Selbstorganisierenden Karte (englisch Self-Organizing Map (SOM)) zu den Daten führt zu der neuartigen gSOM, die als zweiter Ansatz für die Posenbestimmung der Hand und des Körpers genutzt wurde. Der bisherige Abstand einer SOM zu einem Datenpunkt war definiert als die kleinste euklidische Distanz des Punktes zu den als 3D-Positionen interpretierten Gewichtsvektoren der Neurone. Im Zuge der Generalisierung erfolgt die Erweiterung auf die durch die Topologie definierten Verbindungen in Form der Betrachtung dieser als Kanten zwischen den als Knoten angesehenen Gewichtsvektoren der Neurone. Als Abstand eines Datenpunktes zu einer gSOM ergibt sich demnach die kleinste euklidische Distanz zu allen Knoten und Kanten. Das

Lernmodell der gSOM wurde vorgestellt, ausführlich in Bezug zur Anwendung untersucht und anwendungsspezifische Topologien für die Hand respektive den Körper erstellt. Wie auch bei der sSOM besteht die mit Hilfe der gSOM bestimmte Pose aus den Positionen der Hand- oder Körpermerkmale.

Der dritte aus der Robotik stammende Ansatz für die Posenbestimmung basiert auf einem kinMod, welches die kinematischen Eigenschaften der Hand oder des Körpers nachbildet und in Echtzeit an die 3D-Daten adaptiert wird. Die Echtzeit wurde im Rahmen dieser Arbeit als eine in der Hinsicht verzögerungsfreie Verarbeitung der Tiefenbilder definiert, als dass die Posen mit der Bildwiederholfrequenz der Kamera von 30 fps bereitgestellt werden, ohne einzelne Bilder auszulassen. Es erfolgte die Erstellung eines kinMod für die Hand und eines für den gesamten Körper. Unter der Annahme bekannter Gelenkwinkel ermöglichen kinMods die Berechnung der Positionen der einzelnen Hand- respektive Körpermerkmale. Unter Berücksichtigung der Positionen aller Merkmale erfolgte die Reduzierung der Posenbestimmung auf ein nicht lineares Optimierungsproblem, welches mit Hilfe des Levenberg-Marquardt-Algorithmus gelöst wurde. Sind die Positionen der Merkmale zu der durch die Punktwolke repräsentierten Pose bekannt, definiert deren Differenz zu den tatsächlichen Positionen der Merkmale die für die Ermittlung der Gelenkwinkel und einer Skalierung der Größe der Hand zu minimierende Fehlerfunktion. Die Berechnung der für die Optimierung genutzten Zielpositionen erfolgt auf Basis einer entwickelten Punktezuordnung. Diese ist der Kern der Effizienz des Verfahrens und ermöglicht trotz der hohen Anzahl an Freiheitsgrade von 24 im Falle des Körpers und 29 für die Hand die Posenbestimmmung in Echtzeit. Die auf diese Weise ermittelten Posen enthalten zusätzlich zu den Positionen der Merkmale die Winkel der im kinMod modellierten Gelenke.

Um die Vorteile der einzelnen Ansätze zu vereinen, erfolgte die Kombination aller Methoden im Rahmen der gegenseitigen Beeinflussung; sollten zwei Verfahren ähnliche Positionen einzelner Merkmale bestimmt haben, werden diese für die Posenbestimmung durch das dritte Verfahren als zusätzliche Information genutzt. Im Falle der Beeinflussung des kinMod durch die SOM-Ansätze wird eine Anpassung der Zielpositionen der Merkmale in Form einer gewichteten Mittelung zwischen diesen und den auf Basis der SOM bestimmten Positionen vorgenommen. Die Beeinflussung eines SOM-Verfahrens hingegen erfolgt durch die Übernahme der Position eines Merkmals des kinMod als initialen Gewichtsvektor dieses Merkmals für das Lernen auf der aktuellen Punktwolke. Das Resultat des Verfahrens bildet stets die mit dem kinMod bestimmte Pose.

Die drei Grundverfahren und das Gesamtverfahren wurden in einer ausführlichen Evaluation unter anderem mit Hilfe öffentlicher und im Falle des Körpers zusätzlich selbst erstellter Datensätze auf Genauigkeit, Robustheit und Effizienz untersucht. Die Evaluationen haben gezeigt, dass eine robuste und genaue Posenbestimmung erfolgt und die Verfahren auf kostengünstiger Hardware mit beschränkten Ressourcen wie einem Raspberry Pi oder auf einem FPGA die Echtzeitfähigkeit mit Bildraten von bis zu 30 fps deutlich erreichen, wobei die Geschwindigkeit durch die Bildwiederholfrequenz der verwendeten

Kamera begrenzt wurde. Es konnte gezeigt werden, dass die entwickelten Ansätze mit der Anzahl an verwendeten Datenpunkten skalieren und sowohl für den Körper als auch die Hand auf einer 3,4 GHz Intel Core i7-3770 CPU ohne Verwendung einer Graphics Processing Unit (GPU) die Posenbestimmung mit einer theoretischen Bildwiederholfrequenz von über 100 fps ermöglichen könnten. Für den Körper erfolgte mit einem mittleren Fehler von 5,2 cm eine sehr genaue und robuste Posenbestimmung. Im Falle der Hand liefert der entwickelte Gesamtansatz mit einem mittleren Fehler von 13,4 mm bessere Resultate als vergleichbare Methoden, die dem Stand der Technik entsprechen, jedoch hinsichtlich der Effizienz deutlich höhere Anforderungen an die Rechenleistung stellen und beispielsweise eine GPU benötigen. Die hohe Genauigkeit und Robustheit stellen gerade in Kombination mit der Effizienz und den geringen Anforderungen an die Hardware für den Einsatz im Bereich der mobilen Robotik einen großen Vorteil des in dieser Arbeit präsentierten Verfahrens dar. Da das Verfahren rein auf den Tiefendaten respektive den daraus ermittelbaren 3D-Daten einer Szene arbeitet, ist es komplett kamera- und plattformunabhängig und kann auch in Dunkelheit oder Umgebungen mit eingeschränkten Sichtverhältnissen eingesetzt werden. Die Verfahren skalieren bezüglich der Geschwindigkeit mit der Anzahl an Datenpunkten des Objektes, welche aufgrund der Eigenschaft des Tolerierens fehler- oder lückenhafter sowie gering aufgelöster Punktwolken zur bedarfsweisen Effizienzsteigerung begrenzt werden kann. Ferner können durch Bewegungen und Posen hervorgerufene Selbstverdeckungen kompensiert werden. Die Verfahren respektive die genutzten Modelle passen sich an die Größe der Personen beziehungsweise Hände an, was einen aktuellen Schwerpunkt in diesem Forschungsbereich darstellt.

Obwohl die Verfahren speziell für den Einsatz im Bereich der mobilen Robotik konzipiert wurden, sind sie bei weitem nicht darauf beschränkt, was die Entwicklungen auf der Posenbestimmung basierender Anwendungen verdeutlichen.
Es wurden SVMs für die Standardanwendung der Posenbestimmung in Form der Gestenerkennung trainiert und im Rahmen von Beispielanwendungen evaluiert. Sowohl für die Hand als auch für den Körper wurden für die einzelnen Gesten zum Großteil Detektionsraten von 100 % erreicht.
Eine weitere Anwendung bildete die Entwicklung einer MRIS für die Steuerung des Industrieroboterarms KUKA LBR iiwa auf Basis von Armbewegungen. Evaluationen haben gezeigt, dass diese Art der intuitiven Steuerung im Vergleich zu einer 3D-Maus als Standardeingabemethode sowohl erfahrenen Nutzern als auch Anfängern eine genauere und effizientere Kontrolle des Roboters ermöglichte. Zudem erfolgte mit Hilfe einer 3D-CAD-Software die Konstruktion einer roboterisierten Hand. Diese wurde in einem 3D-Druckverfahren gefertigt und die Steuerung auf Basis der direkten Übertragung der Fingerbewegungen erfolgreich ermöglicht.
Ferner wurde eine MRIS für nicht notwendigerweise mobile Roboter entwickelt, die aufgrund ihrer Effizienz parallel zu der Steuerungssoftware sowie der Navigation des sich autonom in seiner Umgebung navigierenden mobilen Roboters „PeopleBot" ausgeführt werden kann und anhand einer beispielhaften Anwendung für die MRI evaluiert wurde.

Unerfahrene Nutzer konnten in 93,8 % der Fälle erfolgreich mit dem Roboter interagieren. Die letzte im Bereich der Interaktion mit dem humanoiden Roboter „Pepper" angesiedelte Anwendung beruhte auf einer eigens für diesen entwickelten MRIS, die die Implementierung verschiedenster MRI-Anwendungen ermöglicht. Beispielhaft wurde die Imitation von Armbewegungen durch „Pepper" und die Reaktion auf definierte Gesten vorgestellt und qualitativ evaluiert.

Ein Beispiel dafür, dass die entwickelten Verfahren nicht nur auf die Posenbestimmung der Hand oder des Menschen beschränkt sind, wurde im Rahmen erster Tests zur rein visuellen Kollisionsvermeidung oder -erkennung für MRK-Anwendungen demonstriert. Es erfolgte die Bestimmung der Pose eines KUKA LBR iiwa Industrieroboters und eine qualitative Evaluation.

Zusammenfassend wurde in dieser Arbeit ein effizientes, echtzeitfähiges Verfahren für die Posenbestimmung der Hand und des Körpers speziell in Hinblick auf den Einsatz für die MRI im Bereich der mobilen Robotik entwickelt, welches drei separat einsetzbare Grundverfahren kombiniert, deren Vorteile vereint und dessen vielseitige Einsatzmöglichkeiten sowie die Nutzbarkeit mit Hilfe verschiedenster realer Anwendungen demonstriert wurde.

Zukünftige Arbeiten könnten sich in zwei verschiedenen Bereichen ansiedeln. Zum einen kann eine Weiterentwicklung der Verfahren erfolgen, indem diese beispielsweise um weitere Energiefunktionen ergänzt respektive mit anderen Verfahren kombiniert werden. Die Rekonstruktion eines Volumenmodells für die Hand beziehungsweise des Körpers auf Basis der Knoten-Kanten-Modelle sowie das Einfließen lassen der daraus resultierenden Informationen in die Posenbestimmungsprozesse wären vorstellbar. Weiterhin ist eine Hybridisierung des momentan Ansatzes basierend auf einer zusätzlichen bildweisen featurebasierten Detektion der Fingerspitzen beziehungsweise einzelner Körperteile denkbar. Alle diese Entwicklungen sind allerdings unter dem Augenmerk der Echtzeitfähigkeit auf Hardware mit beschränkter Leistungsfähigkeit und ohne Nutzung einer GPU vorzunehmen, um die vielfältige, parallele Einsetzbarkeit der Verfahren beizubehalten. Ferner sind weitere Effizienzsteigerungen durch Optimierungen der Implementierung und Algorithmen vorstellbar.

Der andere Bereich zukünftiger, weiterführender Arbeiten könnte sich beispielsweise mit der Entwicklung verschiedenster MCI- oder MRI-Anwendungen beschäftigen. Ausführlichere Untersuchungen und die Entwicklung von Anwendungen im Bereich des aktuellen Forschungsgebiets der MRK basierend auf den ersten Versuchen bezüglich der Posenbestimmung des KUKA LBR iiwa in Kombination mit der Posenbestimmung des Körpers für die rein visuelle Kollisionsvermeidung sind denkbar.

Im Rahmen der Entwicklung der Verfahren für die Posenbestimmung wurden bereits erste Untersuchungen bezüglich der Verwendung von Tiefenbildern mehrerer Kameras durchgeführt [Kra16, Han17]. Es ist denkbar, in einem Raum an verschiedenen Positionen entsprechende RGB-D-Kameras zu platzieren, diese aufeinander zu kalibrieren und die Punktwolken zu vereinen. Aus der resultierenden Punktwolke erfolgt die Filterung der zu einer Person korrespondierenden 3D-Daten als Grundlage für die Posenbestimmung. Dieser Aufbau würde das Problem von Selbstverdeckungen reduzieren und die Bestimmung der Pose beinahe komplett unabhängig von der Ausrichtung zu einer definierten Kamera ermöglichen. Ein entsprechendes Systems könnte im Bereich des Motion Capturings teure markerbasierte Verfahren unterstützen respektive sogar ersetzen.

A Anhang

A.1 Ergänzungen zum Perzeptron

In diesem Abschnitt werden ergänzende Informationen zu Abschnitt 3.1.1, in dem Rosenblatts Perzeptron vorgestellt wird, präsentiert und mithilfe des Perzeptron-Konvergenz-Algorithmus aus Pseudocode 1 die Disjunktion für drei Variablen $x_1, \ldots, x_3$ erlernt. Die sich durch die Disjunktion ergebenen zu trennenden Klassen sind

$$\mathcal{K}_1 = \{(0\,0\,1), (0\,1\,0), (0\,1\,1), (1\,0\,0), (1\,0\,1), (1\,1\,0), (1\,1\,1)\} \quad \textbf{und} \quad \mathcal{K}_{-1} = \{(0\,0\,0)\} \quad .$$

Als initiale Werte für den Schwellenwert Θ und die Kantengewichtungen $w_1, \ldots, w_3$ wurden randomisiert die $-0,9$, $0,9$, $0,8$ und $-0,3$ gewählt. In Tabelle A.1 sind einzelnen Zwischenschritte der Berechnung dargestellt. Je Zeitpunkt k wurde dem Perzeptron ein randomisiert gewähltes Element der Vereinigung der beiden Klassen $\mathcal{K}_1$ und $\mathcal{K}_{-1}$ in präsentiert und entsprechend des Algorithmus verarbeitet. In diesem Beispiel wurden bereits zum Zeitpunkt $k = 26$ der endgültigen Wert von $-0,9$ für Θ und die Werte $1,9$, $1,8$ und $1,7$

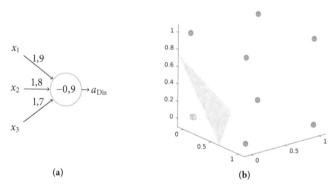

Abbildung A.1: (a) Perzeptron für die Disjunktion dreier Variablen und die mithilfe des Perzeptron-Konvergenz-Algorithmus bestimmten Kantengewichtungen sowie der ermittelte Schwellenwert. (b) Darstellung der Elemente der durch die Disjunktion dreier Variablen definierten Klassen $\mathcal{K}_1$ (○) und $\mathcal{K}_{-1}$ (▱) sowie der durch das Perzeptron aus (a) definierten klassentrennenden Hyperebene.

© Springer Fachmedien Wiesbaden GmbH, ein Teil von Springer Nature 2019
K. Ehlers, *Echtzeitfähige 3D Posenbestimmung des Menschen in der Robotik*,
https://doi.org/10.1007/978-3-658-24822-2

Tabelle A.1: Beispielhafter Durchlauf des Perzeptron-Konvergenz-Algorithmus zum Erlernen der Kantengewichtungen und des Schwellenwertes eines Perzeptrons für die Realisierung der Disjunktion. $\mathbf{w}(k+1)$ ist nur angegeben, falls es sich geändert hat und ungleich $\mathbf{w}(k)$ ist.

k	$\mathbf{x}(k)$	$\mathbf{w}(k)$	$d(k)$	$a(k)$	Vergleich	$\mathbf{w}(k+1)$
1	$(1\,1\,0\,1)$	$(-0.9\;0.9\;0.8\;-0.3)$	1	-1	✗	$(0.1\,1.9\;0.8\;0.7)$
2	$(1\,0\,1\,1)$	$(0.1\,1.9\;0.8\;0.7)$	1	1	✓	
3	$(1\,0\,1\,1)$	$(0.1\,1.9\;0.8\;0.7)$	1	1	✓	
4	$(1\,1\,1\,0)$	$(0.1\,1.9\;0.8\;0.7)$	1	1	✓	
5	$(1\,0\,0\,0)$	$(0.1\,1.9\;0.8\;0.7)$	-1	1	✗	$(-0.9\;1.9\;0.8\;0.7)$
6	$(1\,1\,1\,0)$	$(-0.9\;1.9\;0.8\;0.7)$	1	1	✓	
7	$(1\,0\,0\,0)$	$(-0.9\;1.9\;0.8\;0.7)$	-1	-1	✓	
8	$(1\,1\,0\,0)$	$(-0.9\;1.9\;0.8\;0.7)$	1	1	✓	
9	$(1\,0\,1\,1)$	$(-0.9\;1.9\;0.8\;0.7)$	1	1	✓	
10	$(1\,1\,1\,0)$	$(-0.9\;1.9\;0.8\;0.7)$	1	1	✓	
11	$(1\,1\,1\,0)$	$(-0.9\;1.9\;0.8\;0.7)$	1	1	✓	
12	$(1\,1\,0\,0)$	$(-0.9\;1.9\;0.8\;0.7)$	1	1	✓	
13	$(1\,0\,1\,0)$	$(-0.9\;1.9\;0.8\;0.7)$	1	-1	✗	$(0.1\,1.9\;1.8\;0.7)$
14	$(1\,1\,1\,0)$	$(0.1\,1.9\;1.8\;0.7)$	1	1	✓	
15	$(1\,1\,0\,1)$	$(0.1\,1.9\;1.8\;0.7)$	1	1	✓	
16	$(1\,1\,0\,0)$	$(0.1\,1.9\;1.8\;0.7)$	1	1	✓	
17	$(1\,0\,0\,0)$	$(0.1\,1.9\;1.8\;0.7)$	-1	1	✗	$(-0.9\;1.9\;1.8\;0.7)$
18	$(1\,0\,0\,1)$	$(-0.9\;1.9\;1.8\;0.7)$	1	-1	✗	$(0.1\,1.9\;1.8\;1.7)$
19	$(1\,0\,1\,0)$	$(0.1\,1.9\;1.8\;1.7)$	1	1	✓	
20	$(1\,1\,0\,1)$	$(0.1\,1.9\;1.8\;1.7)$	1	1	✓	
21	$(1\,1\,1\,0)$	$(0.1\,1.9\;1.8\;1.7)$	1	1	✓	
22	$(1\,1\,0\,1)$	$(0.1\,1.9\;1.8\;1.7)$	1	1	✓	
23	$(1\,0\,1\,0)$	$(0.1\,1.9\;1.8\;1.7)$	1	1	✓	
24	$(1\,1\,1\,0)$	$(0.1\,1.9\;1.8\;1.7)$	1	1	✓	
25	$(1\,0\,1\,1)$	$(0.1\,1.9\;1.8\;1.7)$	1	1	✓	
26	$(1\,0\,0\,0)$	$(0.1\,1.9\;1.8\;1,7)$	-1	1	✗	$(-0{,}9\;1{,}9\;1{,}8\;1{,}7)$

für die Kantengewichtungen $w_1, \ldots, w_3$ des in Abbildung A.1a dargestellten Perzeptrons bestimmt. Abbildung A.1b zeigt die durch die Disjunktion für drei Variablen definierten Klassen und die durch das Perzeptron repräsentierte klassentrennende Hyperebene und illustriert das offensichtlich korrekt erlernte Verhalten des Perzeptrons.

A.2 Ergänzungen zum Lernmodell der Standard Selbstorganisierenden Karte

Dieser Abschnitt enthält ergänzende Abbildungen zu Abschnitt 3.2.1, in welchem die Standard-Selbstorganisierende Karte (englisch Standard Self-Organizing Map (sSOM)) mit ihrem Lernmodell präsentiert wird. Abbildung A.2 zeigt einzelne Zwischenschritte des Lernens einer SOM mit einer Kette aus 100 Neuronen als Topologie mit den Parametern $t_{max} = 1000$, $\varepsilon_{ini} = 0.1$, $\varepsilon_{fin} = 0.01$, $\delta_{ini} = 10$ und $\delta_{fin} = 1$ auf quadratisch angeordneten, gleichverteilten, zweidimensionalen Datenpunkten. Abbildung A.3 zeigt einzelne Zwischenschritte des Lernens einer SOM mit einem 10×10 Gitter aus Neuronen als Topologie mit den Parametern $t_{max} = 1000$, $\varepsilon_{ini} = 0.1$, $\varepsilon_{fin} = 0.01$, $\delta_{ini} = 10$ und $\delta_{fin} = 1$ auf quadratisch angeordneten, gleichverteilten, zweidimensionalen Datenpunkten.

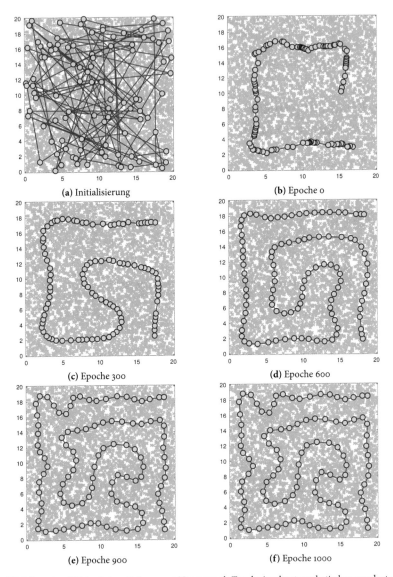

Abbildung A.2: SOM mit einer Kette aus 100 Neuronen als Topologie erlernt quadratisch angeordnete, gleichverteilte, zweidimensionale Datenpunkten mit den Parametern $t_{max} = 1000$, $\varepsilon_{ini} = 0.1$, $\varepsilon_{fin} = 0.01$, $\delta_{ini} = 10$ und $\delta_{fin} = 1$. Die Entfernung benachbarter Knoten innerhalb der Topologie beträgt 1.

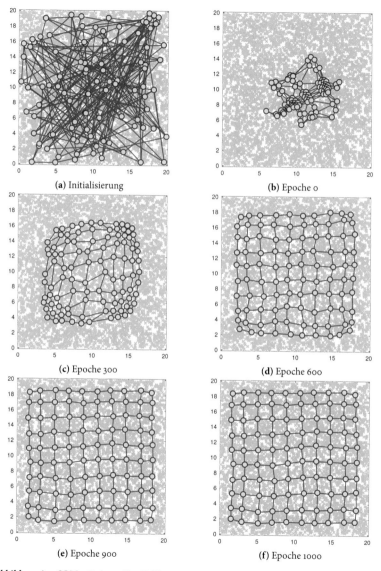

Abbildung A.3: SOM mit einem 10×10 Gitter aus Neuronen als Topologie erlernt quadratisch angeordnete, gleichverteilte, zweidimensionale Datenpunkte mit den Parametern $t_{max} = 1000$, $\varepsilon_{ini} = 0.1$, $\varepsilon_{fin} = 0.01$, $\delta_{ini} = 10$ und $\delta_{fin} = 1$. Die Entfernung benachbarter Knoten innerhalb der Topologie beträgt 1.

A.3 Ergänzungen zur Handgestenerkennung

Dieser Abschnitt präsentiert in Abbildung A.4 die für diese Arbeit definierten Handgesten. Die Bezeichnung erfolgt anhand der Anfangsbuchstaben der ausgestreckten Finger beginnend beim Daumen über den Zeigefinger bis hin zum kleinen Finger. Sind wie beispielsweise in Abbildung A.4m Daumen, Zeige- und Ringfinger ausgestreckt, so wird diese statische Handgeste als DZM bezeichnet.

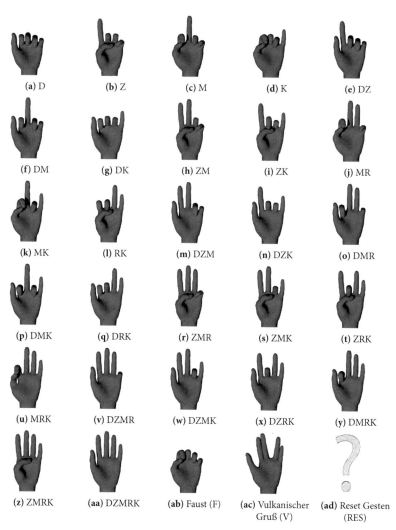

Abbildung A.4: Definierte statische Handgesten.

A.4 Evaluation der Körperposenbestimmung

Dieser Abschnitt enthält ergänzende Ergebnisse für die Evaluation der verschiedenen möglichen Kombinationen der beiden SOM-basierenden Verfahren für die Posenbestimmung des Körpers auf das kinMod. Es sind jeweils die durchschnittlichen Fehler für die Positionen aller Merkmale für jede Sequenz des CVPR und des ECCV Datensatzes in Abbildung A.5 beziehungsweise Abbildung A.7a sowie die durchschnittlichen Fehler der jeweiligen Merkmale über alle Sequenzen in Abbildung A.6 beziehungsweise Abbildung A.7b gegenübergestellt.

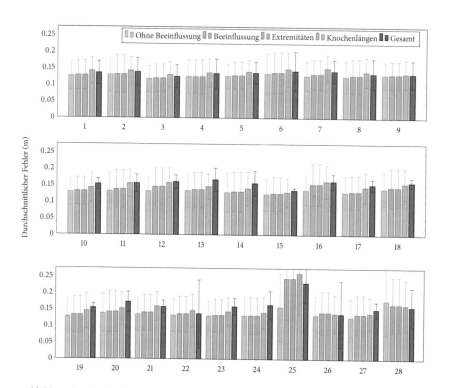

Abbildung A.5: Durchschnittlicher Fehler bezüglich des Abstandes der bestimmten Positionen der einzelnen Merkmale von den Grundwahrheiten des CVPR Datensatzes. Es sind das kinMod *ohne Beeinflussung*, das kinMod mit *Beeinflussung* aller Merkmale durch die SOMs und festen Knochenlängen, das kinMod mit Beeinflussung der zu den *Extremitäten* gehörenden Merkmale durch die SOMs und festen Knochenlängen, das kinMod mit Beeinflussung der zu den Extremitäten gehörenden Merkmale durch die SOMs und aktiver auf der gSOM basierender Anpassung der *Knochenlängen* sowie das *Gesamt*verfahren mit gegenseitiger Beeinflussung aller Teilverfahren und aktiver auf der gSOM basierender Anpassung der Knochenlängen des kinMod dargestellt. Es sind die durchschnittlichen Fehler aller Merkmale für die jeweilige Sequenz dargestellt.

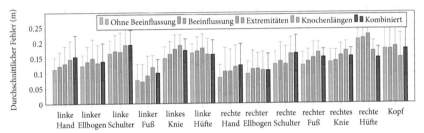

Abbildung A.6: Durchschnittlicher Fehler bezüglich des Abstandes der bestimmten Positionen der einzelnen Merkmale von den Grundwahrheiten des CVPR Datensatzes. Es sind das kinMod *ohne Beeinflussung*, das kinMod mit *Beeinflussung* aller Merkmale durch die SOMs und festen Knochenlängen, das kinMod mit Beeinflussung der zu den *Extremitäten* gehörenden Merkmale durch die SOMs und festen Knochenlängen, das kinMod mit Beeinflussung der zu den Extremitäten gehörenden Merkmale durch die SOMs und aktiver auf der gSOM basierender Anpassung der *Knochenlängen* sowie das *Gesamt*verfahren mit gegenseitiger Beeinflussung aller Teilverfahren und aktiver auf der gSOM basierender Anpassung der Knochenlängen des kinMod dargestellt. Es sind jeweils die durchschnittlichen Fehler eines Merkmals über alle Sequenzen dargestellt.

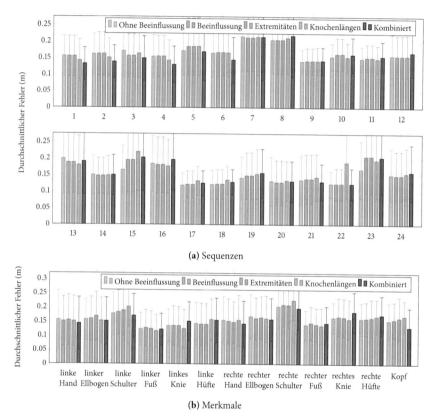

(a) Sequenzen

(b) Merkmale

Abbildung A.7: Durchschnittlicher Fehler bezüglich des Abstandes der bestimmten Positionen der einzelnen Merkmale von den Grundwahrheiten des ECCV Datensatzes. Es sind das kinMod *ohne Beeinflussung*, das kinMod mit *Beeinflussung* aller Merkmale durch die SOMs und festen Knochenlängen, das kinMod mit Beeinflussung der zu den *Extremitäten* gehörenden Merkmale durch die SOMs und festen Knochenlängen, das kinMod mit Beeinflussung der zu den Extremitäten gehörenden Merkmale durch die SOMs und aktiver auf der gSOM basierender Anpassung der *Knochenlängen* sowie das *Gesamt*verfahren mit gegenseitiger Beeinflussung aller Teilverfahren und aktiver auf der gSOM basierender Anpassung der Knochenlängen des kinMod dargestellt.

Abkürzungsverzeichnis

ACA Articulatio carpi

BKS Basiskoordinatensystem

BWS Brustwirbelsäule

CPC Karpometakarpalgelenk oder lateinisch Articulatio carpometacarpalis

CPCP Daumensattelgelenk (Karpometakarpalgelenk des Daumens oder lateinisch Articulatio carpometacarpalis pollicis)

CPU Central Processing Unit

CVPR Von Ganapathi et al. [38] veröffentlichter Datensatz für die Evaluation der Körperposenbestimmung.

D Statische Handgeste, bei der lediglich der Daumen ausgestreckt ist.

DH Denavit-Hartenberg

DIP Fingerendgelenk, distales Interphalangealgelenk, lateinisch Articulatio interphalangealis distalis

DK Statische Handgeste, bei der lediglich der Daumen und der kleine Finger ausgestreckt sind.

DM Statische Handgeste, bei der lediglich der Daumen und der Mittelfinger ausgestreckt sind.

DMK Statische Handgeste, bei der Daumen, Mittelfinger und kleiner Finger ausgestreckt sind.

DMR Statische Handgeste, bei der Daumen, Mittelfinger und Ringfinger ausgestreckt sind.

DMRK Statische Handgeste, bei der Daumen, Mittelfinger, Ringfinger und kleiner Finger ausgestreckt sind.

DOF Freiheitsgrade (englisch Degrees of freedom)

© Springer Fachmedien Wiesbaden GmbH, ein Teil von Springer Nature 2019
K. Ehlers, *Echtzeitfähige 3D Posenbestimmung des Menschen in der Robotik*,
https://doi.org/10.1007/978-3-658-24822-2

DRK Statische Handgeste, bei der Daumen, Ringfinger und kleiner Finger ausgestreckt sind.

DZ Statische Handgeste, bei der lediglich der Daumen und der Zeigefinger ausgestreckt sind.

DZK Statische Handgeste, bei der Daumen, Zeigefinger und kleiner Finger ausgestreckt sind.

DZM Statische Handgeste, bei der Daumen, Zeigefinger und Mittelfinger ausgestreckt sind.

DZMK Statische Handgeste, bei der Daumen, Zeigefinger, Ringfinger und kleiner Finger ausgestreckt sind.

DZMR Statische Handgeste, bei der Daumen, Zeigefinger, Mittelfinger und Ringfinger ausgestreckt sind.

DZMRK Statische Handgeste, bei der Daumen, Zeigefinger, Mittelfinger, Ringfinger und kleiner Finger ausgestreckt sind.

DZRK Statische Handgeste, bei der Daumen, Zeigefinger, Ringfinger und kleiner Finger ausgestreckt sind.

ECCV Von Ganapathi et al. [72] veröffentlichter Datensatz für die Evaluation der Körperposenbestimmung.

EFE Das Koordinatensystem innerhalb des kinematischen Modells des Körpers, dessen z-Achse die Rotationsachse der Flexion und Extension des Arms mit Hilfe des Ellbogengelenks modelliert.

eHP einfache Handpose

eKP einfache Körperpose

EKS Endeffektorkoordinatensystem

ELB Der den Ellbogen repräsentierende Knoten im kinematischen Modell des Körpers.

eSOM Epochen-SOM

F Statische Handgeste, bei der mit der Hand eine Faust gebildet wird.

FOO Der den Fuß repräsentierende Knoten im kinematischen Modell des Körpers und das dazu korrespondierende Koordinatensystem.

fps Bilder pro Sekunde (englisch frames per second (fps))

GICP Generalized Iterative Closest Point

GPU Graphics Processing Unit

gSOM Generalisierte Selbstorganisierende Karte

HAA Das Koordinatensystem innerhalb des kinematischen Modells des Körpers, dessen z-Achse die Rotationsachse der Ab- und Adduktion des Beins mit Hilfe des Hüftgelenks modelliert.

HAN Der die Hand repräsentierende Knoten im kinematischen Modell des Körpers und das dazu korrespondierende Koordinatensystem.

HAR Das Koordinatensystem innerhalb des kinematischen Modells des Körpers, dessen z-Achse die Rotationsachse der Ante- und Retroversion des Beins mit Hilfe des Hüftgelenks modelliert.

HEA Der den Kopf repräsentierende Knoten im kinematischen Modell des Körpers und das dazu korrespondierende Koordinatensystem.

HIP Der die Hüfte repräsentierende Knoten im kinematischen Modell des Körpers.

HKS Handkoordinatensystem

HRO Das Koordinatensystem innerhalb des kinematischen Modells des Körpers, dessen z-Achse die Rotationsachse der Rotation des Beins um die Längsachse des Femurs mit Hilfe des Hüftgelenks modelliert.

HWS Halswirbelsäule

ICP Iterative Closest Point

K Statische Handgeste, bei der lediglich der kleine Finger ausgestreckt ist.

KFE Das Koordinatensystem innerhalb des kinematischen Modells des Körpers, dessen z-Achse die Rotationsachse der Flexion und Extension des Beins mit Hilfe des Kniegelenks modelliert.

KI Künstliche Intelligenz

kinMod Kinematisches Modell

KKS Kamerakoordinatensystem

KNE Der das Knie repräsentierende Knoten im kinematischen Modell des Körpers.

KNN Künstliches Neuronales Netz

KS Koordinatensystem

LWS Lendenwirbelsäule

M Statische Handgeste, bei der lediglich der Mittelfinger ausgestreckt ist.

MAA Das Koordinatensystem des kinematischen Modells, dessen z-Achse die Rotations-achse für die Modellierung der Ab- und Adduktionsbewegungen der Finger bildet (MCP Abduktion und Adduktion (MAA)).

MCI Mensch-Computer-Interaktion

MCP Fingergrundgelenk, Metacarpophalangealgelenk, lateinisch Articulatio metacarpo-phalangealis

MFE Das Koordinatensystem des kinematischen Modells, dessen z-Achse die Rotations-achse für die Modellierung der Flexions- und Extensionsbewegungen der Finger bildet (MCP Flexion und Extension (MFE)).

MK Statische Handgeste, bei der lediglich der Mittelfinger und der kleine Finger ausge-streckt sind.

MMI Mensch-Maschine-Interaktion

MR Statische Handgeste, bei der lediglich der Mittelfinger und der Ringfinger ausgestreckt sind.

MRI Mensch-Roboter-Interaktion

MRIS Mensch-Roboter-Interaktionsschnittstelle

MRK Mensch-Roboter-Kollaboration

MRK Statische Handgeste, bei der Mittelfinger, Ringfinger und kleiner Finger ausgestreckt sind.

MRT Magnetresonanztomographie

NEC Der den Halsansatz repräsentierende Knoten im kinematischen Modell des Körpers.

NIR Das Koordinatensystem innerhalb des kinematischen Modells des Körpers, dessen z-Achse die Rotationsachse der Inklinations- und Reklinationsbewegungen mit Hilfe der Halswirbelsäule modelliert.

NLF Das Koordinatensystem innerhalb des kinematischen Modells des Körpers, dessen z-Achse die Rotationsachse der Lateralflexion mit Hilfe der Halswirbelsäule modelliert.

OCA Handwurzelknochen (Ossa carpi)

OKS Objektkoordinatensystem

OMC Mittelhandknochen (Os metacarpale I-V)

PCA Hauptkomponentenanalyse (englisch Principal Component Analysis)

PHD Phalanx distalis

PHM Phalanx media

PHP Phalanx proximalis

PIP Fingermittelgelenk, proximales Interphalangealgelenk, lateinisch Articulatio inter-phalangealis proximalis

PSO Partikelschwarmoptimierung

RAD Der den radialen Teil des distalen, direkt am Handgelenk anschließenden Bereichs des Unterarms repräsentierende Knoten im kinematischen Modell der Hand.

RBF Radiale Basisfunktion

RDF Randomisierter Entscheidungswald (englisch random decision forest)

RES Statische Handgesten, die zu einer Neuinitialisierung der Posenbestimmung führen.

RK Statische Handgeste, bei der lediglich der Ringfinger und der kleine Finger ausgestreckt sind.

ROO Der die Wurzel der Hand beziehungsweise des Körpers repräsentierender Knoten des kinematischen Modells.

ROS Robot Operating System

SAA Das Koordinatensystem innerhalb des kinematischen Modells des Körpers, dessen z-Achse die Rotationsachse der Ab- und Adduktion des Arms mit Hilfe des Schultergelenks modelliert.

SAR Das Koordinatensystem innerhalb des kinematischen Modells des Körpers, dessen z-Achse die Rotationsachse der Ante- und Retroversion des Arms mit Hilfe des Schultergelenks modelliert.

SHO Der die Schulter repräsentierende Knoten im kinematischen Modell des Körpers.

SLAM Simultane Selbstlokalisation und Kartenerstellung (englisch Simultaneous Localization and Mapping)

SOM Selbstorganisierende Karte (englisch Self-Organizing Map)

SRO Das Koordinatensystem innerhalb des kinematischen Modells des Körpers, dessen z-Achse die Rotationsachse der Rotation des Armes um die Längsachse des Humerus mit Hilfe des Schultergelenks modelliert.

sSOM Standard-Selbstorganisierende Karte

SVM Support Vector Machine

TIP Fingerspitze

TOF Time-of-Flight

ULN Der den ulnaren Teil des distalen, direkt am Handgelenk anschließenden Bereichs des Unterarms repräsentierende Knoten im kinematischen Modell der Hand.

V Statische Handgeste, bei der mit der Hand der sogenannte vulkanische Gruß gezeigt wird.

vHP vollständige Handpose

vKP vollständige Körperpose

WDP Das Koordinatensystem innerhalb des kinematischen Modells der Hand, dessen z-Achse die Rotationsachse der Dorsalextension und Palmarflexion im Handgelenk modelliert.

WKS Weltkoordinatensystem

Z Statische Handgeste, bei der lediglich der Zeigefinger ausgestreckt ist.

ZK Statische Handgeste, bei der lediglich der Zeigefinger und der kleine Finger ausgestreckt sind.

ZM Statische Handgeste, bei der lediglich der Zeigefinger und der Mittelfinger ausgestreckt sind.

ZMK Statische Handgeste, bei der Zeigefinger, Mittelfinger und kleine Finger ausgestreckt sind.

ZMR Statische Handgeste, bei der Zeigefinger, Mittelfinger und Ringfinger ausgestreckt sind.

ZMRK Statische Handgeste, bei der Zeigefinger, Mittelfinger, Ringfinger und kleiner Finger ausgestreckt sind.

ZRK Statische Handgeste, bei der Zeigefinger, Ringfinger und kleiner Finger ausgestreckt sind.

Glossar

Articulatio carpi Die Bezeichnung Handgelenk wird eher umgangssprachlich genutzt. Es handelt sich um ein kombiniertes Gelenk bestehend aus dem Articulatio radiocarpalis, welches die gelenkige Verbindung zwischen dem proximalen Teil der Handwurzel und dem Unterarm beschreibt, und dem Articulatio mediocarpali, welches für die gelenkige Verbindung zwischen den beiden Reihen der Handwurzelknochen steht.

Costa Rippe

distal körperfern

Femur Oberschenkelknochen des Menschen

Fibula Der schwächere, auf der Seite des kleinen Zehs gelegene Knochen des Unterschenkels

Handwurzelknochen Die acht in zwei vierer Reihen angeordneten Handwurzelknochen bilden die Verbindung zwischen den Unterarm- und Mittelhandknochen.

Humerus Oberarmknochen des Menschen

kaudal Schwanzwärts beziehungsweise zu den Füßen oder nach unten hin gerichtet.

kranial Kopfwärts beziehungsweise zum Kopf hin oder nach oben hin gerichtet.

lateral seitlich

Mittelhandknochen Die Mittelhandknochen sind direkt mit den Handwurzelknochen verbunden und bilden mit ihnen die knöcherne Struktur der Handfläche. Jeder Finger (Os metacarpale II-V) und der Daumen (Os metacarpale I) besitzen einen Mittelhandknochen.

palmar Zur Handfläche gehörig beziehungsweise zeigend.

Pelvis Becken

Phalanx distalis Als Phalanx distalis I-V werden die körperfernen Knochen oder Endglieder der Finger und des Daumens bezeichnet.

© Springer Fachmedien Wiesbaden GmbH, ein Teil von Springer Nature 2019
K. Ehlers, *Echtzeitfähige 3D Posenbestimmung des Menschen in der Robotik*,
https://doi.org/10.1007/978-3-658-24822-2

Phalanx media Als Phalanx media II-V werden die mittleren Knochen der Finger bezeichnet. Der Daumen besitzt keinen mittleren Fingerknochen.

Phalanx proximalis Als Phalanx proximalis I-V werden die körpernahen Knochen oder Grundglieder der Finger und des Daumens bezeichnet.

proximal körpernah

Punktwolke Ansammlung mehrerer Punkte beispielsweise im dreidimensionalen Raum bestehend aus x-, y- und z-Koordinaten

radial dem Radius zugewandt beziehungsweise daumenseitig gelegen

Radius Der kraftigere, daumenseitig gelegene Knochen des menschlichen Unterarms

Sternum Brustbein

Thorax Brustkorb

Tibia Der kräftigere, auf der Seite des großen Zehs gelegene Knochen des Unterschenkels

Ulna Der schwächere, zur Seite des kleinen Fingers gelegene Knochen des menschlichen Unterarms

ulnar der Ulna zugewandt beziehungsweise auf der Seite des kleinen Fingers gelegen

Symbolverzeichnis

$d_{\mathbf{gSOM}}$ Abstand entsprechend der Abstandsdefinition für die gSOM.

$d_{\mathbf{sSOM}}$ Abstand entsprechend der Abstandsdefinition für die sSOM.

$_{\mathbf{WKS}}\mathbf{T}^{\mathbf{OKS}}$ Pose des OKS im WKS, die als Transformation die Berechnung der Position und Orientierung eines Vektors aus dem OKS bezüglich des WKS erlaubt. Im Allgemeinen beschreibt eine Matrix $_{\mathrm{X}}\mathbf{T}^{\mathrm{Y}}$ die Pose eines Koordinantensystems Y bezüglich des Koordinatensystems X.

$_{i-1}\mathbf{DH}^{i}$ Transformationsmatrix zwischen zwei nach den Denavit-Hartenberg-Konventionen definierten Koordinatensystemen KS_{i-1} und KS_i.

$_{\mathbf{KS_0}}\mathbf{dh}^{\mathbf{KS_7}}$ Dieser Vektor enthält die für die Überführung des KS_0 in das KS_7 benötigten DH-Parameter einer entsprechenden kinematischen Kette.

$\mathbf{H}$ Hesse-Matrix

$\mathbf{Rot}$ Rotationsmatrix in homogenen Koordinaten.

$\mathbf{Rot}_x$ Elementare Rotationsmatrix um die x-Achse in homogenen Koordinaten.

$\mathbf{Rot}_y$ Elementare Rotationsmatrix um die y-Achse in homogenen Koordinaten.

$\mathbf{Rot}_z$ Elementare Rotationsmatrix um die z-Achse in homogenen Koordinaten.

$\mathbf{Trans}$ Translationsmatrix in homogenen Koordinaten.

$\mathbf{J}$ Jacobi-Matrix

cov Kovarianz

$\mathbf{Cov}$ Kovarianzmatrix

$_{\mathbf{OKS}}\mathbf{p}$ Punkt oder Vektor innerhalb des OKS.

$_{\mathbf{KS_0}}\mathbf{P_7}$ Die Pose des Endeffektors eines Industrieroboters bezüglich des Koordinatensystems KS_0 in Form einer Stellungsmatrix.

$_{\mathbf{WKS}}\mathbf{pos}$ Dieser Vektor enthält die gewünschten Positionen der Merkmale im Rahmen der Posenbestimmung.

© Springer Fachmedien Wiesbaden GmbH, ein Teil von Springer Nature 2019
K. Ehlers, *Echtzeitfähige 3D Posenbestimmung des Menschen in der Robotik*,
https://doi.org/10.1007/978-3-658-24822-2

$_{\text{WKS}}\mathbf{p}$ Punkt oder Vektor innerhalb des WKS.

$\mathbf{0}$ Nullvektor oder Nullmatrix.

$\mathbf{R}$ Rotationsmatrix.

$_{\text{WKS}}\mathbf{R}^{\text{OKS}}$ Rotation beziehungsweise Orientierung des OKS bezüglich des WKS. Im Allgemeinen beschreibt eine Matrix $_{\text{X}}\mathbf{R}^{\text{Y}}$ die Orientierung eines Koordinatensystems Y bezüglich eines Koordinatensystems X.

$_{\text{WKS}}\mathbf{R}^{\text{OKS}}_{\text{zy'x"}}$ Rotation beziehungsweise Orientierung des OKS bezüglich des WKS unter der Verwendung der Euler-Konventionen bestehend aus der Rotation um die z-Achse, gefolgt von der Rotation um die y'-Achse des durch die vorherige Rotation entstandenen Koordinatensystems mit der abschließenden Rotation um die x"-Achse des durch die vorherigen beiden Rotationen entstandenen Koordinatensystems.

$_{\text{WKS}}\mathbf{R}^{\text{OKS}}_{\text{xyz}}$ Rotation beziehungsweise Orientierung des OKS bezüglich des WKS unter der Verwendung der Roll-Pitch-Yaw-Konventionen bestehend aus der Rotationen um die x-Achse, gefolgt von der Rotation um die y-Achse mit der abschließenden Rotation um die z-Achse des Ursprungskoordinatensystems.

$\mathbf{R}_{\text{x}}$ Elementare Rotationsmatrix um die x-Achse.

$\mathbf{R}_{\text{y}}$ Elementare Rotationsmatrix um die y-Achse.

$\mathbf{R}_{\text{z}}$ Elementare Rotationsmatrix um die z-Achse.

$_{\text{WKS}}\mathbf{t}^{\text{OKS}}$ Position des Koordinatenursprungs des OKS im WKS.

var Varianz

Literaturverzeichnis

[1] Jungong Han, Ling Shao, Dong Xu und Jamie Shotton. Enhanced computer vision with Microsoft Kinect sensor: a review. In *IEEE Transactions on Cybernetics*, Band 43(5):Seiten 1318–34, 2013. ISSN 2168-2275. URL http://dx.doi.org/10.1109/TCYB.2013.2265378.

[2] Jan Hartmann, Jan Helge Klussendorff und Erik Maehle. A unified visual graph-based approach to navigation for wheeled mobile robots. In *Intelligent Robots and Systems (IROS), 2013 IEEE/RSJ International Conference on*, Seiten 1915–1922. 2013. ISSN 2153-0858. URL http://dx.doi.org/10.1109/IROS.2013.6696610.

[3] Iason Oikonomidis, Nikolaos Kyriazis und Antonis Argyros. Efficient model-based 3D tracking of hand articulations using Kinect. In *Procedings of the British Machine Vision Conference*, Seiten 101.1–101.11, 2011. URL http://dx.doi.org/10.5244/C.25.101.

[4] Robert Y. Wang und Jovan Popović. Real-time hand-tracking with a color glove. In *ACM Transactions on Graphics*, Band 28(3):Seite 1, 2009. ISSN 07300301. URL http://dx.doi.org/10.1145/1531326.1531369.

[5] Matthias Schröder, Christof Elbrechter, Jonathan Maycock, Robert Haschke, Mario Botsch und Helge Ritter. Real-Time Hand Tracking with a Color Glove for the Actuation of Anthropomorphic Robot Hands. In *Proceedings of 12th IEEE-RAS International Conference on Humanoid Robots (Humanoids 2012)*, Seiten 262–269. 2012. URL http://dx.doi.org/10.1109/HUMANOIDS.2012.6651530.

[6] Andreas Aristidou und Joan Lasenby. Motion Capture with Constrained Inverse Kinematics for Real-Time Hand Tracking. In *International Symposium on Communications, Control and Signal Processing*, March, Seiten 3–5. 2010. ISBN 9781424462872.

[7] Wenping Zhao, Jinxiang Chai und Ying-Qing Xu. Combining Marker-based Mocap and RGB-D Camera for Acquiring High-fidelity Hand Motion Data. In *Proceedings of the ACM SIGGRAPH/Eurographics Symposium on Computer Animation*, SCA '12, Seiten 33–42. Eurographics Association, Goslar Germany, Germany, 2012. ISBN 978-3-905674-37-8. URL http://dl.acm.org/citation.cfm?id=2422356.2422363.

© Springer Fachmedien Wiesbaden GmbH, ein Teil von Springer Nature 2019
K. Ehlers, *Echtzeitfähige 3D Posenbestimmung des Menschen in der Robotik*,
https://doi.org/10.1007/978-3-658-24822-2

[8] Jonathan Taylor, Lucas Bordeaux, Thomas Cashman, Bob Corish, Cem Keskin, Toby Sharp, Eduardo Soto, David Sweeney, Julien Valentin, Benjamin Luff, Arran Topalian, Erroll Wood, Sameh Khamis, Pushmeet Kohli, Shahram Izadi, Richard Banks, Andrew Fitzgibbon und Jamie Shotton. Efficient and Precise Interactive Hand Tracking Through Joint, Continuous Optimization of Pose and Correspondences. In *ACM Trans. Graph.*, Band 35(4):Seiten 143:1–-143:12, 2016. ISSN 0730-0301. URL http://dx.doi.org/10.1145/2897824.2925965.

[9] Cem Keskin, Furkan Kirac, Yunus Emre Kara und Lale Akarun. *Hand Pose Estimation and Hand Shape Classification Using Multi-layered Randomized Decision Forests*, Band 7577. Springer Berlin Heidelberg, 2012.

[10] Xiao Sun, Yichen Wei, Shuang Liang, Xiaoou Tang und Jian Sun. Cascaded hand pose regression. In *2015 IEEE Conference on Computer Vision and Pattern Recognition (CVPR)*, Seiten 824–832. 2015. ISSN 1063-6919. URL http://dx.doi.org/10.1109/CVPR.2015.7298683.

[11] Andrea Tagliasacchi, Matthias Schröder, Anastasia Tkach, Sofien Bouaziz, Mario Botsch und Mark Pauly. Robust articulated-ICP for real-time hand tracking. In *Eurographics Symposium on Geometry Processing*, Band 34(5):Seiten 101–114, 2015. ISSN 17278384. URL http://dx.doi.org/10.1111/cgf.12700.

[12] Luca Ballan, Aparna Taneja, Jürgen Gall, Luc Van Gool und Marc Pollefeys. Motion Capture of Hands in Action Using Discriminative Salient Points. In *Computer Vision – ECCV 2012* (herausgegeben von Andrew Fitzgibbon, Svetlana Lazebnik, Pietro Perona, Yoichi Sato und Cordelia Schmid), Band 7577 von *Lecture Notes in Computer Science*, Seiten 640–653. Springer, 2012. ISBN 978-3-642-33782-6. URL http://dx.doi.org/10.1007/978-3-642-33783-3_46.

[13] Srinath Sridhar, Antti Oulasvirta und Christian Theobalt. Interactive Markerless Articulated Hand Motion Tracking Using RGB and Depth Data. In *2013 IEEE International Conference on Computer Vision*, Seiten 2456–2463, 2013. URL http://dx.doi.org/10.1109/ICCV.2013.305.

[14] Srinath Sridhar, Franziska Mueller, Antti Oulasvirta und Christian Theobalt. Fast and Robust Hand Tracking Using Detection-Guided Optimization. In *The IEEE Conference on Computer Vision and Pattern Recognition (CVPR)*. 2015. URL http://handtracker.mpi-inf.mpg.de/projects/FastHandTracker/.

[15] Toby Sharp, Cem Keskin, Duncan Robertson, Jonathan Taylor, Jamie Shotton, David Kim, Christoph Rhemann, Ido Leichter, Alon Vinnikov, Yichen Wei, Daniel Freedman, Pushmeet Kohli, Eyal Krupka, Andrew Fitzgibbon und Shahram Izadi. Accurate, Robust, and Flexible Real-time Hand Tracking. In *ACM Conference on Human Factors in Computing Systems (CHI)*, Seiten 3633–-3642, 2015. URL http://dx.doi.org/10.1145/2702123.2702179.

[16] Zhou Ren, Jingjing Meng und Junsong Yuan. Depth Camera Based Hand Gesture Recognition and its Applications in Human-Computer-Interaction. In *IEEE International Conference on Information Communication and Signal Processing*, (1):Seiten 3–7, 2011. URL http://dx.doi.org/10.1109/ICICS.2011.6173545.

[17] Zhou Ren, Junsong Yuan und Zhengyou Zhang. Robust hand gesture recognition based on finger-earth mover's distance with a commodity depth camera. In *Proceedings of the 19th ACM international*, Seiten 1–4, 2011.

[18] Vassilis Athitsos und Stan Sclaroff. Estimating 3D hand pose from a cluttered image. In *2003 IEEE Computer Society Conference on Computer Vision and Pattern Recognition 2003 Proceedings*, Band 2:Seiten II–432–9, 2003. ISSN 10636919. URL http://dx.doi.org/10.1109/CVPR.2003.1211500.

[19] Cem Keskin, Furkan Kirac, Yunus Emre Kara und Lale Akarun. Real time hand pose estimation using depth sensors. In *Computer Vision Workshops (ICCV Workshops), 2011 IEEE International Conference on*, Seiten 1228–1234. 2011. URL http://dx.doi.org/10.1109/ICCVW.2011.6130391.

[20] Jamie Shotton, Andrew Fitzgibbon, Mat Cook, Toby Sharp, Mark Finocchio, Richard Moore, Alex Kipman und Andrew Blake. Real-time human pose recognition in parts from single depth images. In *IEEE Conference on Computer Vision and Pattern Recognition*, Seiten 1297–1304, 2011. URL http://dx.doi.org/10.1109/CVPR.2011.5995316.

[21] Radu Horaud, Florence Forbes, Manuel Yguel, Guillaume Dewaele und Jian Zhang. Rigid and articulated point registration with expectation conditional maximization. In *IEEE Transactions on Pattern Analysis and Machine Intelligence*, Band 33(3):Seiten 587–602, 2011. ISSN 01628828. URL http://dx.doi.org/10.1109/TPAMI.2010.94.

[22] Martin De La Gorce, David J. Fleet und Nikos Paragios. Model-Based 3D Hand Pose Estimation from Monocular Video. In *IEEE Transactions on Pattern Analysis and Machine Intelligence*, Band 33, Seiten 1793–1805. Laboratoire MAS, Ecole Centrale de Paris, Chatenay-Malabry, IEEE, 2011. ISSN 01628828. URL http://dx.doi.org/10.1109/TPAMI.2011.33.

[23] Iasonas Oikonomidis, Nikolaos Kyriazis und Antonis A Argyros. Markerless and Efficient 26-DOF Hand Pose Recovery. In *Computer Vision – ACCV 2010* (herausgegeben von Ron Kimmel, Reinhard Klette und Akihiro Sugimoto), Seiten 744–757. Springer Berlin Heidelberg, Berlin, Heidelberg, 2011. ISBN 978-3-642-19318-7.

[24] Hui Liang, Junsong Yuan und Daniel Thalmann. Hand Pose Estimation by Combining Fingertip Tracking and Articulated ICP. In *Proceedings of the 11th ACM*

SIGGRAPH International Conference on Virtual-Reality Continuum and Its Applications in Industry, VRCAI '12, Seiten 87–90. ACM, New York, NY, USA, 2012. ISBN 978-1-4503-1825-9. URL http://dx.doi.org/10.1145/2407516.2407543.

[25] Matthias Schröder, Jonathan Maycock, Helge Ritter und Mario Botsch. Analysis of Hand Synergies for Inverse Kinematics Hand Tracking. In *IEEE International Conference on Robotics and Automation, Workshop of "Hand synergies - how to tame the complexity of grasping"*. 2013.

[26] Robert Wang, Sylvain Paris und Jovan Popović. 6D Hands: Markerless Hand-tracking for Computer Aided Design. In *Proceedings of the 24th Annual ACM Symposium on User Interface Software and Technology*, UIST '11, Seiten 549–558. ACM, New York, NY, USA, 2011. ISBN 978-1-4503-0716-1. URL http://dx.doi.org/10.1145/2047196.2047269.

[27] Yangang Wang, Jianyuan Min, Jianjie Zhang, Yebin Liu, Feng Xu, Qionghai Dai und Jinxiang Chai. Video-based hand manipulation capture through composite motion control. In *ACM Transactions on Graphics*, Band 32(4):Seite 1, 2013. ISSN 07300301. URL http://dx.doi.org/10.1145/2461912.2462000.

[28] Wenping Zhao, Jianjie Zhang, Jianyuan Min und Jinxiang Chai. Robust realtime physics-based motion control for human grasping. In *ACM Transactions on Graphics*, Band 32(6):Seiten 1–12, 2013. ISSN 07300301. URL http://dx.doi.org/10.1145/2508363.2508412.

[29] Jonathan Taylor, Richard Stebbing, Varun Ramakrishna, Cem Keskin, Jamie Shotton, Shahram Izadi, Aaron Hertzmann und Andrew Fitzgibbon. User-Specific Hand Modeling from Monocular Depth Sequences. In *2014 IEEE Conference on Computer Vision and Pattern Recognition*, Seiten 644–651. 2014. ISSN 1063-6919. URL http://dx.doi.org/10.1109/CVPR.2014.88.

[30] David Joseph Tan, Thomas Cashman, Jonathan Taylor, Andrew Fitzgibbon, Daniel Tarlow, Sameh Khamis, Shahram Izadi und Jamie Shotton. Fits Like a Glove: Rapid and Reliable Hand Shape Personalization. In *2016 IEEE Conference on Computer Vision and Pattern Recognition (CVPR)*, Seiten 5610–5619. 2016. URL http://dx.doi.org/10.1109/CVPR.2016.605.

[31] Sameh Khamis, Jonathan Taylor, Jamie Shotton, Cem Keskin, Shahram Izadi und Andrew Fitzgibbon. Learning an efficient model of hand shape variation from depth images. In *2015 IEEE Conference on Computer Vision and Pattern Recognition (CVPR)*, Seiten 2540–2548. 2015. ISSN 1063-6919. URL http://dx.doi.org/10.1109/CVPR.2015.7298869.

[32] Anastasia Tkach, Andrea Tagliasacchi, Edoardo Remelli, Mark Pauly und Andrew Fitzgibbon. Online Generative Model Personalization for Hand Tracking. In *ACM*

Trans. Graph., Band 36(6):Seiten 243:1—-243:11, 2017. ISSN 0730-0301. URL http://dx.doi.org/10.1145/3130800.3130830.

[33] Edoardo Remelli, Anastasia Tkach, Andrea Tagliasacchi und Mark Pauly. Low-Dimensionality Calibration through Local Anisotropic Scaling for Robust Hand Model Personalization. In *2017 IEEE International Conference on Computer Vision (ICCV)*, Seiten 2554–2562. 2017. URL http://dx.doi.org/10.1109/ICCV.2017.277.

[34] Camillo J. Taylor. Reconstruction of Articulated Objects from Point Correspondences in a Single Uncalibrated Image. In *EEE Conference on Computer Vision and Pattern Recognition*, Band 1:Seite 1677, 2000. ISSN 1063-6919. URL http://dx.doi.org/http://doi.ieeecomputersociety.org/10.1109/CVPR.2000.855885.

[35] Christoph Bregler und Jitendra Malik. Tracking people with twists and exponential maps. In *IEEE Computer Vision and Pattern Recognition*, Seiten 8–15. 1998.

[36] Romer Rosales und Stan Sclaroff. Inferring body pose without tracking body parts. In *IEEE Conference on Computer Vision and Pattern Recognition*, Band 2, Seiten 721–727. IEEE Comput. Soc, 2000. ISBN 0769506623. ISSN 10636919. URL http://dx.doi.org/10.1109/CVPR.2000.854946.

[37] Gregory Shakhnarovich, Paul Viola und Trevor Darrell. Fast pose estimation with parameter-sensitive hashing. In *Ninth IEEE International Conference on Computer Vision*, Band 2:Seiten 750–757, 2003. URL http://dx.doi.org/10.1109/ICCV.2003.1238424.

[38] Varun Ganapathi, Christian Plagemann, Daphne Koller und Sebastian Thrun. Real time motion capture using a single time-of-flight camera. In *IEEE Conference on Computer Vision and Pattern Recognition*, Seiten 755–762. Ieee, 2010. ISBN 978-1-4244-6984-0. URL http://dx.doi.org/10.1109/CVPR.2010.5540141.

[39] Martin Haker, Martin Böhme, Thomas Martinetz und Erhardt Barth. Self-organizing maps for pose estimation with a time-of-flight camera. In *Lecture Notes in Computer Science (including subseries Lecture Notes in Artificial Intelligence and Lecture Notes in Bioinformatics)*, Band 5742 LNCS von *Lecture Notes in Computer Science*, Seiten 142–153. 2009. ISBN 3642037771. ISSN 03029743. URL http://dx.doi.org/10.1007/978-3-642-03778-8_11.

[40] Foti Coleca, Sascha Klement, Thomas Martinetz und Erhardt Barth. Real-time skeleton tracking for embedded systems. In *SPIE Proceedings0277786X*, Band 8667, Seiten 86671X–86671X–8. Proceedings of SPIE, 2013. ISBN 9780819494405. ISSN 0277786X. URL http://dx.doi.org/10.1117/12.2003004.

[41] Foti Coleca, Andreea State, Sascha Klement, Erhardt Barth und Thomas Martinetz. Self-organizing maps for hand and full body tracking. In *Neurocomputing*, Band 147(1):Seiten 174–184, 2015. ISSN 18728286. URL http://dx.doi.org/10.1016/j.neucom.2013.10.041.

[42] Andreea State, Foti Coleca, Erhardt Barth und Thomas Martinetz. Hand Tracking with an Extended Self-Organizing Map. In *Advances in Self-Organizing Maps*, Band 198 von *Advances in Intelligent Systems and Computing*, Seiten 115–124. Springer Berlin Heidelberg, 2013. ISBN 978-3-642-35229-4. URL http://dx.doi.org/10.1007/978-3-642-35230-0_12.

[43] Bruno Siciliano und Oussama Khatib, Herausgeber. *Springer Handbook of Robotics*. Springer, Berlin, Heidelberg, 2. Auflage, 2008. ISBN 978-3-540-23957-4. URL http://dx.doi.org/10.1007/978-3-540-30301-5.

[44] Robert Adams. *Solutions Manual - Introduction to Robotics: Mechanics and Control*. Pearson Prentice Hall, New Jersey, 3. Auflage, 2005. ISBN 0201-54362-1.

[45] Michael Schünke, Erik Schulte und Udo Schumacher. *Prometheus Allgemeine Anatomie und Bewegungssystem*. Thieme, Stuttgart, 1. Auflage, 2009. ISBN 978-3-13-139522-1. URL http://dx.doi.org/10.1017/CBO9781107415324.004.

[46] Herbert Lippert. *Lehrbuch Anatomie. 5. völlig überarbeitete Auflage*. Urban & Fischer Verlag, 2000. ISBN 3437423606.

[47] Radu Bogdan Rusu. Semantic 3D Object Maps for Everyday Manipulation in Human Living Environments. In *KI - Künstliche Intelligenz*, Band 24(4):Seiten 345–348, 2010. ISSN 0933-1875. URL http://dx.doi.org/10.1007/s13218-010-0059-6.

[48] Radu Bogdan Rusu und Steve Cousins. 3D is here: Point Cloud Library (PCL). In *Proceedings - IEEE International Conference on Robotics and Automation*, Seiten 1 – 4, 2011. ISSN 10504729. URL http://dx.doi.org/10.1109/ICRA.2011.5980567.

[49] Zhengyou Zhang. A flexible new technique for camera calibration. In *IEEE Transactions on Pattern Analysis and Machine Intelligence*, Band 22(11):Seiten 1330–1334, 2000. ISSN 0162-8828. URL http://dx.doi.org/10.1109/34.888718.

[50] Péter Fankhauser, Michael Bloesch, Diego Rodriguez, Ralf Kaestner, Marco Hutter und Roland Siegwart. Kinect v2 for Mobile Robot Navigation: Evaluation and Modeling. In *2015 International Conference on Advanced Robotics (ICAR)*, Seiten 388–394, 2015. URL http://dx.doi.org/10.1109/ICAR.2015.7251485.

[51] Jagdish L Raheja, Ankit Chaudhary und Kunal Singal. Tracking of Fingertips and Centers of Palm Using KINECT. In *Third International Conference on Computational*

Intelligence Modelling Simulation, Seiten 248–252, 2011. URL http://dx.doi.org/ 10.1109/CIMSim.2011.51.

[52] George H. Dunteman. *Principal Components Analysis (Quantitative Applications in the Social Sciences) - Sage University paper.* SAGE Publications, Inc, 1989. ISBN 978-0803931046.

[53] Tilo Arens, Frank Hettlich, Christian Karpfinger, Ulrich Kockelkorn, Klaus Lichtenegger und Hellmuth Stachel. *Mathematik.* Spektrum Akademischer Verlag, Heidelberg, 1. Auflage, 2008. ISBN 978-3-8274-1758-9.

[54] Corinna Cortes und Vladimir Vapnik. Support-Vector Networks. In *Machine Learning*, Band 20(3):Seiten 273–297, 1995. ISSN 15730565. URL http://dx.doi. org/10.1023/A:1022627411411.

[55] Simon O. Haykin. *Neural networks and learning machines.* Pearson Education, New Jersey, 3. Auflage, 2009. ISBN 9780131471399.

[56] Christopher M. Bishop. *Pattern Recognition and Machine Learning*, Band 16. Springer, Berlin, Heidelberg, 1st ed. 20 Auflage, 2007. ISBN 9780387310732. URL http: //dx.doi.org/10.1117/1.2819119.

[57] Teuvo Kohonen. Self-organized formation of topologically correct feature maps. In *Biological Cybernetics*, Band 43(1):Seiten 59–69, 1982. ISSN 03401200. URL http://dx.doi.org/10.1007/BF00337288.

[58] Teuvo Kohonen. *Self-Organizing Maps*, Band 30. Springer-Verlag, Berlin Heidelberg New York, 3. Auflage, 1995. ISBN 3540679219. URL http://dx.doi.org/10. 1007/978-3-642-56927-2.

[59] Helge Ritter, Thomas Martinez und Schulten Klaus. *Neuronale Netze. Eine Einführung in die Neuroinformatik selbstorganisierender Netzwerke.* Addison-Wesley, Deutschland, 2. Auflage, 1991. ISBN 3-89319-172-0.

[60] Günter Daniel Rey und Karl F. Wender. *Neuronale Netze: Eine Einführung in die Grundlagen, Anwendungen und Datenauswertung.* Huber, Bern, 2. Auflage, 2011. ISBN 9783456848815.

[61] Warren S. McCulloch und Walter Pitts. A logical calculus of the ideas immanent in nervous activity. In *The Bulletin of Mathematical Biophysics*, Band 5(4):Seiten 115–133, 1943. ISSN 00074985. URL http://dx.doi.org/10.1007/BF02478259.

[62] Frank Rosenblatt. The perceptron: A probabilistic model for information storage and organization in the brain. In *Psychological Review*, Band 65(6):Seiten 386–408, 1958. ISSN 1939-1471. URL http://dx.doi.org/10.1037/h0042519.

[63] Marvin Minsky und Seymour A. Papert. *An Introduction to Computational Geometry.*
     MIT Press, Cambridge, 2. Auflage, 1969. ISBN 0-262-63022-2.

[64] Thomas Martinetz und Klaus Schulten. A "Neural-Gas"~Network Learns Topologies.
     In *Artificial Neural Networks*, Band 1:Seiten 397–402, 1991.

[65] Damminda Alahakoon, Saman K. Halgamuge und Bala Srinivasan. A self-growing
     cluster development approach to data mining. In *IEEE International Conference on
     Systems Man and Cybernetics*, Band 3, Seiten 2901–2906. IEEE Service Center, 1998.
     ISBN 0780347781. ISSN 1062922X. URL http://dx.doi.org/10.1109/ICSMC.
     1998.725103.

[66] Arthur L. Hsu und Saman K. Halgamuge. Enhancement of topology preservation
     and hierarchical dynamic self-organising maps for data visualisation. In *International
     Journal of Approximate Reasoning*, Band 32(2-3):Seiten 259–279, 2003. ISSN 0888613X.
     URL http://dx.doi.org/10.1016/S0888-613X(02)00086-5.

[67] Vilson Luiz Dalle Mole und Aluizio Fausto Ribeiro Araújo. Growing self-organizing
     surface map: learning a surface topology from a point cloud. In *Neural computation*,
     Band 22(1994):Seiten 689–729, 2010. ISSN 0899-7667. URL http://dx.doi.org/
     10.1162/neco.2009.08-08-842.

[68] Richard S. Hartenberg und Jacques Denavit. A kinematic notation for lower-pair
     mechanisms based on metrics. In *Transactions of the ASME. Journal of Applied
     Mechanics*, Band 22:Seiten 215–221, 1955. URL http://dx.doi.org/citeulike-
     article-id:7153318.

[69] Wolfgang Weber. *Industrieroboter : Methoden der Steuerung und Regelung.* Fach-
     buchverlag Leipzig im Carl-Hanser-Verlag, München, Wien, 2009. ISBN 978-3-446-
     41031-2.

[70] LBR iiwa - Spezifikation. Technischer Bericht, KUKA Roboter GmbH, 2016.

[71] Jorge Nocedal und S Wright. *Numerical optimization, series in operations research
     and financial engineering.* Springer Science+Business Media, New York, 2. Auflage,
     2006.

[72] Varun Ganapathi, Christian Plagemann, Daphne Koller und Sebastian Thrun. Real-
     Time Human Pose Tracking from Range Data. In *ECCV*, Seiten 738–751. 2012. ISBN
     978-3-642-33782-6.

[73] Adept MobileRobots. PeopleBot. In , Seite 2, 2011. URL http://www.
     mobilerobots.com/ResearchRobots/PeopleBot.aspx.

[74] Guanglong Du, Ping Zhang, Jianhua Mai und Zeling Li. Markerless Kinect-Based Hand Tracking for Robot Teleoperation. In *International Journal of Advanced Robotic Systems*, Band 9(2):Seite 36, 2012. URL http://dx.doi.org/10.5772/50093.

[75] Anna Eilering, Giulia Franchi und Kris Hauser. ROBOPuppet: Low-cost, 3D printed miniatures for teleoperating full-size robots. In *2014 IEEE/RSJ International Conference on Intelligent Robots and Systems*, Seiten 1248–1254. 2014. ISSN 2153-0858. URL http://dx.doi.org/10.1109/IROS.2014.6942717.

[76] Tomohito Takubo, Kenji Inoue, Tatsuo Arai und Kazutoshi Nishii. Wholebody Teleoperation for Humanoid Robot by Marionette System. In *2006 IEEE/RSJ International Conference on Intelligent Robots and Systems*, Seiten 4459–4465. 2006. ISSN 2153-0858. URL http://dx.doi.org/10.1109/IROS.2006.282081.

[77] Carolin Fellmann, Daryoush Kashi und Jessica Burgner-Kahrs. Evaluation of input devices for teleoperation of concentric tube continuum robots for surgical tasks. In *Proc. SPIE 9415, Medical Imaging 2015: Image-Guided Procedures, Robotic Interventions, and Modeling, 94151O*, Band 9415, 2015.

[78] Pradeep Shenoy, Kai J. Miller, Beau Crawford und Rajesh P. N. Rao. Online Electromyographic Control of a Robotic Prosthesis. In *IEEE Transactions on Biomedical Engineering*, Band 55(3):Seiten 1128–1135, 2008. ISSN 0018-9294. URL http://dx.doi.org/10.1109/TBME.2007.909536.

[79] Hsien-I Lin und Yu-Hsiang Lin. A Novel Teaching System for Industrial Robots. In *Sensors*, Band 14(4):Seiten 6012–6031, 2014. ISSN 1424-8220. URL http://dx.doi.org/10.3390/s140406012.

[80] Pedro Neto, J. Norberto Pires und A. Paulo Moreira. Accelerometer-based control of an industrial robotic arm. In *RO-MAN 2009 - The 18th IEEE International Symposium on Robot and Human Interactive Communication*, Seiten 1192–1197. 2009. ISSN 1944-9445. URL http://dx.doi.org/10.1109/ROMAN.2009.5326285.

[81] Pedro Neto, J. Norberto Pires und António Paulo Moreira. High-level programming and control for industrial robotics: using a hand-held accelerometer-based input device for gesture and posture recognition. In *Industrial Robot: An International Journal*, Band 37(2):Seiten 137 – 147, 2010. URL http://arxiv.org/abs/1309.2093.

[82] Inseong Jo, Younkyu Park und Joonbum Bae. A teleoperation system with an exoskeleton interface. In *2013 IEEE/ASME International Conference on Advanced Intelligent Mechatronics*, Seiten 1649–1654. 2013. ISSN 2159-6247. URL http://dx.doi.org/10.1109/AIM.2013.6584333.

[83] Martin Mallwitz, Niels Will, Johannes Teiwes und Elsa Andrea Kirchner. the Capio Active Upper Body Exoskeleton and Its Application for Teleoperation. In *Proceedings of the 13th Symposium on Advanced Space Technologies in Robotics and Automation*, Seiten 1–8, 2015.

[84] Jonathan Kofman, Xianghai Wu, Timothy Luu und Siddharth Verma. Teleoperation of a robot manipulator using a vision-based human-robot interface. In *IEEE Transactions on Industrial Electronics*, Band 52(5):Seiten 1206–1219, 2005. ISSN 02780046. URL http://dx.doi.org/10.1109/TIE.2005.855696.

[85] Christopher Stanton, Anton Bogdanovych und Edward Ratanasena. Teleoperation of a humanoid robot using full-body motion capture, example movements, and machine learning. In *Australasian Conference on Robotics and Automation, ACRA*, Seiten 3–5, 2012. ISSN 14482053.

[86] Jonas Koenemann und Maren Bennewitz. Whole-body imitation of human motions with a Nao humanoid. In *2012 7th ACM/IEEE International Conference on Human-Robot Interaction (HRI)*, Seite 425. 2012. ISSN 2167-2121. URL http://dx.doi.org/10.1145/2157689.2157830.

[87] Martin Do, Pedram Azad, Tamim Asfour und Rüdiger Dillmann. Imitation of human motion on a humanoid robot using non-linear optimization. In *8th IEEE-RAS International Conference on Humanoid Robots*, Seiten 545–552, 2008. URL http://dx.doi.org/10.1109/ICHR.2008.4756029.

[88] Pedram Azad, Tamim Asfour und Rüdiger Dillmann. Robust real-time stereo-based markerless human motion capture. In *Humanoids 2008 - 8th IEEE-RAS International Conference on Humanoid Robots*, Seiten 700–707. 2008. ISSN 2164-0572. URL http://dx.doi.org/10.1109/ICHR.2008.4755975.

[89] Guanglong Du und Ping Zhang. Markerless human–robot interface for dual robot manipulators using Kinect sensor. In *Robotics and Computer-Integrated Manufacturing*, Band 30(2):Seiten 150–159, 2014. ISSN 0736-5845. URL http://dx.doi.org/https://doi.org/10.1016/j.rcim.2013.09.003.

[90] Ren C. Luo, Bo-Han Shih und Tsung-Wei Lin. Real time human motion imitation of anthropomorphic dual arm robot based on Cartesian impedance control. In *2013 IEEE International Symposium on Robotic and Sensors Environments (ROSE)*, Seiten 25–30. 2013. URL http://dx.doi.org/10.1109/ROSE.2013.6698413.

[91] Chao Hu, M. Q. Meng, P. X. Liu und Xiang Wang. Visual gesture recognition for human-machine interface of robot teleoperation. In *Proceedings 2003 IEEE/RSJ International Conference on Intelligent Robots and Systems (IROS 2003)*, Band 2(October):Seiten 1560–1565, 2003. URL http://dx.doi.org/10.1109/IROS.2003.1248866.

[92] Kun Qian, Jie Niu und Hong Yang. Developing a Gesture Based Remote Human-Robot Interaction System Using Kinect. In *International Journal of Smart Home*, Band 7(4):Seiten 203–208, 2013.

[93] Alla Safonova, Nancy S. Pollard und Jessica K. Hodgins. Optimizing human motion for the control of a humanoid robot. In *Proc. Applied Mathematics and Applications of Mathematics*, Seiten 155–165, 2003. URL http://dx.doi.org/10.1109/ROBOT.2002.1014737.

[94] Pedram Azad, Tamim Asfour und Rüdiger Dillmann. Toward an unified representation for imitation of human motion on humanoids. In *Proceedings - IEEE International Conference on Robotics and Automation*, (April):Seiten 2558–2563, 2007. ISSN 10504729. URL http://dx.doi.org/10.1109/ROBOT.2007.363850.

[95] Matteo Munaro, Alex Horn, Randy Illum, Jeff Burke und Radu Bogdan Rusu. OpenPTrack: People Tracking for Heterogeneous Networks of Color-Depth Cameras. In *IAS-13 Workshop Proceedings: 1st Intl. Workshop on 3D Robot Perception with Point Cloud Library*, Seiten 1–13, 2014.

[96] Aleksandr V. Segal, Dirk Haehnel und Sebastian Thrun. Generalized-ICP. In *Proc. of Robotics: Science and Systems*, Band 2:Seite 4, 2009. ISSN 01628828. URL http://dx.doi.org/10.1.1.149.3870.

[97] R. William Soukoreff und I. Scott MacKenzie. Towards a standard for pointing device evaluation, perspectives on 27 years of Fitts' law research in HCI. In *International Journal of Human Computer Studies*, Band 61(6):Seiten 751–789, 2004. ISSN 10715819. URL http://dx.doi.org/10.1016/j.ijhcs.2004.09.001.

[98] Marian Himstedt und Erik Maehle. Online semantic mapping of logistic environments using RGB-D cameras. In *International Journal of Advanced Robotic Systems*, Band 14(4):Seiten 1–13, 2017. ISSN 17298814. URL http://dx.doi.org/10.1177/1729881417720781.

[99] Florian Podszus und Ludger Overmeyer. Kognitive, multimodale Sprachsteuerung für fahrerlose Transportfahrzeuge. In *24. Deutscher Materialfluss-Kongress*. München, Deutschland, 2015.

[100] Filippo Basso, Matteo Munaro, Stefano Michieletto, Enrico Pagello und Emanuele Menegatti. Fast and Robust Multi-people Tracking from RGB-D Data for a Mobile Robot. In *Intelligent Autonomous Systems 12* (herausgegeben von Sukhan Lee, Hyungsuck Cho, Kwang-Joon Yoon und Jangmyung Lee), Band 193 von *Advances in Intelligent Systems and Computing*, Seiten 265–276. Springer Berlin Heidelberg, 2013. ISBN 978-3-642-33925-7. URL http://dx.doi.org/10.1007/978-3-642-33926-4_25.

[101] Matteo Munaro, Filippo Basso und Emanuele Menegatti. Tracking people within groups with RGB-D data. In *2012 IEEE/RSJ International Conference on Intelligent Robots and Systems*, Seiten 2101–2107, 2012. URL http://dx.doi.org/10.1109/ IROS.2012.6385772.

Unterstützte Abschlussarbeiten

[Bra15] Konstantin Brama. *Human-Robot Interaction Interface for Mobile Robots.* Masterarbeit, Universität zu Lübeck, 2015. Betreut von Prof. Dr.-Ing. Erik Maehle. Unterstützt von Kristian Ehlers.

[Gü17] Daniel Günschmann. *Vollständig skalierbares kinematisches Modell für die 3D-Handposenbestimmung.* Bachelorarbeit, Universität zu Lübeck, 2017. Betreut von Prof. Dr.-Ing. Erik Maehle. Unterstützt von Kristian Ehlers.

[Han17] Lasse Hansen. *Development and Evaluation of Algorithms to Improve Patient Care and Safety in an Intensive Care Unit.* Masterarbeit, Universität zu Lübeck, 2017. Betreut von Prof. Dr.-Ing. Erik Maehle. Unterstützt von Kristian Ehlers und Jasper Diesel.

[Jon17] John Paul Jonte. *Echtzeitfähige 3D-Posenbestimmung und Gestenerkennung für die Mensch-Roboter-Interaktion mit dem humanoiden Roboter Pepper.* Masterarbeit, Universität zu Lübeck, 2017. Betreut von Prof. Dr.-Ing. Erik Maehle. Unterstützt von Kristian Ehlers.

[Kam17] Thomas Kammerlocher. *Markerlose Kalibrierung von Tiefenbildkameras durch Erkennen eines industriellen Roboterarms.* Masterarbeit, Universität zu Lübeck, 2017. Betreut von Prof. Dr.-Ing. Erik Maehle. Unterstützt von Kristian Ehlers.

[Kra16] Jason Krause. *Kinematisches Modell für die echtzeitfähige 3D Posenbestimmung des menschlichen Körpers.* Masterarbeit, Universität zu Lübeck, 2016. Betreut von Prof. Dr.-Ing. Erik Maehle. Unterstützt von Kristian Ehlers.

[Mey16] Morten Mey. *Entwurf und Implementierung eines hardwarebeschleunigten Algorithmus zur Gestenerkennung.* Masterarbeit, Universität zu Lübeck, 2016. Betreut von Prof. Dr.-Ing. Thilo Pionteck. Unterstützt von Jan Moritz Joseph und Christopher Blochwitz.

[Pet16] Julian Petzold. *Kombination zweier Verfahren für die echtzeitfähige 3D Posenbestimmung der Hand.* Bachelorarbeit, Universität zu Lübeck, 2016. Betreut von Prof. Dr.-Ing. Erik Maehle, Unterstützt von Kristian Ehlers.

© Springer Fachmedien Wiesbaden GmbH, ein Teil von Springer Nature 2019
K. Ehlers, *Echtzeitfähige 3D Posenbestimmung des Menschen in der Robotik*,
https://doi.org/10.1007/978-3-658-24822-2

[Wag16] Louisa Wagner. *Evaluation von Kamerapositionen für die Handposenbestimmung mit mehreren RGB-D Kameras.* Bachelorarbeit, Universität zu Lübeck, 2016. Betreut von Prof. Dr.-Ing. Erik Maehle, Unterstützt von Kristian Ehlers.

[Wei13] Julian Weiß. *3D-Szenenrekonstruktion mittels mehrerer Tiefenbildkameras.* Bachelorarbeit, Universität zu Lübeck, 2013. Betreut von Prof. Dr.-Ing. Erik Maehle, Unterstützt von Kristian Ehlers und Jan Hartmann.

[Wei16] Julian Weiß. *Implementation of a 3D Scene-based Upper Body Pose Estimation Approach for Stroke Rehabilitation.* Masterarbeit, Universität zu Lübeck, 2016. Betreut von Prof. Dr.-Ing. Erik Maehle. Unterstützt von Kristian Ehlers.

[Win16] Tobias Winker. *Generierung einer Hardwarebeschleunigung zur Gestenerkennung auf einem Xilinx Zynq unter Verwendung von High Level Synthesis.* Masterarbeit, Universität zu Lübeck, 2016. Betreut von Prof. Dr.-Ing. Thilo Pionteck. Unterstützt von Jan Moritz Joseph.

Eigene Publikationen

[EB16] Kristian Ehlers und Konstantin Brama. A Human-robot Interaction Interface for Mobile and Stationary Robots based on Real-time 3D Human Body and Hand-finger Pose Estimation. In *Proceedings of the IEEE 21st Conference on Emerging Technologies & Factory Automation 2016 (ETFA 2016)*, Seiten 1–6. Berlin, September 2016. ISBN 9781509013142. URL http://dx.doi.org/10.1109/ETFA.2016.7733719.

[EH14] Kristian Ehlers und Jan Hartmann. Drägerwerk AG & Co. KGaA, Erkennung von Gesten eines Menschlichen Körpers, 2014. Patentnummer WO2015055320 A1.

[Ehl09] Kristian Ehlers. *Anwendung der FaceAPI zur Bewegungskompensation für die robotergestützte Transkranielle Magnetstimulation.* Bachelorarbeit, Universität zu Lübeck, 2009. Betreut von Prof. Dr.-Ing. Alexander Schlaefer, Unterstützt von Dipl.-Inf. Lars Richter.

[Ehl11] Kristian Ehlers. *Neue Methoden zur Echtzeit-Gestenerkennung.* Masterarbeit, Universität zu Lübeck, 2011. Betreut von Prof. Dr.-Ing. Erhardt Barth, Unterstützt von Dr.-Ing. Fabian Timm.

[EK15] Kristian Ehlers und Jan Helge Klüssendorff. Self-scaling Kinematic Hand Skeleton for Real-time 3D Hand-finger Pose Estimation. In *Proceedings of the 10th International Conference on Computer Vision Theory and Applications; VISIGRAPP 2015*, Seiten 185–196. Berlin, 2015. ISBN 978-989-758-089-5. URL http://dx.doi.org/10.5220/0005257501850196.

[EMM14] Kristian Ehlers, Benjamin Meyer und Erik Maehle. Full Holonomic Control of the Omni-directional AUV SMART-E. In *Proceedings of 41st International Symposium on Robotics; ISR/Robotik 2014*, Seiten 1–6. Juni 2014.

[GHKE16] Jan Graßhoff, Lasse Hansen, Ivo Kuhlemann und Kristian Ehlers. 7DoF Hand and Arm Tracking for Teleoperation of Anthropomorphic Robots. In *Proceedings of 47th International Symposium on Robotics; ISR 2016*, Seiten 1–8. Juni 2016.

© Springer Fachmedien Wiesbaden GmbH, ein Teil von Springer Nature 2019
K. Ehlers, *Echtzeitfähige 3D Posenbestimmung des Menschen in der Robotik*,
https://doi.org/10.1007/978-3-658-24822-2

[JME⁺17] Jan Moritz Joseph, Morten Mey, Kristian Ehlers, Christopher Blochwitz, Tobias Winker und Thilo Pionteck. Design space exploration for a hardware-accelerated embedded real-time pose estimation using Vivado HLS. In *2017 International Conference on ReConFigurable Computing and FPGAs (ReConFig)*, Seiten 1–8. Dezember 2017. URL http://dx.doi.org/10.1109/RECONFIG.2017.8279785.

[JWE⁺16] Jan Moritz Joseph, Tobias Winker, Kristian Ehlers, Christopher Blochwitz und Thilo Pionteck. Hardware-accelerated pose estimation for embedded systems using Vivado HLS. In *2016 International Conference on ReConFigurable Computing and FPGAs (ReConFig)*, Seiten 1–7. November 2016. URL http://dx.doi.org/10.1109/ReConFig.2016.7857173.

[KEM16] Jan Helge Klüssendorff, Kristian Ehlers und Erik Maehle. Visual Mapping in Light-Crowded Indoor Environments. In *Intelligent Autonomous Systems 13: Proceedings of the 13th International Conference IAS-13*, Seiten 913–922. Springer International Publishing, Cham, 2016. ISBN 978-3-319-08338-4. URL http://dx.doi.org/10.1007/978-3-319-08338-4_66.

[MEIM14] Benjamin Meyer, Kristian Ehlers, Cedric Isokeit und Erik Maehle. The Development of the Modular Hard- and Software Architecture of the Autonomous Underwater Vehicle MONSUN. In *Proceedings of the 41st International Symposium on Robotics; ISR/Robotik 2014*, Seiten 1–6. Juni 2014.

[MEOM13] Benjamin Meyer, Kristian Ehlers, Christoph Osterloh und Erik Maehle. Smart-E An Autonomous Omnidirectional Underwater Robot. *Paladyn, Journal of Behavioral Robotics*, Band 4(4):Seiten 204–210, 2013. ISSN 2081-4836. URL http://dx.doi.org/10.2478/pjbr-2013-0015.

[MET⁺11] Thomas Martinetz, Kristian Ehlers, Fabian Timm, Erhardt Barth und Sascha Klement. Universität zu Lübeck, Verfahren und Vorrichtung zur Schätzung einer Pose, 2011. Patentnummer WO2013087084 A1.

Printed in the United States
By Bookmasters